国外著名高等院校
信息科学与技术优秀教材

C语言程序设计

[印] 亚沙万特·卡内特卡尔（Yashavant Kanetkar）著　　徐波 译

人民邮电出版社
北京

图书在版编目（CIP）数据

C语言程序设计 / (印) 亚沙万特·卡内特卡尔(Yashavant Kanetkar) 著 ; 徐波译. -- 北京 : 人民邮电出版社, 2022.5
国外著名高等院校信息科学与技术优秀教材
ISBN 978-7-115-58231-7

Ⅰ. ①C… Ⅱ. ①亚… ②徐… Ⅲ. ①C语言—程序设计—高等学校—教材 Ⅳ. ①TP312

中国版本图书馆CIP数据核字(2021)第259517号

版权声明

Copyright ©2020 BPB Publications India. All rights reserved.
First published in the English language under the title “Let Us C” by Yashavant Kanetkar BPB Publications India. (sales@bpbonline.com)
Chinese translation rights arranged with BPB Publications India through Media Solutions, Tokyo, Japan.
本书中文简体版由 BPB Publications India 授权人民邮电出版社独家出版。未经出版者书面许可，不得以任何方式或任何手段复制或抄袭本书内容。
版权所有，侵权必究。

◆ 著　　[印] 亚沙万特·卡内特卡尔（Yashavant Kanetkar）
译　　徐 波
责任编辑　郭 媛
责任印制　王 郁　焦志炜
◆ 人民邮电出版社出版发行　北京市丰台区成寿寺路 11 号
邮编　100164　电子邮件　315@ptpress.com.cn
网址　https://www.ptpress.com.cn
涿州市京南印刷厂印刷
◆ 开本：787×1092　1/16
印张：23　　2022 年 5 月第 1 版
字数：538 千字　　2022 年 5 月河北第 1 次印刷
著作权合同登记号　图字：01-2020-7639 号

定价：109.90 元

读者服务热线：(010) 81055410　印装质量热线：(010) 81055316
反盗版热线：(010) 81055315
广告经营许可证：京东市监广登字 20170147 号

内容提要

学习任何程序设计语言的最佳方法都是创建良好的程序，C 语言也不例外。一旦决定编写程序我们就会发现，总是有至少两种方法可以实现。那么，如何才能找到最好的方法来实现程序？本书就能帮助读者解决此类问题。本书是一本 C 语言程序设计的经典教材。多年来，本书被很多工程和科学研究所及院校指定为学习教材。

本书这一版本（第 17 版）除了讲解 C 语言中基本的函数、指针、控制指令、数据类型、数组、字符串、输入输出、位操作等内容外，还增加了 C 语言程序设计的各个主题的实例和面试问题，以便读者尽快熟悉 C 语言的实际应用。书中的实例和习题已经过作者认真挑选，集中体现了各个知识要点的具体用法。本书提供可供读者下载的程序源代码，并配套出版《C 语言程序设计 习题解答》。

本书结构合理，内容深入浅出，既适合用作高等学校本科和专科学生学习 C 语言程序设计的教材，也适合用作零基础的程序设计初学者的自学用书。

作者简介

通过出版著作以及开发关于 C、C++、数据结构、VC++（Visual C++ 的简写）、.NET 和嵌入式系统的在线“探索”视频课程，Yashavant Kanetkar 使自己过去 25 年的 IT 生涯越发光彩夺目。Yashavant 的著作和在线课程在为印度乃至全世界培养 IT 科技人才方面做出了不小的贡献。

Yashavant 的著作在全世界范围内广受欢迎，数以百万计的学生和专业人员从中受益。他的著作被翻译为印地语、古吉拉特语、英语、日语、韩语和汉语，分别在印度、美国、日本、韩国和中国出版。

Yashavant 是一位极受欢迎的 IT 领域演说家，在 TedEx、印度理工学院（IIT）、印度国家理工学院（NIT）、印度信息技术学院（IIIT）和一些全球软件公司举办过研讨会和讲习班。

Yashavant 由于在创业、专业以及教育方面的优异成就，被印度理工学院坎普尔校区授予久负盛名的“杰出校友奖”（distinguished alumnus award）。这个奖已被授予 50 位最优秀的印度理工学院坎普尔校区的校友，在过去 50 年里，这些人在自己的专业以及社会改良方面做出了杰出贡献。

由于对印度 IT 教育做出了杰出贡献，Yashavant 连续 5 年被微软公司授予“最佳 .NET 技术撰稿人”（best .NET technical contributor）和“最有价值专家”（Most Valuable Professional，MVP）称号。

Yashavant 拥有 VJTI Mumbai（位于孟买的一所理工学院）的工学学士学位，并拥有印度理工学院坎普尔校区的工学硕士学位。他当前是 Kanetkar ICIT Pvt. Ltd 实验室的主任。读者也可以通过 kanetkar@kicit.com 与他进行交流。

前　言

《C 语言程序设计》(*Let Us C*)成为印度大多数理工大学的教学材料已经有些年头了。大约是在去年的时候，我收到一些建议，大家觉得本书的篇幅应该稍作精简，因为许多学生在学习 C 语言之前已经对它有所了解。我欣然接受了这些建议，并按照上述原则对本书进行了改编，希望读者能够喜欢当前这个较为精练的版本。

在本书之前的某个版本中，我对章节进行了重新整理，这样如果使用本书作为 C 语言程序设计的教材，那么用 22 节课（每节课 1 小时）就可以完成本书的学习，每节课正好讲授一章的内容。很多读者喜欢这个思路，认为这种方式使得他们的学习之路变得非常顺利，为此我也感到非常欣慰。我对本书章末习题进行的合理重组也受到读者的广泛欢迎。根据读者的反馈，我在本书的第 15 版中引入了一项新内容——“课后笔记”。这是一种手写形式的 C 语言程序设计笔记。通过读者发来的电子邮件，我推测这项内容对于读者是极有帮助的，可以在考试、答辩或面试之前帮助他们纠正一些概念。

许多读者还告诉我，他们通过阅读“面试常见问题”这一章受益匪浅。我对这一章的内容进行了进一步的完善。这一章背后的理念非常简单——本书的所有读者迟早会在面试室里接受关于 C 语言程序设计的面试。现在我可以证实这一章可以帮助读者顺利接受这个考验，并获得良好的结果。

在本书的第 17 版中，我在每一章中增加了一节新内容——“程序”，里面包含了与该章所讨论主题有关的有趣程序。本书所列出的所有程序都会以源代码的形式出现在异步社区。读者可以下载它们并对它们进行完善和修改，或者按自己的意愿对它们进行任何操作。如果读者希望得到本书习题的答案，可以参阅《C 语言程序设计 习题解答》(*Let Us C Solutions*)。如果读者需要更多的习题进行实践，可以参考另一本书 *Exploring C*。和往常一样，这两本书的新版本也是随本书的第 17 版一起发行的。

本书不仅是我的书，也是读者的书。如果读者觉得我在某些方面可以改进，或者对下一版本的内容有一些建议，那么请通过异步社区或者 kanetkar@kicit.com 或 sales@bpbonline.com 与我直接联系。

我为本书能够通过一种微不足道的方式影响许多人的职业生涯而感到窃喜。

最近，我获得了印度理工学院坎普尔校区授予的“杰出校友奖”。我非常高兴能够与下面这些伟大的人同列：Infosys 公司首席导师 Narayan Murthy、印度储备银行前主管 D.

Subbarao 博士、斯坦福大学 Rajeev Motwani 博士、H. C. Verma 教授、NASSCOM 主席 Som Mittal 先生、哈佛大学 Minwalla 教授、印度理工学院坎普尔校区前教导主任 Sanjay Dhande 博士、美国麻省理工学院 Arvind 教授和 Sur 教授，以及印度理工学院金奈校区 Ashok Jhunjhunwala 教授。

我认为本书以及我的其他著作在我获得“杰出校友奖”的过程中起到了最主要的作用。令我略感吃惊的是，几乎所有对本书略有所知或者想要了解的人都希望从我口中得知编写一本畅销数百万册的著作的诀窍所在。我的回答是尽心竭力，向读者倾心传授自己所知道的一切，并尽量保持简单。我不知道这个回答是否能让大家信服，但我在撰写本书的前 16 个版本时一直遵循这个原则，这个版本同样如此。

祝大家程序设计愉快！

Yashavant Kanetkar

致　谢

本书已经成为我生命中重要的一部分。在过去的 20 年里，我创作了本书并不断地对它进行完善。在这个过程中，除了赞美之外，我收到很多来自学生、开发人员、教授、出版人和作者的建议。从本书第 1 版撰稿到第 17 版出版，他们给我提供了太多的帮助，我恨不得把他们的名字都署在本书的封面上。

我需要特别感谢 Manish Jain，他对本书的写作思路充满信心，信任我的写作能力，不断地给我鼓励并不时地向我提供有益的建议。我祝愿每位作家都能拥有一位像 Manish 这样富有协作精神、知识渊博且不遗余力地提供支持的出版人。

在本书之前的版本中，逐步的修改和完善一直没有停止。在这个过程中，许多人在运行程序和寻找漏洞方面提供了很大的帮助。我相信在集合了他们的智慧之后，本书所有的程序都能够正确地运行。如果书中仍然有错误、疏忽或不一致的情况，那肯定是我自己的责任。

感谢家人的耐心和包容，在本书马拉松式的编写过程中他们忍受我每天工作到深夜，忍受键盘的敲击声及其他烦扰。考虑书的封面思路是一回事，把它落到实处又是另一回事。本书（英文原版）封面的设计是由 Vinay Indoria 完成的，衷心地向他表示感谢！

最后，我衷心地感谢让我观察到 C 语言的每一处角落的无数学生，正是因为他们，本书才能够以多种语言在印度、美国、日本、韩国和中国出版。

资源与支持

本书由异步社区出品，异步社区（https://www.epubit.com/）为您提供相关资源和后续服务。

配套资源

本书提供如下资源：

- 源代码。

要获得以上配套资源，请在异步社区本书页面中单击 配套资源 ，跳转到下载界面，按提示进行操作即可。

提交勘误信息

作者、译者和编辑尽最大努力来确保书中内容的准确性，但难免会存在疏漏。欢迎您将发现的问题反馈给我们，帮助我们提升图书的质量。

当您发现错误时，请登录异步社区，按书名搜索，进入本书页面，单击“提交勘误”，输入勘误信息，再单击“提交”按钮即可（见下图）。本书的作者、译者和编辑会对您提交的勘误信息进行审核，确认并接受后，您将获赠异步社区的100积分。积分可用于在异步社区兑换优惠券、样书或奖品。

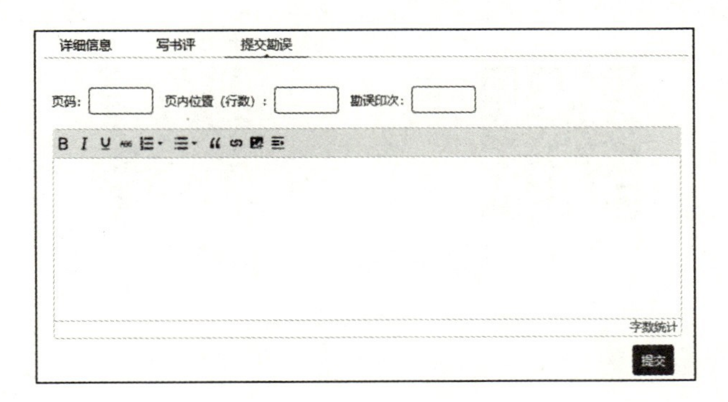

扫码关注本书

扫描右侧的二维码，您将会在异步社区微信服务号中看到本书信息及相关的服务提示。

与我们联系

我们的联系邮箱是 contact@epubit.com.cn。

如果您对本书有任何疑问或建议，请您发邮件给我们，并请在邮件标题中注明本书书名，以便我们更高效地做出反馈。

如果您有兴趣出版图书、录制教学视频，或者参与图书翻译、技术审校等工作，可以发邮件给我们；有意出版图书的作者也可以到异步社区在线投稿（直接访问 www.epubit.com/contribute 即可）。

如果您所在的学校、培训机构或企业，想批量购买本书或异步社区出版的其他图书，也可以发邮件给我们。

如果您在网上发现有针对异步社区出品图书的各种形式的盗版行为，包括对图书全部或部分内容的非授权传播，请您将怀疑有侵权行为的链接发邮件给我们。您的这一举动是对作者权益的保护，也是我们持续为您提供有价值的内容的动力之源。

关于异步社区和异步图书

“异步社区”是人民邮电出版社旗下 IT 专业图书社区，致力于出版精品 IT 图书和相关学习产品，为作译者提供优质出版服务。异步社区创办于 2015 年 8 月，提供大量精品 IT 图书和电子书，以及高品质技术文章和视频课程。更多详情请访问异步社区官网。

“异步图书”是由异步社区编辑团队策划出版的精品 IT 专业图书的品牌，依托于人民邮电出版社近 40 年的计算机图书出版积累和专业编辑团队，相关图书在封面上印有异步图书的 LOGO。异步图书的出版领域包括软件开发、大数据、人工智能、测试、前端、网络技术等。

异步社区

微信服务号

目录

第 7 章 case 控制指令 / 083

第 8 章 函数 / 097

第 9 章 指针 / 111

第 10 章 递归 / 125

第 11 章 再论数据类型 / 133

第 12 章 C 预处理器 / 149

第 13 章 数组 / 165

第 14 章 多维数组 / 181

第 15 章 字符串 / 195

第 16 章 处理多个字符串 / 211

第 17 章 结构体 / 221

第 18 章 控制台输入输出 / 237

第 19 章 文件输入输出 / 251

第1章 起步

“良好的开端是成功的一半”

我们无法从一开始就很强大，但我们必须准备变得强大。因此，良好的开端是非常重要的。在踏上 C 语言学习道路之前，本章将帮助读者做好一些准备工作。

本章内容

在开始用C语言编写程序之前，我们最好能够明白：C语言到底是什么？C语言是如何出现的？它和其他程序设计语言相比有哪些区别？在本章中，我们将简单地讨论这些问题。

任何程序设计语言都要处理4个重要的问题，包括数据的存储方式、数据的操作方式、如何实现输入和输出以及如何控制程序中指令的执行顺序。在本章中，我们将讨论其中的前3个问题。

1.1　什么是C语言

C语言是一种程序设计语言，它是由美国AT&T公司贝尔实验室的Dennis Ritchie于1972年发明的。C语言之所以流行，是因为它简单易用。现在有一种说法——“C语言已经被诸如C++、C#和Java这样的语言取代，因此现在没有必要再学习C语言了”。我非常郑重地对这种说法表示反对，理由如下。

（1）C++、C#和Java使用一种被称为面向对象程序设计（Object-Oriented Programming，OOP）的原则对程序进行组织。面向对象程序设计有许多优点。但是在使用这种程序组织原则时，我们仍然需要掌握一些基本的程序设计技巧。因此，先学习C语言，再迁移到C++、C#或Java是合理的做法。这种两步走的学习过程可能会花费更长的时间，但最终这些付出都是值得的。

（2）大多数流行的操作系统（如Windows、UNIX、Linux和Android）是用C语言编写的。而且，一旦需要对操作系统进行扩展以使用新设备，就需要编写设备驱动程序，而设备驱动程序完全是用C语言编写的。

（3）像微波炉、洗衣机和数码相机这样的常见家用设备如今也变得越来越智能。这种智能化来自微处理器、操作系统以及设备中嵌入的程序。这类程序必须运行得足够快，并且只能在容量有限的内存中运行。在创建这类操作系统和程序时，C语言是一种非常适合的程序设计语言。

（4）读者肯定看到过一些专业的3D计算机游戏，用户乘坐诸如飞船这样的物体飞行并向入侵者开火。所有这类游戏的本质就是速度。为了匹配这种速度需求，程序必须对用户的输入做出足够快速的反应。用于创建这类游戏的流行游戏框架（如DirectX）就是用C语言编写的。

我希望这些理由足以说服读者把学习C语言作为学习程序设计的第一步。

1.2　C语言的基础知识

学习C语言和学习英语有很多相似之处，如图1.1所示。

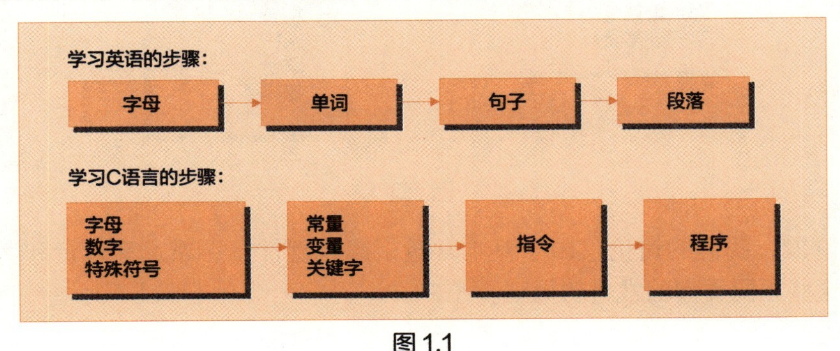

图1.1

1.2.1　字母、数字和特殊符号

图 1.2 列出了 C 语言所允许的合法字母、数字和特殊符号。

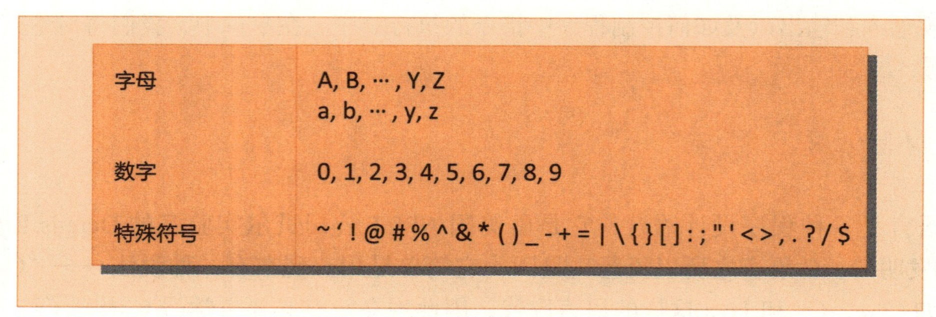

图 1.2

1.2.2　常量、变量和关键字

字母、数字和特殊符号经过适当组合之后可以构成常量、变量和关键字。常量是一种不会发生变化的实体，而变量是一种可能会发生变化的实体。关键字是一种具有特殊含义的单词。在程序设计语言中，常量常被称为文字值，变量常被称为标识符。下面我们观察 C 语言中不同类型的常量和变量。

1.2.3　C 语言的常量类型

C 语言中的常量可以分为以下两种主要类型。

（1）基本常量。

（2）次级常量。

图 1.3 对这两种常量进行了进一步的分类。

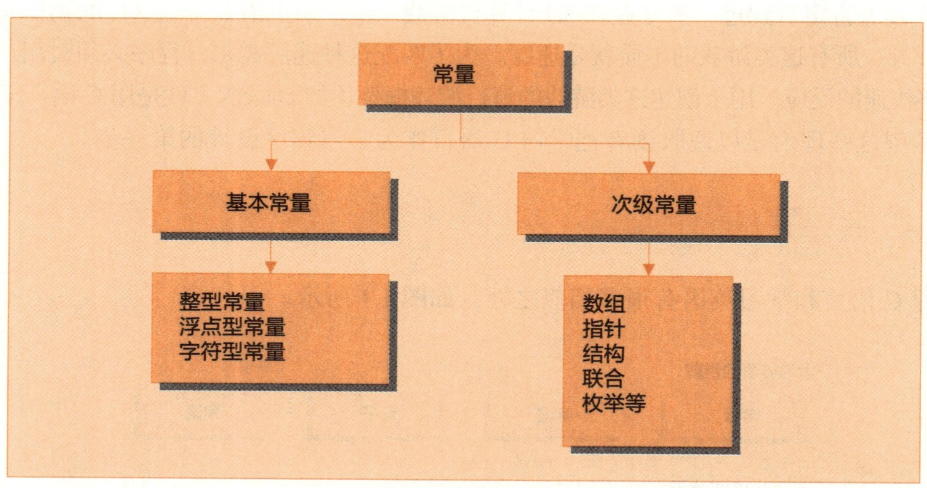

图 1.3

在当前阶段，我们的讨论仅限于基本常量，即整型常量、浮点型常量和字符型常量。下面是创建这些不同类型的常量的规则。

1.2.4 整型常量的创建规则

（1）整型常量必须至少包含 1 位数字。

（2）整型常量中不能出现小数点。

（3）整型常量可以包含任意个数的 0，可以为正或负。如果整型常量前没有符号，那么默认为正。

（4）整型常量的内部不允许出现逗号或空白。

（5）整型常量的取值范围是 -2 147 483 648 ～ +2 147 483 647。

```
示例：426    +782    -8000    -7605
```

严格地说，整型常量的取值范围取决于编译器。对于像 Visual Studio、GCC 这样的编译器，整型常量的取值范围是 -2 147 483 648 ～ +2 147 483 647；对于像 Turbo C 或 Turbo C++ 这样的编译器，整型常量的取值范围是 -32 768 ～ +32 767。

1.2.5 浮点型常量的创建规则

浮点型常量可以写成两种形式：小数形式和指数形式。在创建小数形式的浮点型常量时，必须遵循下面这些规则。

（1）浮点型常量必须至少包含 1 位数字。

（2）浮点型常量必须具有小数点。

（3）浮点型常量可以为正或负，默认为正。

（4）浮点型常量的内部不允许出现逗号或空白。

```
示例：+325.34    426.0    -32.76    -48.5792
```

指数形式通常用于浮点值太大或太小的情况，但我们也可以用指数形式表示任何浮点型常量。

在指数形式中，浮点型常量由两部分表示。出现在 e 之前的部分被称为尾数（mantissa），出现在 e 之后的部分被称为指数。因此，0.000342 用指数形式表示就是 3.42e-4（在常规算术中表示 3.42×10^{-4}）。

在创建指数形式的浮点型常量时，必须遵循下面这些规则。

（1）尾数部分和指数部分应该由字母 e 或 E 分隔。

（2）尾数部分的前面可以有正号或负号，默认为正号。

（3）指数部分必须至少包含 1 位数字，可以是正整数或负整数，默认为正整数。

（4）指数形式的浮点型常量的取值范围是 -3.4e38 ～ 3.4e38。

```
示例：+3.2e-5    4.1e8    -0.2E+3    -3.2e-5
```

1.2.6 字符型常量的创建规则

（1）字符型常量是出现在一对单引号中的单个字母、数字或特殊符号。

（2）两个单引号都应为英文单引号。例如，'A' 是合法的字符型常量，‘A’ 则不是。

```
示例：  'A'    'I'    '5'    '='
```

1.2.7 C 语言的变量类型

一种特定类型的变量只能存储同一种类型的常量。例如，整型变量只能存储整型常量，浮点型变量只能存储浮点型常量，字符型变量只能存储字符型常量。因此，C 语言具有很多类型的变量，就像它的常量类型一样。

任何 C 语言程序都会执行一些计算，这些计算的结果存储在计算机内存的某些位置。为了方便地提取和使用这些值，内存位置都有特定的名称。由于存储在每个内存位置的值可能会发生变化，因此这些内存位置的名称就被称为变量名。

不同类型常量的创建规则是不同的。但是，在创建所有类型的变量名时，可以使用同一组规则。

1.2.8 变量名的创建规则

（1）变量名是 1 ～ 31 个字母、数字和下画线的组合。有些编译器允许变量名的长度最多为 247 个字符。不要创建太长的变量名，因为会增加我们的输入负担。

（2）变量名的第 1 个字符必须是字母或下画线（_）。

```
示例：si_int    pop_e_89    avg    basic_salary
```

我们应该创建有意义的变量名。例如，计算存款利息时，应该创建类似 prin、roi、noy 这样的变量名表示本金、利率和年数，而不是采用类似 a、b、c 这样的任意变量名。

变量名的创建规则对于所有基本类型和次级类型的变量都是相同的。因此，为了对变量进行区分，在程序中必须声明变量的类型。

```
示例：int   si, m_hra;
      float bassal;
      char  code;
```

1.2.9 C 语言的关键字

对于 C 语言编译器（或者计算机）来说，关键字是含义已经明确的单词。C 语言一共有 32 个关键字。图 1.4 列出了这些关键字。

auto	double	int	struct
break	else	long	switch
case	enum	register	typedef
char	extern	return	union
const	float	short	unsigned
continue	for	signed	void
default	goto	sizeof	volatile
do	if	static	while

图 1.4

关键字一般不能作为变量名使用。但是，有些 C 语言编译器允许使用与关键字完全相同的变量名。

除了图 1.4 所示的关键字之外，编译器厂商可能还会提供更多的关键字。尽管 ANSI 委员会建议这类编译器特定的关键字应该以两个下画线开头（如 __asm），但并不是所有的编译器厂商都遵循这个规则。

1.3 第1个C语言程序

理解了变量、常量和关键字之后，下一个合乎逻辑的步骤就是将它们组合起来构成指令。但是，我们并不采用这种做法，而是直接编写第 1 个 C 语言程序。在完成这个任务之后，我们再详细讨论组成这个程序的指令。

我们的第 1 个 C 语言程序非常简单：根据一组表示本金、利率和年数的值计算存款利息。

```
/* 计算存款利息 */
/* 作者：gekay   日期：25/03/2020 */
# include <stdio.h>
int main( )
{
    int p, n ;
    float r, si ;
    p = 1000 ;
    n = 3 ;
    r = 8.5 ;
    /* 计算存款利息的公式 */
    si = p * n * r / 100 ;
    printf( "%f\n" , si ) ;
    return 0 ;
}
```

下面我们详细讨论这个 C 语言程序。

1.3.1 C 语言程序的格式

C 语言程序的格式决定了其书写方式。C 语言程序的格式具有某些特定的规则，它们适用于所有的 C 语言程序。这些规则如下。

（1）C 语言程序中的每条指令都是一条独立的语句。

（2）C 语言程序中的语句必须按照我们希望它们执行的顺序出现。

（3）两个单词之间可以插入空白字符以提高语句的可读性。

（4）所有的语句都应该使用小写字母。

（5）每条 C 语句必须以分号（;）结尾。因此，分号（;）是作为语句结束符使用的。

（6）一条 C 语句可以出现在某特定行的任意位置，这也是 C 语言被称为自由形式的程序设计语言的原因。

（7）通常一行包含一条语句。但是，我们也可以在一行中书写多条语句，只要每条语句以分号结尾即可。

1.3.2 C 语言程序中的注释

在 C 语言程序中，注释用于说明程序或程序中某些语句的作用。在程序的开头使用注释说明程序的作用、作者和编写日期是一种很好的做法。

下面是在 C 语言程序中使用注释的一些提示。

（1）注释可以采用小写形式、大写形式或混合形式。它们应该出现在 /* 和 */ 之间。因此，这个程序中的前 2 行都是注释。

（2）有时候，程序中某条特定语句的作用并不是那么明显。这时就可以用注释来说明这条（或这些）语句的作用，如下所示。

```
/* 计算简单利息的公式 */
si = p * n * r / 100 ;
```

（3）在程序的任何地方都可以使用任意数量的注释。因此，注释可以出现在语句之前或之后，甚至出现在语句的内部，如下所示。

```
/* formula */ si = p * n * r / 100 ;
si = p * n * r / 100 ; /* 公式 */
si = p * n * r / /* 公式 */ 100 ;
```

（4）注释不能嵌套。这意味着一条注释不能出现在另一条注释的内部。因此，下面的注释是非法的。

```
/* 计算存款利息 /* 作者 : gekay              日期 : 25/03/2020 */ */
```

（5）一条注释可以跨越多行，如下所示。

```
/* This comment has
  three lines
  in it */
```

（6）ANSI C 还允许使用另一种形式的注释，如下所示。

```
// 计算存款利息
// 公式
```

1.3.3 什么是 main()

main() 是所有 C 语言程序的一个关键组成部分，我们需要理解它的作用及具体内涵。

（1）main() 是一个函数。函数是一组语句的容器。一个 C 语言程序可能包含多个函数。如果其中只包含一个函数，那么这个函数必须是 main() 函数。main() 函数的所有语句都必须出现在一对花括号 {} 中。

（2）和计算器的功能一样，函数也返回一个值。main() 总是返回一个整数值，因此 main() 前面的类型关键字是 int。这被称为函数的返回类型。这个程序返回的整数值是 0。0 表示程序运行成功。如果 main() 中的语句无法顺利完成任务，那么我们可以通过让 main() 函数返回一个非零值来表示程序运行失败。

（3）main() 函数返回值的方式因不同的编译器而异，如下所示。

① Turbo C、Turbo C++：Alt C|Information。

② Visual Studio：调试器的 Watch 窗口中的 $ReturnValue。

③ Linux：程序执行之后，在命令行中执行 echo $?。

（4）有些像 Turbo C / Turbo C++ 这样的编译器甚至允许 main() 不返回任何值。在这种情况下，我们可以在 main() 的前面加上关键字 void。但这并不是 main() 函数的标准书写方式。我们将在第 8 章详细讨论函数及其作用。

1.3.4　变量及其用法

现在，我们通过这个程序来理解常量和变量的重要性。

（1）程序中的任何变量在使用之前必须声明，如下所示。

```
int p, n ;                    /* 声明 */
float r, si ;                 /* 声明 */
si = p * n * r / 100 ;        /* 使用 */
```

（2）在下面这条语句中，* 和 / 都是算术操作符。C语言的算术操作符包括 +、-、* 和 /。

```
si = p * n * r / 100 ;
```

1.3.5　printf() 及其用法

C 语言并没有提供任何关键字用于在屏幕上显示输出。屏幕上的所有输出都是通过像 printf() 这样的库函数实现的。下面我们通过这个程序来理解 printf() 函数。

（1）变量 si 的值被计算出来之后，需要在屏幕上显示出来。我们选择使用 printf() 函数来完成这个任务。

（2）为了使用 printf() 函数，我们需要在程序的开头添加 #include<stdio.h>。#include 是一种预处理指令。

（3）printf() 函数的基本格式如下。

```
printf( "<格式字符串>", <变量列表> ) ;
```

<格式字符串> 可以包含如下格式指示符。

① %f：表示输出浮点数。

② %d：表示输出整数。

③ %c：表示输出字符。

除了像 %f、%d 和 %c 这样的格式指示符之外，格式字符串还可以包含其他任何字符。这些字符会在 printf() 执行时按原样输出。

（4）下面是 printf() 函数的一些常见使用例子。

```
printf( "%f", si ) ;
printf( "%d %d %f %f", p, n, r, si ) ;
printf( "Simple interest = Rs. %f", si ) ;
printf( "Principal = %d\nRate = %f", p, r ) ;
```

上面最后一条语句的输出如下所示。

```
Principal = 1000
Rate = 8.500000
```

由于存在换行符 '\n'，输出被分为两行。换行符能把光标定位到下一行，它是 C 语言提供的几个转义序列之一。第 18 章将详细讨论这个概念。

（5）printf() 不仅可以输出变量的值，还可以输出表达式的结果，例如 3、3 + 2、c 和 a + b * c - d，如下所示。

```
printf( "%d %d %d %d", 3, 3 + 2, c, a + b * c - d ) ;
```

注意，3 和 c 也是合法的表达式。

1.3.6　编译和运行

写完程序之后，我们需要输入程序并指示计算机执行这个程序。有两个工具可以帮助我们完成这个任务：编辑器和编译器。编辑器允许我们输入程序，而编译器则负责把程序转换为机器语言。这种转换是必要的，因为计算机只能理解机器语言。

除了这两个工具之外，我们还需要一些其他工具来提高程序设计的效率，例如预处理器、链接器和调试器。单独对这些工具进行操作是一件很乏味的事情，因此它们都被捆绑到了 GUI 中，这样使用这些工具时就会方便很多。这种捆绑通常被称为集成开发环境（Integrated Development Environment，IDE）。

我们可以使用的 IDE 有很多。每种 IDE 都面向不同的操作系统和微处理器。附录 A 描述了使用 IDE 的细节，包括从哪里下载、如何安装和使用。在学习本书的任何程序之前，读者应该先阅读附录 A 的内容，并在自己的计算机上安装正确的 IDE。

1.4　接收输入

在这个 C 语言程序中，我们假设变量 p、n 和 r 的值分别是 1000、3 和 8.5。每次运行这个程序时，它所产生的存款利息都是同一个值。如果我们想要计算其他几组值的存款利息，就需要把这些值植入程序中，然后重新编译并运行程序。这意味着这个程序的通用性不够强，无法在不修改程序的前提下计算任意一组值的存款利息。这显然不是一种好的做法。

为了具有更好的通用性，这个程序在运行过程中应该要求用户通过键盘提供 p、n 和 r 的值。

我们可以通过 scanf() 函数来实现这个目的。这个函数可以帮助我们从键盘接收输入。下面这个程序展示了这种做法。

```
/* 计算存款利息 */
/* 作者：gekay    日期：25/03/2020 */
# include <stdio.h>
int main( )
{
    int p, n ;
    float r, si ;
    printf( "Enter values of p, n, r" ) ;
    scanf( "%d %d %f", &p, &n, &r ) ;
    si = p * n * r / 100 ;
    printf( "%f\n" , si ) ;
    return 0 ;
}
```

第 1 条 printf() 语句在屏幕上输出 Enter values of p, n, r。我们没有在这条 printf() 语句中使用任何表达式，这意味着在 printf() 中使用表达式是可选的。

注意，在 scanf() 函数中变量名的前面加上 & 符号是必要的。& 是取址操作符，它提供了这个变量在内存中的地址。&a 这种用法告诉 scanf() 应该把用户通过键盘提供的值存储在哪个地方。第 9 章将详细讨论 & 操作符的工作方式。

注意，在向 scanf() 函数提供值时必须用空格、制表符或换行符对它们进行分隔。空格是通过空格键输入的，制表符是通过 Tab 键输入的，换行符是通过 Enter 键输入的。下面是一些例子。

由空格分隔的 3 个值：

```
1000 5 15.5
```

由制表符分隔的 3 个值：

```
1000    5    15.5
```

由换行符分隔的 3 个值：

```
1000
5
15.5
```

1.5 程序

练习1.1

假设 Ramesh 的基本工资是通过键盘输入的。他的物价津贴（Dearness Allowance，DA）是基本工资的 40%，房租津贴（House Rent Allowance，HRA）是基本工资的 20%。编写一个程序，计算他的总收入。

程序

```
/* 计算Ramesh的总收入 */
# include <stdio.h>
int main( )
{
    float bp, da, hra, grpay ;
    printf( "\nEnter Basic Salary of Ramesh: " ) ;
    scanf( "%f", &bp ) ;
    da = 0.4 * bp ;
    hra = 0.2 * bp ;
    grpay = bp + da + hra ;
    printf( "Basic Salary of Ramesh = %f\n", bp ) ;
    printf( "Dearness Allowance = %f\n", da ) ;
    printf( "House Rent Allowance = %f\n", hra ) ;
    printf( "Gross Pay of Ramesh is %f\n", grpay ) ;
    return 0 ;
}
```

输出

```
Enter Basic Salary of Ramesh: 1200
Basic Salary of Ramesh = 1200.000000
Dearness Allowance = 480.000000
House Rent Allowance = 240.000000
Gross Pay of Ramesh is 1920.000000
```

练习1.2

假设两个城市的距离（以千米为单位）是通过键盘输入的。编写一个程序，把这个距离转换为以米、厘米、英尺和英寸为单位。

程序

```
/* 距离的转换 */
# include <stdio.h>
```

```
int main( )
{
    float km, m , cm, ft, inch ;
    printf( "\nEnter the distance in Kilometers: " ) ;
    scanf( "%f", &km ) ;
    m = km * 1000 ;
    cm = m * 100 ;
    inch = cm / 2.54 ;
    ft = inch / 12 ;
    printf( "Distance in meters = %f\n", m ) ;
    printf( "Distance in centimeter = %f\n", cm ) ;
    printf( "Distance in feet = %f\n", ft ) ;
    printf( "Distance in inches = %f\n", inch ) ;
    return 0 ;
}
```

输出

```
Enter the distance in Kilometers: 3
Distance in meters = 3000.000000
Distance in centimeter = 300000.000
Distance in feet = 9842.519531
Distance in inches = 118110.234375
```

练习1.3

假设一名学生 5 门课的成绩都是通过键盘输入的，且每门课的满分是 100 分。编写一个程序，计算这名学生的总分和平均分。

程序

```
/* 计算总分和平均分 */
# include <stdio.h>
int main( )
{
    int m1, m2, m3, m4, m5, aggr ;
    float per ;
    printf( "\nEnter marks in 5 subjects: " ) ;
    scanf( "%d %d %d %d %d", &m1, &m2, &m3, &m4, &m5 ) ;
    aggr = m1 + m2 + m3 + m4 + m5 ;
    per = aggr / 5 ;
    printf( "Aggregate Marks = %d\n", aggr ) ;
    printf( "Percentage Marks = %f\n", per ) ;
    return 0 ;
}
```

输出

```
Enter marks in 5 subjects: 85 75 60 72 56
Aggregate Marks = 348
Percentage Marks = 69.000000
```

习题

1. 下面哪些是非法的 C 语言常量？为什么？

```
'3.15'          35,550          3.25e2
2e-3            'eLearning'     "show"
```

'Quest'	2^3	4 6 5 2

2. 下面哪些是非法的变量名？为什么？

B' day	int	$hello
#HASH	dot.	number
totalArea	_main	temp_in_Deg
total%	1st	stack-queue
variable name	%name%	salary

3. 判断下列说法是正确的还是错误的。

（1）C 语言是由 Dennis Ritchie 开发的。（ ）

（2）像 Windows、UNIX、Linux 和 Android 这样的操作系统都是用 C 语言编写的。（ ）

（3）C 语言程序可以很方便地与 PC 或笔记本电脑的硬件进行交互。（ ）

（4）C 语言程序的浮点型常量既可以用小数形式也可以用指数形式表示。（ ）

（5）一个字符变量在任意时刻只能存储 1 个字符。（ ）

（6）整型常量的最大值因编译器而异。（ ）

（7）通常所有的 C 语句都是用小写形式书写的。（ ）

（8）C 语言中的两个单词之间可以插入空白字符。（ ）

（9）变量名的内部不能插入空白字符。（ ）

（10）C 程序可以在编辑器的帮助下转换为机器语言代码。（ ）

（11）大多数开发环境提供了编辑器供用户输入 C 程序，并提供了编译器来把 C 程序转换为机器语言代码。（ ）

（12）int、char、float、real、integer、character、char、main、printf 和 scanf 都是关键字。（ ）

4. 对下面的左右两列进行配对。

(a)\n	① 文字值
(b)3.145	② 语句结束符
(c)-6513	③ 字符型常量
(d)'D'	④ 转义序列
(e)4.25e-3	⑤ 输入函数
(f)main()	⑥ 函数
(g)%f、%d、%c	⑦ 整型常量
(h);	⑧ 取址操作符
(i)常量	⑨ 输出函数
(j)变量	⑩ 格式指示符
(k)&	⑪ 指数形式
(l)printf()	⑫ 浮点型常量
(m)scanf()	⑬ 标识符

5. 指出下列程序中可能存在的错误。

（1）
```
int main( )
{
   int a ; float b ; int c ;
   a = 25 ; b = 3.24 ; c = a + b * b - 35 ;
}
```

（2）
```
#include <stdio.h>
int main( )
{
    int a = 35 ; float b = 3.24 ;
    printf( "%d %f %d", a, b + 1.5, 235 ) ;
}
```

（3）
```
#include <stdio.h>
int main( )
{
    int a, b, c ;
    scanf( "%d %d %d", a, b, c ) ;
}
```

（4）
```
#include <stdio.h>
int main( )
{
    int m1, m2, m3
    printf( "Enter values of marks in 3 subjects" )
    scanf( "%d %d %d", &m1, &m2, &m3 )
    printf( "You entered %d %d %d", m1, m2, m3 )
}
```

6. 完成下列任务。

（1）假设用户通过键盘输入一个以华氏温度表示的气温。编写一个程序，把这个华氏温度转换为摄氏温度。

（2）假设矩形的长度和宽度以及圆的半径都是通过键盘输入的。编写一个程序，计算矩形的面积和周长以及圆的面积和周长。

（3）A0 纸的大小是 1189mm × 841mm，后续每种纸 A(n) 的大小就是把前一种纸 A(n−1) 的长边对半截开。因此，A1 纸的大小是 841mm × 594mm。编写一个程序，计算并输出 A0、A1、A2……A8 纸的大小。

课后笔记

1. 建议学习 C 语言的三个主要原因：

（1）为学习 C++、C# 或 Java 打下良好的基础；

（2）UNIX、Linux、Windows 和游戏框架是用 C 编写的；

（3）嵌入式系统的程序是用 C 编写的。

2. 常量 = 文字值 →无法修改；变量 = 标识符 → 可以修改。

3. 变量和常量的类型：①基本类型；②次级类型。

4. 基本类型包括：①整型；②浮点型；③字符型。

5. 取值范围：

（1）2 字节整数的取值范围是 −32 768 ~ +32 767；

（2）4 字节整数的取值范围是 −2 147 483 648 ~ +2 147 483 647；

（3）浮点数的取值范围是 -3.4×10^{38} ~ $+3.4\times10^{38}$。

6. 在字符型常量中，两个引号都必须撇向左，例如 'A'。

7. 变量具有如下含义：

（1）它是一个其值可以改变的实体；

（2）它是一个表示内存位置的名称。

8. 变量名是大小写敏感的，并且必须以字母和下画线开头。

9. C 语言关键字的总个数是 32。关键字的例子有 char、int、float 等。

10. printf() 函数可以输出多个常量和变量。

11. printf() 和 scanf() 函数中的格式指示符：%i、%f、%c。

12. main() 是一个函数，它必须返回一个整数值：返回 0 表示程序运行成功，返回 1 表示程序运行失败。

13. 在程序中可以使用 /*…*/ 或 // 表示注释。

14. & 表示取址操作符，在 scanf() 函数中，变量名的前面必须有这个操作符。

第2章 C语言的指令

"定好目标，出发"

板球队队长的能力无法超脱球队而存在。如果球队实力不济，队长纵有通天之能也将独木难支。对于 C 语言程序设计而言，情况也是如此。除非我们能够透彻地理解 C 语言所提供的指令，否则就无法设计良好的程序。本章将讨论这些指令。

本章内容

程序只不过是指令的集合而已。不同的指令可以帮助我们在程序中完成不同的任务。在第 1 章中，我们看到了如何使用不同的指令编写简单的 C 语言程序。在本章中，我们将探索这些程序中使用的指令。

2.1　指令的类型

C 语言具有 3 种类型的指令。

（1）类型声明指令：这种指令用于声明 C 语言程序中使用的变量的类型。

（2）算术指令：这种指令用于对常量和变量执行算术运算。

（3）控制指令：这种指令用于控制 C 语言程序中各种语句的执行顺序。

下面让我们深入观察这些指令。

2.2　类型声明指令

类型声明指令通常出现在 main() 函数的起始部分。下面是这种指令的一些例子。

```
int bas ;
float rs, grosssal ;
char name, code ;
```

下面是类型声明指令的一些微妙的变形。

（1）在声明变量的类型时，我们还可以像下面这样对变量进行初始化。

```
int i = 10, j = 25 ;
float a = 1.5, b = 1.99 + 2.4 * 1.44 ;
```

（2）变量在使用之前必须先定义。下面的语句是非法的，因为我们在定义变量 a 之前就使用了该变量。

```
float b = a + 3.1, a = 1.5 ;
```

（3）下面的语句则没有问题。

```
int  a, b, c, d ;
a = b = c = 10 ;
```

但是，下面的语句是非法的。

```
int  a = b = c = d = 10 ;
```

同样，这是因为我们在定义变量 b 之前就试图使用该变量（把它赋值给变量 a）。

2.3　算术指令

C 语言的算术指令由等号左边的变量名以及等号右边通过操作符连接的变量名和常量组成。

```
示例：int   ad ;
     float   kot, deta, alpha, beta, gamma ; ad = 3200 ;
     kot = 0.0056 ;
```

```
deta = alpha * beta / gamma + 3.2 * 2 / 5 ;
```

其中：

- *、/、-、+ 是算术操作符。
- = 是赋值操作符。
- 2、5 和 3200 是整型常量。
- 3.2 和 0.0056 是浮点型常量。ad 是整型变量。
- kot、deta、alpha、beta、gamma 是浮点型变量。

变量和常量被统称为“操作数”。在执行一条算术语句时，“算术操作符”会对右边的操作数执行操作，并通过“赋值操作符”把结果赋值给左边的变量。

C 语言的算术语句分为 3 种类型，如下所示。

（1）整型模式的算术语句：在这种语句中，所有的操作数都是整型变量或整型常量。

```
示例: int   i, king, issac, noteit ;
      i = i + 1 ;
      king = issac * 234 + noteit - 7689 ;
```

（2）浮点型模式的算术语句：在这种语句中，所有的操作数均为浮点型常量或浮点型变量。

```
示例: float   qbee, antink, si, prin, anoy, roi ;
      qbee = antink + 23.123 / 4.5 * 0.3442 ;
      si = prin * anoy * roi / 100.0 ;
```

（3）混合模式的算术语句：在这种语句中，有些操作数是整数，有些操作数是浮点数。

```
示例: float   si, prin, anoy, roi, avg ;
      int  a, b, c, num ;
      si = prin * anoy * roi / 100.0 ;
      avg =( a + b + c + num ) / 4 ;
```

注意下面这些与算术指令有关的要点。

（1）C 语言要求等号的左边只能出现 1 个变量。也就是说，z = k * l 是合法的，但 k * l = z 是不合法的。

（2）除了除法操作符之外，C 语言还提供了求模操作符（%）。求模操作符会返回一个整数除以另一个整数的余数。因此，10/2 这个表达式的结果是 5，而 10%2 的结果是 0。

注意，求模操作符无法作用于浮点数。另外在使用求模操作符时，余数的符号总是与被除数的符号相同。因此，-5 % 2 的结果是 -1，而 5 % -2 的结果是 1。

（3）整数、浮点数和字符均可参与算术操作。因此，下面的语句是合法的。

```
char   x = 'a'; y = 'b' ;
int   z = x + y ;
```

在内存中，所有的字符都是用 ASCII 码表示的。'a' 和 'b' 的 ASCII 码分别是 01100001 和 01100010。它们对应的数值分别是 97 和 98。上面语句中的加法是对这两个数值执行的，而不是对字符本身执行的。

（4）没有任何操作符是默认存在的，操作符必须明确地写明。在下面的例子中，b 后面的乘法操作符必须明确地写明。

```
a = c.d.b(xy);              //普通的算术语句
a = c * d * b *( x * y );   //C语句
```

（5）C 语言中不存在指数运算操作符。指数运算必须按照下面这样的方式实现。

```
float  a ;
a = pow( 3.0, 2.0 ) ;
printf( "%f", a ) ;
```

上述语句中的 `pow()` 函数是由 C 标准库提供的，用于计算 3.0 的 2.0 次方。`pow()` 函数只适用于浮点数，因此这里使用了 3.0 和 2.0。

注意，为了使用 `pow()` 函数，程序的开头必须添加 `#include<math.h>`。`#include` 是预处理指令。我们将在第 8 章更深入地学习标准库函数，并在第 12 章学习预处理指令。

读者可以自行探索 `math.h` 头文件中声明的其他数学函数，如 `abs()`、`sqrt()`、`sin()`、`cos()` 和 `tan()` 等。

2.4　整型和浮点型的转换

为了有效地开发 C 语言程序，我们需要理解用于执行浮点数和整数转换的隐式规则。下面描述了这些规则，读者必须认真理解。

（1）对一个整数和另一个整数执行算术操作后，将总是生成整型结果。

（2）对一个浮点数和另一个浮点数执行算术操作后，将总是生成浮点型结果。

（3）对一个整数和一个浮点数执行算术操作后，将总是生成浮点型结果。在这种算术操作中，整数首先被提升为浮点数，然后执行算术操作，因此产生的结果总是浮点数。

图 2.1 展示的一些例子可以有效地消除读者心中的疑惑。

操作	结果	操作	结果
5 / 2	2	2 / 5	0
5.0 / 2	2.5	2.0 / 5	0.4
5 / 2.0	2.5	2 / 5.0	0.4
5.0 / 2.0	2.5	2.0 / 5.0	0.4

图 2.1

2.5　赋值时的类型转换

如果等号左边和右边的表达式的类型不相同，那么等号右边表达式的值会根据等号左边变量的类型进行升级或降级。例如，观察下面的赋值语句。

```
int   i ;
float   b ;
i = 3.5 ;
b = 30 ;
```

在第 1 条赋值语句中，3.5 尽管是浮点数，但却无法存储在 `i` 中，因为 `i` 是一个 `int` 类型的变量。因此，3.5（`float` 类型）被降级为 3（`int` 类型），然后被存储于 `i` 中。后面那条语句的情况正好相反。30 被提升为 30.0，然后被存储于 b 中，b 是一个 float 类型的变量，只能存储浮点数。

除了上面这些简单的表达式之外，这些规则在复杂的表达式中仍然适用。例如，观察下面的赋值语句。

```
float   a, b, c ;  int   s ;
s = a * b * c / 100 + 32 / 4 - 3 * 1.1 ;
```

在上面的赋值语句中，有些操作数是 int 类型，还有一些是 float 类型。我们知道，在表达式的求值过程中，int 值会被提升为 float 类型，表达式的结果也是 float 类型。但是，由于最后要被赋值给 s，因此表达式的结果被再次降级为 int 类型。

观察图 2.2 所示的算术指令的结果。假设 k 是整型变量，a 是浮点型变量。

算术指令	结果	算术指令	结果
k = 2 / 9	0	a = 2 / 9	0.0
k = 2.0 / 9	0	a = 2.0 / 9	0.222222
k = 2 / 9.0	0	a = 2 / 9.0	0.222222
k = 2.0 / 9.0	0	a = 2.0 / 9.0	0.222222
k = 9 / 2	4	a = 9 / 2	4.0
k = 9.0 / 2	4	a = 9.0 / 2	4.5
k = 9 / 2.0	4	a = 9 / 2.0	4.5
k = 9.0 / 2.0	4	a = 9.0 / 2.0	4.5

图 2.2

注意，尽管下面这两条语句会产生相同的结果 0，但它们获得这个结果的过程却不同。

```
k = 2 / 9 ;
k = 2.0 / 9 ;
```

在第 1 条语句中，由于 2 和 9 都是整数，因此结果也是整数（也就是 0），然后 0 被赋值给 k。在第 2 条语句中，9 被提升为 9.0，然后执行除法，结果是 0.222222；但是，这个值无法存储于 int 变量 k 中，因此它先被降级为 0，之后才被存储于 k 中。

2.6 操作符的优先层次

在对算术语句进行求值时，有些问题可能会令人困惑。例如：表达式 $2 * x - 3 * y$ 是对应于 $(2x) - (3y)$ 还是对应于 $2(x - 3y)$ 呢？类似地，$A / B * C$ 是对应于 $A /(B * C)$ 还是对应于 $(A / B) * C$ 呢？为了圆满地回答这些问题，我们必须理解操作符的优先层次。操作符的执行优先级被称为操作符的优先层次。表 2.1 显示了常用操作符的优先层次。

表2.1

优先级	操作符	描述
第1级	* / %	乘法、除法、求模
第2级	+ -	加法、减法
第3级	=	赋值

在括号内部，表2.1列出的优先层次同样适用。另外，如果括号的层数不止一层，最内层括号中的操作将首先执行，然后执行次内层括号中的操作，依此类推。

下面我们通过几个例子来更清晰地说明这个问题。

例2.1：确定操作的优先层次并对下面这个表达式进行求值，假设 i 是一个整型变量。

```
i = 2 * 3 / 4 + 4 / 4 + 8 - 2 + 5 / 8
```

下面展示了这个表达式的求值过程。

```
i = 2 * 3 / 4 + 4 / 4 + 8 - 2 + 5 / 8
i = 6 / 4 + 4 / 4 + 8 - 2 + 5 / 8          操作：*
i = 1 + 4 / 4 + 8 - 2 + 5 / 8              操作：/
i = 1 + 1+ 8 - 2 + 5 / 8                   操作：/
i = 1 + 1 + 8 - 2 + 0                      操作：/
i = 2 + 8 - 2 + 0                          操作：+
i = 10 - 2 + 0                             操作：+
i = 8 + 0                                  操作：-
i = 8                                      操作：+
```

注意，6/4 的结果是 1 而不是 1.5。这是因为 6 和 4 都是整数，于是 6/4 的结果也必然是一个整数。类似地，5/8 的结果是 0，因为 5 和 8 都是整数，5/8 必然返回一个整数。

例2.2：确定操作的优先层次并对下面这个表达式进行求值，假设kk是一个浮点型变量。

```
kk = 3 / 2 * 4 + 3 / 8
```

下面展示了这个表达式的求值过程。

```
kk = 3 / 2 * 4 + 3 / 8
kk = 1 * 4 + 3 / 8              操作：/
kk = 4 + 3 / 8                  操作：*
kk = 4 + 0                      操作：/
kk = 4                          操作：+
```

注意，和例2.1提到的原因相同，3/8 的结果是 0。

C语言的全部45个操作符可根据优先级进行分级。我们还没有看到过其中很多操作符，因此我们现在不打算深入讨论操作符的优先级。附录B提供了所有操作符以及它们的完整优先级表格。

到目前为止，我们看到了用C语言编写的算术语句是如何求值的。但是，如果我们不知道怎样把一个基本的代数表达式转换为C表达式，那么我们对这方面知识的掌握就是不完整的。图2.3显示了一些代数表达式以及对应的C表达式。

代数表达式	C表达式
$a \times b - c \times d$	a * b - c * d
$(m+n)(a+b)$	(m+n) * (a+b)
$3x^2+2x+5$	3 * x * x + 2 * x + 5
$\frac{a+b+c}{d+e}$	(a+b+c) / (d+e)
$\left[\frac{2by}{d+1} - \frac{x}{3(z+y)}\right]$	2 * b * y / (d+1) - x / (3 * (z+y))

图2.3

2.7 操作符的结合性

当一个表达式包含两个优先级相同的操作符时，它们之间的平局是通过操作符的结合性来打破的。C 语言的所有操作符要么具有从左向右的结合性，要么具有从右向左的结合性。下面我们通过一些例子来解释这个概念。

观察下面这个表达式。

```
a = 3 / 2 * 5 ;
```

这里出现了两个优先级相同的操作符——/ 和 *，这里的平局是通过 / 和 * 的结合性来打破的。由于这两个操作符都具有从左向右的结合性，因此首先执行 /，然后执行 *。

观察另一个表达式。

```
a = b = 3 ;
```

这里的两个赋值操作符具有相同的优先级。因此，操作顺序是由赋值操作符的结合性决定的。= 的结合性是从右向左，因此首先执行第 2 个 =，然后执行第 1 个 =。

我们再观察最后一个表达式。

```
z = a * b + c / d ;
```

其中，* 和 / 具有相同的优先级和结合性（从左向右）。编译器可以自行决定先执行 * 还是 /，因为不管两者谁先执行，结果都是一样的。

附录 B 指出了 C 语言中所有操作符的结合性。注意，所有操作符的优先级和结合性都是预先确定的，无法改变。

2.8 控制指令

控制指令控制程序中指令的执行顺序。换句话说，控制指令决定了程序的控制流。在 C 语言中，共有 4 种类型的控制指令。

（1）顺序控制指令。

（2）选择或决策控制指令。

（3）重复或循环控制指令。

（4）case 控制指令。

顺序控制指令确保指令的执行顺序与它们在程序中出现的顺序相同。决策和 case 控制指令允许计算机决定接下来执行哪条指令。循环控制指令允许反复执行一组语句。在接下来的第 3 ～ 7 章，我们将详细讨论这些控制指令。

2.9 程序

练习2.1

假设一个三角形的三条边的边长是通过键盘输入的，编写一个程序，计算这个三角形的面积。

程序

```
/* 根据边长计算三角形的面积 */
```

```
# include <stdio.h>
# include <math.h> /* for sqrt( ) */
int main( )
{
    float  a, b, c, sp, area ;
    printf( "\nEnter sides of a triangle: " ) ; scanf( "%f %f %f", &a, &b, &c ) ;
    sp =( a + b + c ) / 2 ;
    area = sqrt( sp *( sp - a ) *( sp - b ) *( sp - c ) ) ;
    printf( "Area of triangle = %f\n", area ) ;
    return 0 ;
}
```

输出

```
Enter sides of a triangle: 4 5 6
Area of triangle = 9.921567
```

练习2.2

假设一个 5 位数是通过键盘输入的，编写一个程序，反转这个 5 位数。

程序

```
/* 反转一个5位数 */
# include <stdio.h>
int main( )
{
    int  n, d5, d4, d3, d2, d1 ; long int  revnum ;
    printf( "\nEnter a five digit number(less than 32767): " ); scanf( "%d", &n );
    d5 = n % 10 ;  /* 第5位数字 */
    n = n / 10 ;   /* 剩余的数字 */
    d4 = n % 10 ;  /* 第4位数字 */
    n = n / 10 ;   /* 剩余的数字 */
    d3 = n % 10 ;  /* 第3位数字*/
    n = n / 10 ;   /* 剩余的数字 */
    d2 = n % 10 ;  /* 第2位数字*/
    n = n / 10 ;   /* 剩余的数字 */
    d1 = n % 10 ;  /* 第1位数字*/
    revnum = d5 * 10000 + d4 * 1000 + d3 * 100 + d2 * 10 + d1 ;
    /* 指定%ld，用于输出长整数 */
    printf( "The reversed number is %ld\n", revnum ) ;
    return 0 ;
}
```

输出

```
Enter a five digit number(less than 32767): 12345
The reversed number is 54321
```

练习2.3

假设一种货币共包含 6 种面值的纸币，如 1 卢比、2 卢比、5 卢比、10 卢比、50 卢比和 100 卢比。如果金额是通过键盘输入的，编写一个程序，计算组成这个金额最少需要几张纸币。

程序

```
#include <stdio.h>
int main( )
{
    int amount, nohun, nofifty, noten, nofive, notwo, noone, total ;
```

```
    printf( "Enter the amount: " ) ;
    scanf( "%d", &amount ) ;
    nohun = amount / 100 ;
    amount = amount % 100 ;
    nofifty = amount / 50 ;
    amount = amount % 50 ;
    noten = amount / 10 ;
    amount = amount % 10 ;
    nofive = amount / 5 ;
    amount = amount % 5 ;
    notwo = amount / 2 ;
    amount = amount % 2 ;
    noone = amount / 1 ;
    amount = amount % 1 ;
    total = nohun + nofifty + noten + nofive + notwo + noone ;
    printf( "Smallest number of notes = %d\n", total ) ;
    return 0 ;
}
```

输出

```
Enter the amount: 570
Smallest number of notes = 8
```

习题

1. 指出下列C语句中可能存在的错误。

(1) `x =( y + 3 ) ;`
(2) `cir = 2 * 3.141593 * r ;`
(3) `char = '3' ;`
(4) `4 / 3 * 3.14 * r * r * r = vol_of_sphere ;`
(5) volume = a^3 ;
(6) `area = 1 / 2 * base * height ;`
(7) `si = p * r * n / 100 ;`
(8) `area of circle = 3.14 * r * r ;`
(9) `peri_of_tri = a + b + c ;`
(10) `slope =( y2 - y1 ) ÷( x2 - x1 ) ;`
(11) `3 = b = 4 = a ;`
(12) `count = count + 1 ;`
(13) `char ch = '25 Apr 12' ;`

2. 对下列表达式进行求值，并说明它们的优先层次。

(1) `ans = 5 * b * b * x - 3 * a * y * y - 8 * b * b * x + 10 * a * y ;`
(a = 3，b = 2，x = 5，y = 4，假设ans为int类型）
(2) `res = 4 * a * y / c - a * y / c ;`
(a = 4，y = 1，c = 3，假设res是int类型）
(3) `s = c + a * y * y / b ;`
(a = 2.2，b = 0.0，c = 4.1，y = 3.0，假设s是float类型）
(4) `R = x * x + 2 * x + 1 / 2 * x * x + x + 1 ;`
(x = 3.5，假设R是float类型）

3. 说明下列表达式的求值顺序。

(1) `g = 10 / 5 /2 / 1 ;`

(2) b = 3 / 2 + 5 * 4 / 3 ;
(3) a = b = c = 3 + 4 ;
(4) x = 2 - 3 + 5 * 2 / 8 % 3 ;
(5) z = 5 % 3 / 8 * 3 + 4
(6) y = z = -3 % -8 / 2 + 7 ;

4. 下列程序的输出是什么?

(1)
```
# include <stdio.h>
int main( )
{
    int  i = 2, j = 3, k, l ; float   a, b ;
    k = i / j * j ;
    l = j / i * i ;
    a = i / j * j ;
    b = j / i * i ;
    printf( "%d %d %f %f\n", k, l, a, b ) ;
    return 0 ;
}
```
(2)
```
# include <stdio.h>
int main( )
{
    int  a, b, c, d ;
    a = 2 % 5 ;
    b = -2 % 5 ;
    c = 2 % -5 ;
    d = -2 % -5 ;
    printf( "a = %d b = %d c = %d d = %d\n", a, b, c, d ) ;
    return 0 ;
}
```
(3)
```
# include <stdio.h>
int main( )
{
    float a = 5,  b = 2 ;
    int c, d ;
    c = a % b ;
    d = a / 2 ;
    printf( "%d\n", d ) ;
    return 0 ;
}
```
(4)
```
# include <stdio.h>
int main( )
{
    printf( "nn \n\n nn\n" ) ;
    printf( "nn /n/n nn/n" ) ;
    return 0 ;
}
```
(5)
```
# include <stdio.h>
int main( )
{
    int a, b ;
    printf( "Enter values of a and b" ) ;
    scanf( "  %d %d  ", &a, &b ) ;
    printf( "a  = %d b = %d", a, b ) ;
    return 0 ;
}
```

5. 下列说法是正确的还是错误的？

（1）* 或 /、+ 或 – 是 C 语言中算术操作符的正确优先层次。（ ）

（2）[] 和 {} 可以在算术指令中使用。（ ）

（3）优先层次决定了哪个操作符最先被使用。（ ）

（4）在 C 语言中，算术指令在 = 的左边不能包含常量。（ ）

（5）在 C 语言中，** 操作符用于指数运算。（ ）

（6）% 操作符不能作用于浮点数。（ ）

6. 填空。

（1）在 y = 10 * x / 2 + z ；这条语句中，_____ 操作是最先执行的。

（2）如果 a 是一个整型变量，a = 11 / 2 ；这条语句将把 ______ 存储在 a 中。

（3）表达式 a = 22 / 7 * 5 / 3 的结果是 ______。

（4）表达式 x = -7 % 2 - 8 的结果是 ______。

（5）如果 d 是一个 float 变量，d = 2 / 7.0 这个操作将把 ______ 存储在 d 中。

7. 完成下列任务。

（1）假设用户通过键盘输入一个 5 位数，编写一个程序，计算它的各位数字之和。（提示：使用求模操作符 %）

（2）编写一个程序，接收一个点的笛卡儿坐标（x, y），并把它们转换为极坐标（r, θ）。（提示：$r = \text{sqrt}(x^2 + y^2)$，$\theta = \arctan(y / x)$）

（3）编写一个程序，接收地球上两个地点的纬度（L_1, L_2）和经度（G_1, G_2）（用度数表示），并输出这两个地点之间的距离（D，以海里[1]为单位）。以海里表示的距离公式如下。

$$D = 3963 \arccos(\sin L_1 \sin L_2 + \cos L_1 \cos L_2 \cos(G_2 - G_1))$$

（4）风寒因子是暴露在空气中的皮肤在受到风的影响后测得的温度。风寒温度总是低于空气温度，风寒因子可通过下面这个公式来计算。

$$\text{wcf} = 35.74 + 0.6215t + (0.4275t - 35.75)\, v^{0.16}$$

其中，t 表示空气温度，v 表示风速。编写一个程序，接收 t 和 v 的值，并计算风寒因子（wcf）。

（5）假设用户通过键盘输入一个角度的值，编写一个程序，输出它的所有三角比。

（6）用户通过键盘把两个数输入内存位置 C 和 D。编写一个程序，交换内存位置 C 和 D 的内容。

课后笔记

1. void main() 是错误的，正确的形式是 int main()。

2. 每种编译器都面向一种特定的“操作系统 + 微处理器”组合，这种组合被称为平台。我们为一种平台创建的编译器在另一种平台上是无法使用的。

3. 交换两个变量内容的标准步骤如下。

```
t = a ;  a = b ; b = t ;
```

[1] 1 海里≈ 1852 米。

4. 操作符 / 产生商，操作符 % 产生余数。当使用 % 操作符时，余数的符号与被除数的符号相同。% 操作符不适用于浮点数。

5. C 语言提供了 3 种类型的指令：① 类型声明指令；② 算术指令；③ 控制指令。

6. 声明和赋值可以组合在一起。

示例：`int a = 5;`

7. C 语言提供了 3 种类型的算术语句：①整型模式的算术语句；②浮点型模式的算术语句；③混合模式的算术语句。

8. 算术指令的规则如下。

（1）如果一个操作数为 float 类型，那么结果也是 float 类型。

（2）只有当两个操作数都是 int 类型时，结果才是 int 类型。

9. 语句 `a = pow( 2, 5 );` 会把25存储在 a 中。记得在程序的开头添加 `#include <math.h>`。

10. 每个操作符都具有优先级和结合性。

11. 常用操作符按优先级从前往后排列如下：* / % + - =。可以使用 () 改变优先级。

12. 当通过优先级无法决定哪个操作首先执行时，可通过结合性来打破僵局。结合性分为从左向右和从右向左。+、-、*、/和 % 的结合性是从左向右，= 的结合性是从右向左。

13. printf() 的格式字符串可以包含如下内容。

（1）格式指示符：%c、%d、%f。

（2）转义序列：\n、\t 等。

（3）任何其他字符。

14. scanf() 的格式字符串只能包含格式指示符。

15. 控制指令控制程序中指令的执行顺序。

16. 控制指令有 4 种类型：①顺序控制指令；② 决策控制指令；③循环控制指令；④ case 控制指令。

第3章 决策控制指令

“决策的成本大于错误决策的成本”

在生活中，我们常常需要做出决策。类似地，当我们在 C 语言程序设计中不断深入，想要实现复杂的逻辑时，也必然需要在程序中做出一些决策。但是，程序是如何做出决策的呢？本章将引领我们解决这个问题。

本章内容

- 3.1 if-else 语句
- 3.2 if-else 中的多条语句
- 3.3 嵌套的 if-else 语句
- 3.4 一点告诫
- 3.5 程序

当情况发生变化时，我们往往需要改变自己的行动。如果天气晴好，我们可能想要出门散步。如果高速公路非常拥堵，我们就想绕道而行。如果读者加入我的 WhatsApp 群，我就会向您发送有趣的视频。读者可以注意到，所有这些决策都依赖于我们实际遇到的某种情况。

在 C 语言程序中，我们必须能够根据不同的情况执行不同的指令集合。在第 1 章和第 2 章的程序中，我们采用了顺序控制指令，各种指令是按线性方式执行的，也就是按照它们在程序中出现的顺序执行。在许多程序设计场景中，我们需要在某种情况下执行一组指令，而在另一种情况下执行另一组指令。在 C 语言程序设计中，这种情况是通过决策控制指令来处理的。

3.1 if-else语句

C 语言使用关键字 if 和 else 实现决策控制指令。if-else 语句的基本形式如下。

```
if(条件为真)
语句1 ;
else
语句2 ;
```

关键字 if 之后的条件总是出现在一对括号内。如果此条件为真，则语句 1 被执行；如果此条件为假，则语句 2 被执行。在 C 语言中，这种条件是通过关系操作符来表达的。关系操作符允许我们对两个值进行比较。表 3.1 显示了它们在 C 语言中的样子以及它们是如何求值的。

表3.1

表达式	若成立，则条件为真
x == y	x等于y
x != y	x不等于y
x < y	x小于y
x > y	x大于y
x <= y	x小于等于y
x >= y	x大于等于y

== 是相等操作符，!= 是不相等操作符。注意，= 用于赋值，而 == 用于两个数值的比较。下面我们通过一个例子来解释如何在程序中使用 if-else 语句和关系操作符。

例 3.1：在购买一些物品时，如果购物金额超过 1000 元，那么可以享受 10% 的折扣。假设物品的数量和单价是通过键盘输入的，编写一个程序，计算总花费。

下面的程序实现了上述逻辑。

```
/* 计算总花费 */
# include <stdio.h>
int main( )
{
    int qty, dis ;
    float rate, tot ;
    printf( "Enter quantity and rate " ) ;
    scanf( "%d %f", &qty, &rate) ;
```

```
    if( qty > 1000 )
        dis = 10 ;
    else
        dis = 0 ;
    tot =( qty * rate ) -( qty * rate * dis / 100 ) ;
    printf( "Total expenses = Rs. %f\n", tot ) ;
    return 0 ;
}
```

下面是这个程序的一些交互示例。

```
Enter quantity and rate 1200 15.50
Total expenses = Rs. 16740.000000
Enter quantity and rate 200 15.50
Total expenses = Rs. 3100.000000
```

当程序第 1 次运行时，条件为真，因为 1200（qty 的值）大于 1000。因此，dis 的值是 10。程序将使用这个新值计算并输出总花费。

当程序第 2 次运行时，条件为假，因为 200（qty 的值）小于 1000。因此，dis 的值是 0。此时，减号后面的表达式的结果为 0，这表示不享受任何折扣。

注意，if 后面的语句和 else 后面的语句可通过使用制表符向右缩进。我们将在整本书中统一使用这种风格。另外，如果我们在条件为假时不想执行任何操作，那么可以去掉 else 以及属于 else 的语句。

3.2 if-else中的多条语句

当 if 后面的表达式为真时，我们可能想要执行多条语句。如果需要执行多条语句，那么这些语句必须出现在一对花括号中。

例 3.2：在一家公司内部，员工的报酬是按下面的方式计算的。

如果基本工资小于 1500 卢比，则房租津贴（HRA）= 10% 的基本工资，物价津贴（DA）= 90% 的基本工资。如果基本工资等于或大于 1500 卢比，则 HRA= 500 卢比，DA= 基本工资的 98%。假设员工的基本工资是通过键盘输入的，编写一个程序，计算员工的总收入。

下面的程序实现了上述逻辑。

```
/* 计算员工的总收入 */
# include <stdio.h>
int main( )
{
    float bs, gs, da, hra ;
    printf( "Enter basic salary " ) ;
    scanf( "%f", &bs ) ;
    if( bs < 1500 )
    {
        hra = bs * 10 / 100 ;
        da = bs * 90 / 100 ;
    }
    else
    {
        hra = 500 ;
        da = bs * 98 / 100 ;
    }
    gs = bs + hra + da ;
    printf( "gross salary = Rs. %f\n", gs ) ;
```

```
    return 0 ;
}
```

图 3.1 可以帮助我们理解这个程序的控制流。

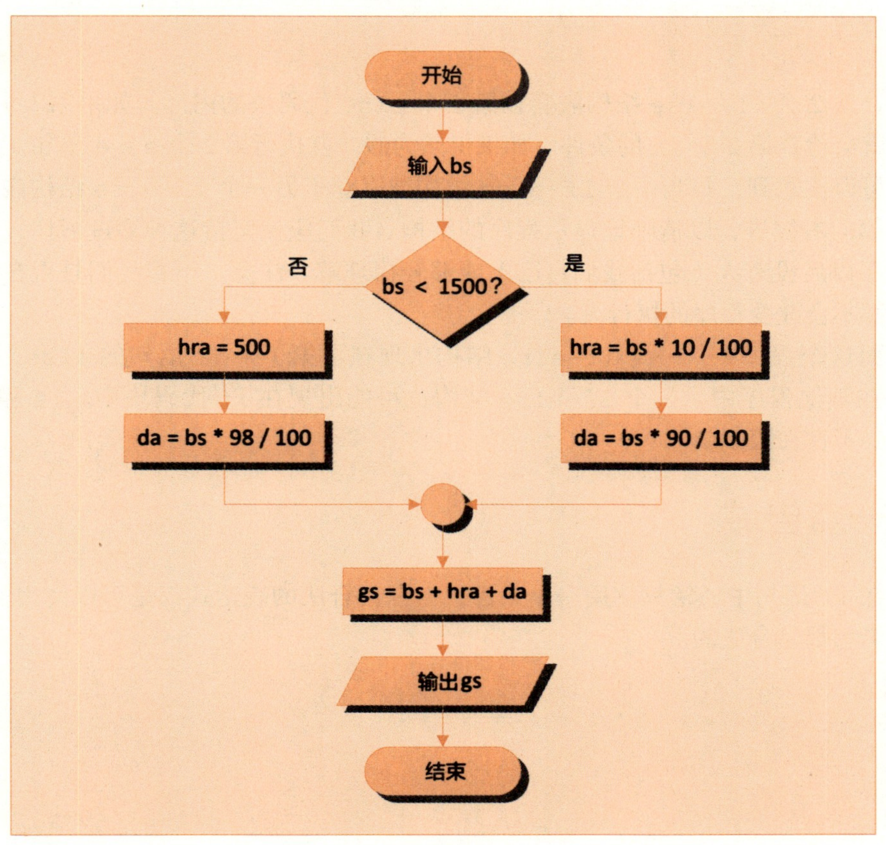

图 3.1

关于这个程序，有几点值得注意。

（1）从 if 开始直到 else 为止的那组语句（不包括 else）被称为 if 代码块。类似地，else 后面的那组语句被称为 else 代码块。

（2）注意，else 出现在 if 的正下方。if 代码块中的语句和 else 代码块中的语句都向右缩进。本书将遵循这种格式约定，以帮助读者更好地理解程序中的操作。

（3）如果 if 代码块或 else 代码块中只有 1 条语句，就可以去掉花括号。

（4）if 和 else 的默认作用域就是紧随它们之后的那条语句。为了重写（即重新定义）这个默认作用域，就必须和例 3.2 一样使用一对花括号。

3.3 嵌套的if-else语句

在 if 代码块或 else 代码块中出现另一个 if-else 结构也是完全可行的。这种做法被称为嵌套，如下面的代码段所示。

```
if( i == 1 )
    printf( "You would go to heaven !\n" ) ;
```

```
else
{
    if( i == 2 )
        printf( "Hell was created with you in mind\n" ) ;
    else
        printf( "How about mother earth !\n" ) ;
}
```

注意，第 2 个 if-else 结构嵌套在第 1 个 else 代码块的内部。如果第 1 个 if 的条件为假，就会检查第 2 个 if 的条件。如果仍然为假，就执行第 2 个 else 语句。

我们可以注意到，每当一个 if-else 结构被嵌套于另一个 if-else 结构内部时，就将前者继续向右缩进，以清晰地显示程序的结构。我们应该坚持这种缩进习惯，否则我们编写的程序以后没有人（包括我们自己）能够轻松理解。注意，不管我们是否在程序中采用缩进，都不会改变程序的执行流。

在上面这个程序中，一个 if-else 结构出现在了第 1 条 if 语句的 else 代码块中。类似地，在其他程序中，一个 if-else 结构也可能出现在 if 代码块中。if 和 else 的嵌套深度并不存在限制。

3.4 一点告诫

尽管在 if 语句中通常只使用一个条件，但任何合法的表达式都是可以使用的。因此，下面这些语句都是合法的。

```
if( 3 + 2 % 5 )
    printf( "This works" ) ;
if( a = 10 )
    printf( "Even this works" ) ;
if( -5 )
    printf( "Surprisingly even this works" ) ;
```

注意在 C 语言中，非零值被认为是真，而 0 被认为是假。在上面的第 1 个 if 语句中，表达式的值是 5，由于 5 不是 0，因此条件为真，printf() 语句会被执行。

在上面的第 2 个 if 语句中，10 被赋值给 a，因此这个 if 语句可以简化为 if(a) 或 if(10)。由于 10 是非零值，因此条件为真，printf() 语句也会被执行。

在上面的第 3 个 if 语句中，-5 是非零值，因此条件也为真，printf() 语句依旧会被执行。即便用一个像 3.14 这样的浮点值代替 -5，条件也依然为真。因此，问题并不在于这个数是整数还是浮点数，也不在于它是正数还是负数，而在于它是 0 还是非零值。

使用 if 语句时常犯的另一个错误是在条件之后加上分号（;），如下所示。

```
scanf( "%d", &i ) ;
if( i == 5 ) ;
    printf( "You entered 5\n" ) ;
```

这个分号会使编译器按照下面的方式理解这条语句。

```
if( i == 5 )
    ;
printf( "You entered 5\n" ) ;
```

如果条件为真，实际执行的就是 ;（空语句，表示不执行任何操作），然后执行

printf() 语句。如果条件为假，则直接执行 printf() 语句。因此，不管这个条件是真还是假，printf() 语句都会被执行。记住，编译器并不认为这是错误，因为就语法而言确实不存在什么问题，只不过程序的逻辑无疑是有问题的。

3.5　程序

练习3.1

假设一件物品的成本价和销售价是通过键盘输入的，编写一个程序，判断商家是赚钱了还是亏本了。另外，判断商家赚了多少钱或亏损了多少钱。

程序

```
/* 计算利润或亏损多少 */
# include <stdio.h>
int main( )
{
    float cp, sp, p, l ;
    printf( "\nEnter cost price and selling price: " ) ;
    scanf( "%f %f", &cp, &sp ) ;
    p = sp - cp ;
    l = cp - sp ;
    if( p > 0 )
        printf( "The seller made a profit of Rs. %f\n", p ) ;
    if( l > 0 )
        printf( "The seller incurred loss of Rs. %f\n", l ) ;
    if( p == 0 )
        printf( "There is no loss, no profit\n" ) ;
    return 0 ;
}
```

输出

```
Enter cost price and selling price: 25 15
The seller incurred loss of Rs. 10.000000
```

练习3.2

假设用户通过键盘输入任意一个整数，编写一个程序，判断这个整数是奇数还是偶数。

程序

```
/* 检查一个整数是奇数还是偶数 */
# include <stdio.h>
int main( )
{
    int n ;
    printf( "\nEnter any number: " ) ;
    scanf( "%d", &n ) ;
    if( n % 2 == 0 )
        printf( "The number is even\n" ) ;
else
        printf( "The number is odd\n" ) ;
return 0 ;
}
```

输出

```
Enter any number: 45
```

```
The number is odd
```

练习3.3

假设用户通过键盘输入任意一个年份，编写一个程序，判断这个年份是否为闰年。

程序

```
/* 判断用户输入的年份是否为闰年 */
# include <stdio.h>
int main( )
{
    int yr ;
    printf( "\nEnter a year: " ) ;
    scanf( "%d", &yr ) ;
    if( yr % 100 == 0 )
    {
        if( yr % 400 == 0 )
            printf( "Leap year\n" ) ;
        else
            printf( "Not a Leap year\n" ) ;
    }
    else
    {
        if( yr % 4 == 0 )
            printf( "Leap year\n" ) ;
        else
            printf( "Not a leap year\n" ) ;
    }
    return 0 ;
}
```

输出

```
Enter a year: 2020
Leap year
```

习题

1. 下列程序的输出是什么？

（1）

```
# include <stdio.h>
int main( )
{
    int a = 300, b, c ;
    if( a >= 400 )
        b = 300 ;
    c = 200 ;
    printf( "%d %d\n", b, c ) ;
    return 0 ;
}
```

（2）

```
# include <stdio.h>
int main( )
{
    int x = 10, y = 20 ;
    if( x == y ) ;
        printf( "%d %d\n", x, y ) ;
```

```
    return 0 ;
}
```

（3）
```
# include <stdio.h>
int main( )
{
    int x = 3 ;
    float y = 3.0 ;
    if( x == y )
        printf( "x and y are equal\n" ) ;
    else
        printf( "x and y are not equal\n" ) ;
    return 0 ;
}
```

（4）
```
# include <stdio.h>
int main( )
{
    int x = 3, y, z ;
    y = x = 10 ;
    z = x < 10 ;
    printf( "x = %d y = %d z = %d\n", x, y, z ) ;
    return 0 ;
}
```

（5）
```
# include <stdio.h>
int main( )
{
    int i = 65 ;
    char j = 'A' ;
    if( i == j )
        printf( "C is WOW\n" ) ;
    else
        printf( "C is a headache\n" ) ;
    return 0 ;
}
```

2. 指出下列程序中可能存在的错误。

（1）
```
# include <stdio.h>
int main( )
{
    float a = 12.25, b = 12.52 ;
    if( a = b )
        printf( "a and b are equal\n" ) ;
    return 0 ;
}
```

（2）
```
# include <stdio.h>
int main( )
{
    int j = 10, k = 12 ;
    if( k >= j )
    {
        {
            k = j ;
            j = k ;
```

```
        }
    }
    return 0 ;
}
```

(3)
```
# include <stdio.h>
int main( )
{
    if( 'X' < 'x' )
       printf( "ascii value of X is smaller than that of x\n" ) ;
}
```

(4)
```
# include <stdio.h>
int main( )
{
    int x = 10 ;
    if( x >= 2 ) then
        printf( "%d\n", x ) ;
    return 0 ;
}
```

(5)
```
# include <stdio.h>
int main( )
{
    int x = 10, y = 15 ;
    if( x % 2 = y % 3 )
        printf( "Carpathians\n" ) ;
}
```

(6)
```
# include <stdio.h>
int main( )
{
    int a, b ;
    scanf( "%d %d", a, b ) ;
    if( a > b ) ;
        printf( "This is a game\n" ) ;
    else
        printf( "You have to play it\n" ) ;
    return 0 ;
}
```

3. 下列说法是正确的还是错误的？

（1）; 是一条合法的语句。 (　　)

（2）if 可以被嵌套。 (　　)

（3）如果 if 代码块或 else 代码块中有多条语句，则它们应该出现在一对花括号内部。 (　　)

（4）if 可以出现在另一个 if 代码块的内部，但不能出现在另一个 else 代码块的内部。 (　　)

（5）默认情况下，if 代码块和 else 代码块都只有一条语句。 (　　)

（6）在执行空语句时不会发生任何事情。 (　　)

4. 对下面的左右两列进行配对。

（a）多条语句　　　　① 赋值操作符

(b) `else` 代码块
(c) `;`
(d) `<><= >= == !=`
(e) `==`
(f) `+ - * / %`
(g) `=`
(h) 默认的控制指令
(i) 决策控制指令

② 比较操作符
③ 关系操作符
④ 可选
⑤ `{}`
⑥ 算术操作符
⑦ 空语句
⑧ `if-else`
⑨ 顺序

5. 下面哪些是合法的 `if` 结构？

(1) `if(-25)`
(2) `if(3.14)`
(3) `if(a)`
(4) `if(a + b)`
(5) `if(a >= b)`

6. 完成下列任务。

(1) 假设用户通过键盘输入一个 5 位数。编写一个程序，获取这个 5 位数的反转数，并判断输入的数和反转数是否相等。

(2) 假设 Ram、Shyam 和 Ajay 的年龄是通过键盘输入的，编写一个程序，判断他们 3 人中谁最年轻。

(3) 编写一个程序，检查一个三角形是否合法，假设这个三角形的 3 个角是通过键盘输入的。（提示：如果这 3 个角的角度之和为 180°，那么这个三角形就是合法的）

(4) 编写一个程序，计算通过键盘输入的一个数的绝对值。

(5) 根据一个矩形的长度和宽度，编写一个程序，判断这个矩形的面积在数值上是否大于其周长。例如：长为 5、宽为 4 的矩形的面积就大于其周长。

(6) 根据 3 个点 $(x1, y1)$、$(x2, y2)$ 和 $(x3, y3)$，编写一个程序，判断这 3 个点是否位于同一条直线上。

(7) 根据一个圆的圆心坐标 (x, y) 和半径，编写一个程序，判断一个点是位于圆内、圆上还是圆外。（提示：使用 `sqrt()` 和 `pow()` 函数）

(8) 给定一个点 (x, y)，编写一个程序，判断这个点是位于 X 轴上还是 Y 轴上，抑或这个点本身就是原点。

(9) 根据格里高利历法，01/01/2001 是星期一。假设用户通过键盘输入任意一个年份，编写一个程序，判断用户所输入年份的 1 月 1 日是星期几。

课后笔记

1. 要在程序中做出决策，共有 3 种方式：

(1) 使用 `if-else` 语句。

(2) 使用条件操作符。

（3）使用 switch 语句。

2. 决策控制语句的基本形式如下。

```
if(条件)
    语句1 ;
else
    语句2 ;
//{}在这里是可选的

if(条件)
{
    语句1 ;  语句2 ;
}
else
{
    语句3 ;  语句4;
}
//{}在这里是必要的
```

3. if 和 else 语句的默认作用域只是它们之后的下一条语句，因此为了执行多条语句，它们必须出现在一对花括号中。

4. 条件是使用关系操作符 <、>、<=、>=、==、!= 创建的。

5. if 语句并不一定要有关联的 else 语句，但是 else 语句必须有关联的 if 语句。

6. 一条 if-else 语句可以嵌套在另一条 if-else 语句的内部。

7. a = b 是赋值操作，a == b 是比较操作。

8. 在 if(a == b == c) 中，是对 a == b 的结果与 c 进行比较。

9. 一个条件如果为真，则可以用 1 替换；相反，如果为假，则可以用 0 替换。

10. 任何非零值都表示真，0 表示假。

11. ; 是一条空语句，表示不执行任何操作。

第4章 更复杂决策的创建

“生活很复杂，生活中的决策同样如此”

如果我最后一学年的成绩良好，GRE 和托福分数也足够高，并且得到有分量的推荐，或者如果我并未得到一份前景良好的工作但家庭条件允许，我就会考虑去美国攻读硕士学位。在 C 语言中，如何实现这样的复杂决策的创建呢？本章将引领我们了解这一切。

本章内容

- 4.1 使用逻辑操作符：检测范围
- 4.2 使用逻辑操作符：是 / 否问题
- 4.3 ！操作符
- 4.4 再论操作符的优先层次
- 4.5 条件操作符
- 4.6 程序

我们都会面临这样的情况：我们所采取的行动取决于多个条件。例如：如果一家公司靠近地铁站，提供的薪水可观并且允许 4 周的适应期，我就会考虑加入这家公司。程序设计中的情况也是如此，程序所执行的操作可能基于多个条件的组合。这种程序设计场景可以使用逻辑操作符优雅地应对。本章将探讨逻辑操作符的使用方法，并介绍另一种类型的操作符——条件操作符。

4.1　使用逻辑操作符：检测范围

C 语言允许使用 3 种逻辑操作符——`&&`、`||` 和 `!`，它们分别表示 AND（与）、OR（或）、NOT（非）。在这 3 个操作符中，`&&` 和 `||` 允许对两个或更多个条件进行组合。下面我们观察它们在程序中的用法，请看下面这个例子。

例 4.1：假设一名学生的 5 门课程的分数是通过键盘输入的。这名学生的成绩等级是根据下面的规则确定的。

（1）平均分高于或等于 60 分：一等（First division）。

（2）平均分在 50 分和 59 分之间：二等（Second division）。

（3）平均分在 40 分和 49 分之间：三等（Third division）。

（4）平均分低于 40 分：不及格（Fail）。

编写一个程序，计算这名学生的成绩等级。

对于这个例子，我们可以使用两种方式来编写程序。下面列出了第一种方式。

```
/* 第一种方式 */
# include <stdio.h>
int main( )
{
    int m1, m2, m3, m4, m5, per ;
    printf( "Enter marks in five subjects " ) ;
    scanf( "%d %d %d %d %d", &m1, &m2, &m3, &m4, &m5 ) ;
    per =( m1 + m2 + m3 + m4 + m5 ) * 100 / 500 ;
    if( per >= 60 )
        printf( "First division\n" ) ;
    else
    {
      if( per >= 50 )
        printf( "Second division\n" ) ;
      else
      {
        if( per >= 40 )
            printf( "Third division\n" ) ;
        else
            printf( "Fail\n" ) ;
      }
    }
    return 0 ;
}
```

这是一个简单明了的程序。注意，它使用了嵌套的 `if-else` 语句。尽管这个程序能够很好地完成任务，但它存在一些缺点。

（1）随着条件数量的增加，缩进的层次也会随之加深，这会导致整个程序偏向于右边。如果右偏程度严重，那么我们在屏幕上很可能无法完整地显示整个程序。因此，如果程序中出现了错误，那么要找到出错的地方就会变得困难。

（2）匹配对应的 if 和 else 往往会变得困难。

（3）匹配对应的左右花括号也会变得困难。

上面这 3 个缺点都可以使用逻辑操作符来克服。下面列出了这个程序的另一种写法。

```
/* 第二种方式 */
# include <stdio.h>
int main( )
{
    int m1, m2, m3, m4, m5, per ;
    printf( "Enter marks in five subjects " ) ;
    scanf( "%d %d %d %d %d", &m1, &m2, &m3, &m4, &m5 ) ;
    per =( m1 + m2 + m3 + m4 + m5 ) / 500 * 100 ;
    if( per >= 60 )
        printf( "First division\n" ) ;
    if(( per >= 50 ) &&( per < 60 ) )
        printf( "Second division\n" ) ;
    if(( per >= 40 ) &&( per < 50 ) )
        printf( "Third division\n" ) ;
    if( per < 40 )
        printf( "Fail\n" ) ;
    return 0 ;
}
```

在上述程序的第 2 条 if 语句中，&& 操作符用于组合两个条件。只有当两个条件都为真时，才会输出“Second division”。

在这个程序中，前面列出的 3 个缺点都得到了克服。但是，这个程序也存在一个缺陷：即使第 1 个条件为真，也仍然需要对其他 3 个条件进行检查，这会增加程序的执行时间。我们可以使用 else if 子句来避免这个缺陷。

下面我们使用 else if 子句重新编写例 4.1 中的程序。

```
/* else if梯次演示 */
if( per >= 60 )
    printf( "First division\n" ) ;
else if( per >= 50 )
    printf( "Second division\n" ) ;
else if( per >= 40 )
    printf( "Third division\n" ) ;
else
    printf( "fail\n" ) ;
```

使用 else if 子句可以减少语句的缩进。只有当所有的条件都为假时，最后的 else 子句才会执行。另外，只要有一个条件得到满足，就不再检查后面的其他条件。在梯状的 else if 结构中，甚至连最后的 else 也是可选的。

4.2 使用逻辑操作符：是/否问题

使用逻辑操作符的另一种情况是当我们想要为复杂的逻辑编写程序，而这些逻辑最终可以简化为两个答案——是或否时。下面这个例子演示了这种用法。

例 4.2：公司为满足下列条件之一的司机投保。

（1）司机已婚。

（2）司机未婚，男性且年龄大于 30 岁。

（3）司机未婚，女性且年龄大于 25 岁。

不符合上述条件之一的所有司机都不会得到公司的投保。假设婚姻状况、性别和年龄是通过键盘输入的，编写一个程序，判断公司是否应该为司机投保。

程序的最终结果是司机应该被投保或不应该被投保，因此这个程序在编写时可以很方便地使用逻辑操作符。我们首先确认司机应该被投保的所有条件。这些条件包括：司机已婚、司机是男性未婚且年龄大于 30 岁、司机是女性未婚且年龄大于 25 岁。由于满足上述任一条件就允许司机被投保，因此我们可以像下面这样组合使用 `&&` 和 `||` 操作符。

```
/* 判断是否为司机投保：逻辑操作符的使用 */
# include <stdio.h>
int main( )
{
    char sex, ms ;
    int age ;
    printf( "Enter age, sex, marital status " ) ;
    scanf( "%d %c %c", &age, &sex, &ms ) ;
    if(( ms == 'M') ||( ms == 'U' && sex == 'M' && age > 30 ) ||
         ( ms == 'U' && sex == 'F' && age > 25 ) )
       printf( "Driver should be insured\n" ) ;
    else
       printf( "Driver should not be insured\n" ) ;
    return 0 ;
}
```

在这个程序的 `if` 语句中，需要注意的几点如下。

- 只有当第 1 对括号内的 3 个条件中有一个条件为真时，司机才会被投保。
- 要使第 2 对括号中的表达式为真，这个表达式中由 `&&` 分隔的每个条件都必须为真。
- 只要第 2 对括号内的 3 个条件中有一个条件为假，整个表达式的结果就为假。
- 上面的最后两点也适用于第 3 对括号中的表达式。

在有些程序中，我们可能会组合使用 `if-else` 语句和逻辑操作符。下面这个例子演示了这种用法。

例 4.3：编写程序，根据表 4.1 计算工资。

表4.1

性别	工作年限	学历	工资/元
男性	≥10	研究生	15 000
	≥10	本科	10 000
	< 10	研究生	10 000
	< 10	本科	7000
女性	≥10	研究生	12 000
	≥10	本科	9000
	<10	研究生	10 000
	<10	本科	6000

程序如下。

```
# include <stdio.h>
int main( )
{
    char g ;
    int yos, qual, sal = 0 ;
    printf( "Enter Gender, Years of Service and
                Qualifications(0 = G, 1 = PG):" ) ;
    scanf( "%c%d%d", &g, &yos, &qual ) ;
    if( g == 'm' && yos >= 10 && qual == 1 )
        sal = 15000 ;
    else if(( g == 'm' && yos >= 10 && qual == 0 ) ||
               ( g == 'm' && yos < 10 && qual == 1 ) )
        sal = 10000 ;
    else if( g == 'm' && yos < 10 && qual == 0 )
        sal = 7000 ;
    else if( g == 'f' && yos >= 10 && qual == 1 )
        sal = 12000 ;
    else if( g == 'f' && yos >= 10 && qual == 0 )
        sal = 9000 ;
    else if( g == 'f' && yos < 10 && qual == 1 )
        sal = 10000 ;
    else if( g == 'f' && yos < 10 && qual == 0 )
        sal = 6000 ;
    printf( "\nSalary of Employee = %d\n", sal ) ;
    return 0 ;
}
```

希望读者能够看懂这个程序的代码。

4.3 !操作符

第 3 个逻辑操作符是 NOT 操作符，可写成！的形式。这个操作符会对作用的表达式的结果进行反转。因此，如果表达式的结果为真，那么应用！操作符之后，表达式的结果就变成假；反之，如果表达式的结果为假，那么应用！操作符之后，表达式的结果就变成真。下面是一个演示！操作符用法的例子。

```
!( y < 10 )
```

如果 y 小于 10，结果就为假，因为 (y < 10) 的结果为真。

NOT 操作符常用于反转一个单独变量的逻辑值，例如下面这个表达式。

```
if( ! flag )
```

上述表达式是下面这个表达式的另一种表示形式。

```
if( flag == 0 )
```

表 4.2 对所有 3 个逻辑操作符的工作方式进行了总结。

表4.2

操作数		结果			
x	y	!x	!y	x && y	x || y
假	假	真	真	假	假
假	真	真	假	假	真
真	假	假	真	假	真
真	真	假	假	真	真

4.4　再论操作符的优先层次

由于我们已经把逻辑操作符添加到已知操作符的列表中，因此是时候对这些操作符以及它们的属性进行回顾了。表4.3对我们已经讨论过的操作符进行了总结。在表4.3中，操作符的位置越靠上，对应的优先级也就越高。（附录B提供了C语言中所有操作符的完整优先级表格）

表4.3

操作符	类型
!	逻辑非
* / %	算术和取模操作符
+ -	算术操作符
< > <= >=	关系操作符
== !=	关系操作符
&&	逻辑与
||	逻辑或
=	赋值操作符

4.5　条件操作符

条件操作符 ?: 有时被称为三元操作符，因为它接收3个参数。事实上，条件操作符相当于一种简写形式的 if-then-else 结构。条件操作符的基本形式如下。

```
表达式1 ? 表达式2 : 表达式3
```

整个表达式的含义是："如果表达式1为真，那么返回的值是表达式2，否则返回的值是表达式3。"下面我们通过一些例子来解释这个概念。

```
int x, y ;
scanf( "%d", &x ) ;
y =( x > 5 ? 3 : 4 ) ;
```

在上述代码中，如果 x 大于 5，就把 3 存储在 y 中，否则把 4 存储在 y 中。

```
char a ;
int y ;
scanf( "%c", &a ) ;
y =( a >= 65 && a <= 90 ? 1 : 0 ) ;
```

在上述代码中，如果 a >= 65 && a <= 90 的结果为真，就把 1 赋值给 y，否则把 0 赋值给 y。

关于条件操作符，下面几点值得注意。

（1）? 或 : 后面的语句并不一定是算术语句，如下面的例子所示。

```
示例1：int i ;
       scanf( "%d", &i ) ;
       ( i == 1 ? printf( "Amit" ) : printf( "All and sundry" ) ) ;
示例2：char a = 'z' ;
       printf( "%c",( a >= 'a' ? a : '!' ) ) ;
```

（2）条件操作符可以像下面这样进行嵌套。

```
int big, a, b, c ;
big =( a > b ?( a > c ? 3: 4 ) :( b > c ? 6: 8 ) ) ;
```

（3）观察下面这个条件表达式。

```
a > b ? g = a : g = b ;
```

它会产生错误“Lvalue Required（需要左值）”。这个错误可以通过在 : 部分的语句两边加上括号来解决。下面演示了这种做法。

```
a > b ? g = a :( g = b ) ;
```

如果没有这对括号，编译器会认为 b 被赋值给了第 2 个等号左边的表达式作为结果，因此报告错误。

（4）条件操作符存在如下限制：? 或 : 的后面只允许出现一条 C 语句。

4.6 程序

练习4.1

假设用户通过键盘输入一个年份，编写一个程序，判断用户输入的年份是否为闰年，要求使用逻辑操作符 && 和 ||。

程序

```
/* 判断用户输入的年份是否为闰年 */
# include <stdio.h>
int main( )
{
int year ;
printf( "\nEnter year: " ) ;
scanf( "%d", &year ) ;
if( year % 400 == 0 || year % 100 != 0 && year % 4 == 0 )
printf( "Leap year\n" ) ;
else
printf( "Not a leap year\n" ) ;
return 0 ;
}
```

输出

```
Enter year: 1900
Not a leap year
```

练习4.2

假设用户通过键盘输入一个字符，编写一个程序，判断这个字符是大写字母、小写字母、数字还是特殊符号。

表 4.4 显示了不同字符的 ASCII 码值的范围。

表4.4

字符	ASCII码值
A ~ Z	65 ~ 90

续表

字符	ASCII码值
a ～ z	97 ～ 122
0 ～9	48 ～ 57
特殊字符	0 ～47、58～64、91～96、123～127

程序

```
/* 检查用户通过键盘输入的字符的类型 */
# include <stdio.h>
int main( )
{
    char ch ;
    printf( "\nEnter a character from the keyboard: " ) ;
    scanf( "%c", &ch ) ;
    if( ch >= 65 && ch <= 90 )
        printf( "The character is an uppercase letter\n" ) ;
    if( ch >= 97 && ch <= 122 )
        printf( "The character is a lowercase letter\n" ) ;
    if( ch >= 48 && ch <= 57 )
        printf( "The character is a digit\n" ) ;
    if(( ch >= 0 && ch < 48 ) ||( ch > 57 && ch < 65 )
            ||( ch > 90 && ch < 97 ) || ch > 122 )
        printf( "The character is a special symbol\n" ) ;
    return 0 ;
}
```

输出

```
Enter a character from the keyboard: A
The character is an uppercase letter
```

练习4.3

假设一个三角形的 3 条边的边长是通过键盘输入的，编写一个程序，判断这个三角形是否合法。只有当任意两条边的长度之和大于第三条边时，三角形才是合法的。

程序

```
/* 判断三角形是否合法 */
# include <stdio.h>
int main( )
{
    int side1, side2, side3, largeside, sum ;
    printf( "\nEnter three sides of the triangle: " ) ;
    scanf( "%d %d %d", &side1, &side2, &side3 ) ;
    if( side1 > side2 )
    {
        if( side1 > side3 )
        {
            sum = side2 + side3 ; largeside = side1 ;
        }
        else
        {
            sum = side1 + side2 ; largeside = side3 ;
        }
    }
    else
```

```
    {
        if( side2 > side3 )
        {
            sum = side1 + side3 ; largeside = side2 ;
        }
        else
        {
            sum = side1 + side2 ; largeside = side3 ;
        }
    }
    if( sum > largeside )
        printf( "The triangle is a valid triangle\n" ) ;
    else
        printf( "The triangle is an invalid triangle\n" ) ;
    return 0 ;
}
```

输出

```
Enter three sides of the triangle: 3 4 5
The triangle is a valid triangle
```

习题

1. 假设 a = 10，b = 12，c = 0，计算表 4.5 中各个表达式的值。

表4.5

表达式	值
a != 6 && b > 5	
a == 9 || b < 3	
!(a < 10)	
!(a > 5 && c)	
5 && c != 8 || !c	

2. 下列程序的输出是什么？

（1）

```
# include <stdio.h>
int main( )
{
    int i = 4, z = 12 ;
    if( i = 5 || z > 50 )
        printf( "Dean of students affairs\n" ) ;
    else
        printf( "Dosa\n" ) ;
    return 0 ;
}
```

（2）

```
#include <stdio.h>
int main( )
{
    int i = 4, j = -1, k = 0, w, x, y, z ;
    w = i || j || k ;
```

```
    x = i && j && k ;
    y = i || j && k ;
    z = i && j || k ;
    printf( "w = %d x = %d y = %d z = %d\n", w, x, y, z ) ;
    return 0 ;
}
```

（3）
```
# include <stdio.h>
int main( )
{
    int x = 20, y = 40, z = 45 ;
    if( x > y && x > z )
        printf( "biggest = %d\n", x ) ;
    else if( y > x && y > z )
        printf( "biggest = %d\n", y ) ;
    else if( z > x && z > y )
        printf( "biggest = %d\n", z ) ;
    return 0 ;
}
```

（4）
```
# include <stdio.h>
int main( )
{
    int i = -4, j, num ;
    j =( num < 0 ? 0 : num * num ) ;
    printf( "%d\n", j ) ;
    return 0 ;
}
```

（5）
```
# include <stdio.h>
int main( )
{
    int k, num = 30 ;
    k =( num > 5 ?( num <= 10 ? 100 : 200 ) : 500 ) ;
    printf( "%d\n", num ) ;
    return 0 ;
}
```

3. 指出下列程序中可能存在的错误。

（1）
```
# include <stdio.h>
int main( )
{
    char spy = 'a', password = 'z' ;
    if( spy == 'a' or password == 'z' )
        printf( "All the birds are safe in the nest\n" ) ;
    return 0 ;
}
```

（2）
```
# include <stdio.h>
int main( )
{
    int i = 10, j = 20 ;
    if( i = 5 ) && if( j = 10 )
        printf( "Have a nice day\n" ) ;
    return 0 ;
}
```

(3)
```
# include <stdio.h>
int main( )
{
    int x = 10, y = 20 ;
    if( x >= 2 and y <= 50 )
        printf( "%d\n", x ) ;
    return 0 ;
}
```

(4)
```
# include <stdio.h>
int main( )
{
    int x = 2 ;
    if( x == 2 && x != 0 ) ;
        printf( "Hello\n" ) ;
    else
        printf( "Bye\n" ) ;
    return 0 ;
}
```

(5)
```
# include <stdio.h>
int main( )
{
    int j = 65 ;
        printf( "j >= 65 ? %d : %c\n", j ) ;
    return 0 ;
}
```

(6)
```
# include <stdio.h>
int main( )
{
    int i = 10, j ;
    i >= 5 ? j = 10 : j = 15 ;
         printf( "%d %d\n", i, j ) ;
     return 0 ;
}
```

(7)
```
# include <stdio.h>
int main( )
{
    int a = 5, b = 6 ;
    ( a == b ? printf( "%d\n", a ) ) ;
    return 0 ;
}
```

(8)
```
# include <stdio.h>
int main( )
{
    int n = 9 ;
    ( n == 9 ? printf( "Correct\n" ) ; : printf( "Wrong\n" ) ; ) ;
    return 0 ;
}
```

4. 完成下列任务。

(1)假设三角形的 3 条边是通过键盘输入的，编写一个程序，检查该三角形是等腰三角形、等边三角形、不等边三角形还是直角三角形。

（2）在数字世界中，颜色是用红、绿、蓝（RGB）格式指定的，R、G 和 B 的取值范围是 0 ～ 255。在打印出版时，颜色是用青、洋红、黄、黑（CMYK）格式表示的，C、M、Y 和 K 的取值范围是 0.0 ～ 1.0。编写一个程序，根据下面的公式把 RGB 颜色转换为 CMYK 颜色。

$$White = Max(Red/255, Green/255, Blue/255)$$

$$Cyan = \left(\frac{White-Red/255}{White}\right)$$

$$Magenta = \left(\frac{White-Green/255}{White}\right)$$

$$Yellow = \left(\frac{White-Blue/255}{White}\right)$$

$$Black = 1-White$$

注意，如果 RGB 值为全 0，则 CMY 值也是全 0，K 值为 1。

（3）钢的等级是根据下面这些条件评定的。

① 硬度必须大于 50。

② 碳含量必须小于 0.7。

③ 拉伸强度必须大于 5600。

钢的等级如下。

- 如果 3 个条件都能得到满足，则钢的等级为 10。
- 如果条件①和②得到满足，则钢的等级为 9。
- 如果条件②和③得到满足，则钢的等级为 8。
- 如果条件①和③得到满足，则钢的等级为 7。
- 如果只有 1 个条件得到满足，则钢的等级为 6。
- 如果所有条件均未满足，则钢的等级为 5。

编写一个程序，要求用户输入钢的硬度、含碳量和拉伸强度，然后输出钢的等级。

（4）身体质量指数（BMI）被定义为某个人的体重（以千克为单位）与身高（以米为单位）的平方之比。编写一个程序，从键盘接收体重和身高信息，计算 BMI，并根据表 4.6 报告 BMI 分类。

表4.6

BMI 分类	BMI
重度营养不良	< 15
厌食症患者	15 ～ 17.4
偏瘦	17.5～18.4
正常	18.5～ 24.9
偏胖	25～ 29.9
肥胖	30 ～ 39.9
严重肥胖	≥40

5. 完成下列任务。

（1）使用条件操作符进行判断。

① 判断通过键盘输入的字符是否为小写字母。

② 判断通过键盘输入的字符是否为特殊符号。

（2）使用条件操作符编写一个程序，判断通过键盘输入的年份是否为闰年。

（3）编写一个程序，找出通过键盘输入的 3 个数中最大的那个数（使用条件操作符）。

（4）编写一个程序，从键盘接收以角度形式表示的角度值，并检查这个角的正弦平方与余弦平方之和是否为 1。

（5）使用条件操作符重新编写下面这个程序。

```
# include <stdio.h>
int main( )
{
    float sal ;
    printf( "Enter the salary" ) ;
    scanf( "%f", &sal ) ;
    if( sal >= 25000 && sal <= 40000 )
        printf( "Manager\n" ) ;
    else
        if( sal >= 15000 && sal < 25000 )
            printf( "Accountant\n" ) ;
    else
            printf( "Clerk\n" ) ;
    return 0 ;
}
```

课后笔记

1. 可以使用逻辑操作符创建更复杂的决策。
2. 逻辑操作符包括 &&、|| 和 !。
3. 在以下两种情况下适合使用逻辑操作符：①检测范围；②解决是/否问题。
4. 另一种形式的决策控制指令如下。

```
if( 条件 1 )
    语句 1 ;
else if( 条件 2 )
    语句 2 ;
else if( 条件 3 )
    语句 3 ;
else            → 当以上 3 个条件都不满足时进入 else 代码块
    语句 4 ;
```

5. 操作符的优先层次如下。

```
!    * / %    + -    < > <= >=    == !=    && || =
```

6. 一元操作符只需要 1 个操作数。例如：!、sizeof。
7. 二元操作符需要 2 个操作数。例如：+ - * / % < > <= >= == != && ||。
8. 使用 sizeof 操作符可以返回一个实体占用的字节数。

9. sizeof 操作符的用法如下。

```
a = sizeof( int ) ;
b = sizeof( num ) ;
```

10. !(a <= b) 与 (a > b) 相同。!(a >= b) 与 (a < b) 相同。
11. a = !b 并不会改变 b 的值。
12. a = !a 表示当 a 等于 1 时把 0 赋值给 a，而当 a 等于 0 时把 1 赋值给 a。
13. “Lvalue Required（需要左值）”错误意味着 = 的左边出现了某种错误。
14. 条件操作符是三元操作符，它的基本形式如下。

```
表达式1 ? 表达式2 : 表达式3
```

15. 条件操作符 ?: 的每一段只能有 1 条语句。
16. 条件操作符 ?: 可以嵌套。
17. 条件操作符中的 ? 和 : 总是同时出现，并且 : 不是可选的。
18. 如果使用了条件操作符 ?:，那么需要注意在赋值操作的两边加上括号。

第5章 循环控制指令

"快乐无处不在"

如果我们想计算 100 组 3 个数的平均值，那么是不是需要实际执行程序 100 次呢？显然不是，肯定会有更好的办法。在本章中，我们将讨论还有哪些更好的办法。

本章内容

到目前为止，我们所开发的程序要么使用了顺序控制指令，要么使用了决策控制指令。这些程序存在天然的限制，因为当执行时，它们总是以相同的方式正好执行一次相同的操作序列。在程序设计中，我们常常需要反复地执行一项操作，并且每一次的执行细节都有所不同。在C语言中，用来满足这种需求的机制就是“循环控制指令”。

5.1　循环

计算机的强大就在于能够反复地执行一组指令。这不仅包括把某段程序重复执行指定的次数，也包括在指定的条件满足时反复执行某段程序。重复操作是通过循环控制指令实现的。这里有3种方法可以用来重复执行程序的一部分。

（1）使用 while 循环。

（2）使用 for 循环。

（3）使用 do-while 循环。

我们首先讨论 while 循环。

5.2　while循环

如果我们希望将一些指令重复执行固定的次数，while 循环是理想的选择。例如：我们可能想要计算3组本金、年数和利率情况下的存款利息。下面是用来完成这个任务的程序。

```
/* 计算3组本金、年数和利率下的存款利息 */
# include <stdio.h>
int main( )
{
    int p, n, count ;
    float r, si ;
    count = 1 ;
    while( count <= 3 )
    {
       printf( "\nEnter values of p, n and r " ) ;
       scanf( "%d %d %f", &p, &n, &r ) ;
       si = p * n * r / 100 ;
       printf( "Simple interest = Rs. %\nf", si ) ;
       count = count + 1 ;
    }
    return 0 ;
}
```

下面是这个程序执行时的交互示例。

```
Enter values of p, n and r 1000 5 13.5
Simple interest = Rs. 675.000000
Enter values of p, n and r 2000 5 13.5
Simple interest = Rs. 1350.000000
Enter values of p, n and r 3500 5 3.5
Simple interest = Rs. 612.500000
```

这个程序将执行3次 while 之后的所有语句。这些语句出现在一对花括号中，它们包含了计算存款利息的逻辑。这些语句构成 while 循环的循环体。while 后面的括号中包含一个条件。只要这个条件保持为真，while 循环体中的语句就会被重复执行。一开始，变量 count 被初始化为1，每次执行完存款利息的计算逻辑之后，就将 count 的值加1。变量 count 常被称为“循环计数器”或“索引变量”。

图 5.1 描述了 while 循环的工作方式。

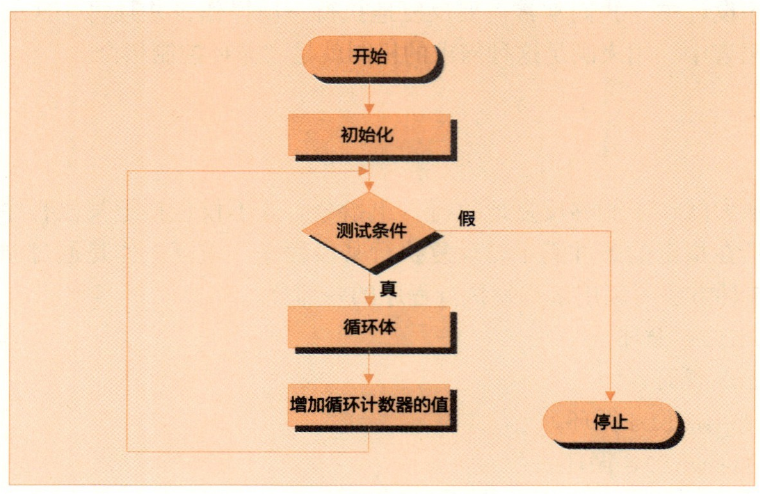

图 5.1

5.2.1　提示和陷阱

读者需要注意下面这些与 while 循环有关的要点。

- while 循环内部的语句在条件保持为真时会一直执行。当条件变成假时，控制就会转移到 while 循环体之后的第 1 条语句。
- 几乎在所有情况下，while 循环的条件最终将为假，否则这个 while 循环将会无限期地永远执行下去。

```
int i = 1 ;
while( i <= 10 )
    printf( "%d\n", i ) ;
```

这是一个无限循环，因为 i 的值总是保持为 1。正确的形式是在循环体中增加 i 的值。

- 我们也可以不增加循环计数器的值，而是不断减小它的值，这样仍然能够让循环体反复地执行。下面的例子展示了这种做法。

```
int i = 5 ;
while( i >= 1 )
{
    printf( "Make the computer literate!\n" ) ;
    i = i - 1 ;
}
```

- 循环计数器并不一定是整数，它也可以是浮点数。

```
float a = 10.0 ;
while( a <= 10.5 )
{
    printf( "Raindrops on roses..." ) ;
    printf( "...and whiskers on kittens\n" ) ;
    a = a + 0.1 ;
}
```

- 浮点型的循环计数器甚至可以采取递减的方式。另外，循环计数器的增减幅度可以是任意值，并不一定是 1。
- 循环的测试条件可以使用关系操作符或逻辑操作符，如下面的例子所示。

```
while( i <= 10 )
while( i >= 10 && j <= 15 )
while( j > 10 &&( b < 15 || c < 20 ) )
```

- 如果循环体内只有 1 条语句，那么 { } 就是可选的。
- 下面这个程序的输出是什么？

```
# include <stdio.h>
int main( )
{
    int i = 1 ;
    while( i <= 10 ) ;
    {
       printf( "%d\n", i ) ;
       i = i + 1 ;
}
return 0 ;
}
```

这是一个无限循环，它不会产生任何输出。原因就在于我们不小心在 `while` 语句的后面加了一个分号，这会导致这个循环像下面这样工作。

```
while( i <= 10 )
    ;
{
    printf( "%d\n", i ) ;
    i = i + 1 ;
}
```

由于 `i` 的值并没有增加，因此程序的控制将永远停留在循环内部。注意，`printf()` 和 `i = i+1` 出现在一对花括号内部并非错误。事实上，我们可以为单条语句或一组语句加上花括号，这并不会影响程序的执行。

5.2.2　其他操作符

在 C 语言中，有些操作符常用于 `while` 循环。为了说明它们的用途，我们考虑一个问题：在屏幕上输出数字 1 ～ 10。用来完成这个任务的程序可以使用 `while` 循环并采用下面这些不同的方法来编写。

```
(1) # include <stdio.h>
    int main( )
    {
        int i = 1 ;
        while( i <= 10 )
        {
            printf( "%d\n", i ) ;
            i = i + 1 ;
        }
        return 0 ;
    }
```

这是最简单明了地输出数字 1 ～ 10 的方式。

（2）
```
# include <stdio.h>
int main( )
{
    int i = 1 ;
    while( i <= 10 )
    {
        printf( "%d\n", i ) ;
        i++ ;
    }
    return 0 ;
}
```

注意，每当执行 i++ 时，增值操作符 ++ 就会将 i 的值加 1。与此类似，为了将变量的值减 1，可以使用减值操作符 --。

但是，千万不要通过使用 n+++ 来把 n 的值加 2，因为 C 语言中不存在 +++ 操作符。

（3）
```
# include <stdio.h>
int main( )
{
    int i = 1 ;
    while( i <= 10 )
    {
        printf( "%d\n", i ) ;
        i += 1 ;
    }
    return 0 ;
}
```

注意，+= 是一个复合赋值操作符，通过它也可以把 i 的值加 1。类似地，j = j + 10 可以写成 j += 10。其他的复合赋值操作符还包括 -=、*=、/= 和 %=。

（4）
```
# include <stdio.h>
int main( )
{
    int i = 0 ;
    while( i++ < 10 )
        printf( "%d\n", i ) ;
    return 0 ;
}
```

在 while(i++ < 10) 这条语句中，首先会对 i 的值与 10 进行比较，然后执行 i 的增值操作。由于 i 的增值操作发生在比较操作之后，因此这种形式的 ++ 操作符被称为后增值操作符。当执行到 printf() 语句时，i 的值已经增加，因此 i 必须初始化为 0 而不是 1。

（5）
```
# include <stdio.h>
int main( )
{
    int i = 0 ;
    while( ++i <= 10 )
        printf( "%d\n", i ) ;
    return 0 ;
}
```

在 while(++i <= 10) 这条语句中，首先执行 i 的增值操作，然后对 i 的值与 10 进行比较。由于 i 的增值操作发生在比较操作之前，因此这种形式的 ++ 操作符被称为前增值操作符。

5.3 程序

练习5.1

编写一个程序，计算 10 位员工的加班工资。加班工资的计算方式是：每周 40 小时之外的工时，报酬是每小时 12 卢比。假设每位员工的工时数都是整数。

程序

```
/* 计算10位员工的加班工资 */
# include <stdio.h>
int main( )
{
    float otpay ;
    int hour, i = 1 ;
    while( i <= 10 ) /* 循环遍历10位员工 */
    {
       printf( "\nEnter no. of hours worked: " ) ;
       scanf( "%d", &hour ) ;
       if( hour >= 40 )
          otpay =( hour - 40 ) * 12 ;
       else
          otpay = 0 ;
       printf( "Hours = %d Overtime pay = Rs.%f\n", hour, otpay ) ;
       i++ ;
    }
    return 0 ;
}
```

输出

```
Enter no. of hours worked: 45
Hours = 45 Overtime pay = Rs.60.000000
Enter no. of hours worked: 50
Hours = 50 Overtime pay = Rs.120.000000
Enter no. of hours worked: 20
Hours = 20 Overtime pay = Rs.0.000000
```

练习5.2

编写一个程序，计算通过键盘输入的任何数的阶乘。

程序

```
/* 计算一个数的阶乘 */
# include <stdio.h>
int main( )
{
    int num, i, fact ;
    printf( "Enter a number: " ) ;
    scanf( "%d", &num ) ;
    fact = i = 1 ;
    while( i <= num )
    {
        fact = fact * i ;
        i++ ;
    }
    printf( "Factorial value of %d = %d\n", num, fact ) ;
    return 0 ;
}
```

输出

```
Enter a number: 14
Factorial value of 14 = 1278945280
```

练习5.3

假设用户通过键盘输入两个数字。编写一个程序，计算以其中一个数为底数，而以另一个数为幂时所能表示的数值。

程序

```
/* 计算数字的幂 */
# include <stdio.h>
int main( )
{
    float x, power ;
    int y, i ;
    printf( "\nEnter two numbers: " ) ;
    scanf( "%f %d", &x, &y ) ;
    power = i = 1 ;
    while( i <= y )
    {
        power = power * x ;
        i++ ;
    }
    printf( "%f to the power %d is %f\n", x, y, power ) ;
    return 0 ;
}
```

输出

```
Enter two numbers: 2.5 3
2.500000 to the power 3 is 15.625000
```

习题

1. 下列程序的输出是什么？

（1）
```
# include <stdio.h>
int main( )
{
    int i = 1 ;
    while( i <= 10 ) ;
    {
        printf( "%d\n", i ) ;
        i++ ;
    }
    return 0 ;
}
```

（2）
```
# include <stdio.h>
int main( )
{
    int x = 4, y, z ;
    y = --x ;
```

```
    z = x-- ;
    printf( "%d %d %d\n", x, y, z ) ;
    return 0 ;
}
```

（3）
```
# include <stdio.h>
int main( )
{
    int x = 4, y = 3, z ;
    z = x-- - y ;
    printf( "%d %d %d\n", x, y, z ) ;
    return 0 ;
}
```

（4）
```
# include <stdio.h>
int main( )
{
    while( 'a' < 'b' )
        printf( "malayalam is a palindrome\n" ) ;
    return 0 ;
}
```

（5）
```
# include <stdio.h>
int main( )
{
    int i ;
    while( i = 10 )
    {
        printf( "%d\n", i ) ;
        i = i + 1 ;
    }
    return 0 ;
}
```

（6）
```
# include <stdio.h>
int main( )
{
    float x = 1.1 ;
    while( x == 1.1 )
    {
        printf( "%f\n", x ) ;
        x = x - 0.1 ;
    }
    return 0 ;
}
```

2. 完成下列任务。

（1）编写一个程序，使用一个 `while` 循环输出所有的 ASCII 码值和对应的字符。ASCII 码值的范围是 0 ～ 255。

（2）编写一个程序，输出 1 和 500 之间所有的 Armstrong 数。Armstrong 数是指这样一种数字：其各个位上的数字的立方之和等于这个数本身。例如：153 = (1×1×1) + (5×5×5) + (3×3×3)。

（3）编写一个程序，模拟计算机和用户之间所玩的一种火柴棒游戏。这个程序应该保证计算机总是能够取胜。这个游戏的规则如下。

- 一共有 21 根火柴。
- 计算机要求用户拿掉 1、2、3 或 4 根火柴。
- 用户拿掉火柴之后，计算机也拿掉 1、2、3 或 4 根火柴。
- 被迫拿掉最后一根火柴的玩家输掉游戏。

（4）编写一个程序，让用户不断输入数字，直到满足需要为止，最后显示用户输入的正数、负数和零的数量。

（5）编写一个程序，接收一个整数并计算相应的八进制值。

（提示：为了计算一个整数对应的八进制值，只要没有除尽，就不断将它除以 8，然后以相反的顺序写下期间产生的所有余数。）

（6）编写一个程序，确定用户通过键盘输入的一组数的范围。范围是指列表中最大数和最小数之差。

课后笔记

1. 重复控制指令用于在程序中重复执行一组语句。
2. 重复控制指令是使用下面的结构实现的：① while 循环；② for 循环；③ do-while 循环。
3. while 循环的基本形式如下。

```
i = 1 ;              /* 循环计数器的初始化 */
while( i <= 10 ) /* 检查循环计数器 */
{
    语句 1 ;
    语句 2 ;
    i++ ;            /* 增加循环计数器的值 */
}
```

4. i++ 会将 i 的值加 1，而 i-- 会将 i 的值减 1。不存在 **、// 和 %% 操作符。
5. 表达式 i = i + 1、i++ 和 ++i 是相同的。
6. 语句 j = ++i 会首先把 i 的值加 1，然后把增值后的 i 赋值给 j。
7. 语句 j = i++ 会首先把 i 的当前值赋值给 j，然后增加 i 的值。
8. 语句 while(++i < 10) 会首先把 i 的值加 1，然后检查条件。
9. 语句 while(i++ < 10) 会首先检查条件，然后把 i 的值加 1。
10. i = i + 5 与 i += 5 相同。
11. 复合赋值操作符包括 +=、-=、*=、\= 和 %=。

第6章 更复杂的循环控制指令

“穿越迷宫”

x 的值取自范围 1~10。对于每个 x，y 的值取自范围 0.5~2.25，间隔为 0.5；对于每个 y，z 的值取自范围 100~55，间隔为 -2；对于每个 z，m 的值从 4 开始并按 4 的倍数递增。您是不是被迷晕了？不错，本章将讨论如何在 C 语言中实现这样的复杂重复逻辑。

本章内容

- 6.1 for 循环
  - 6.1.1 循环的嵌套
  - 6.1.2 for 循环的多重初始化
- 6.2 break 语句
- 6.3 continue 语句
- 6.4 do-while 循环
- 6.5 非常规循环
- 6.6 程序

第 5 章的程序描述了如何使用 while 循环重复执行程序中的指令。本章将探讨另外两种循环：for 循环和 do-while 循环。循环的内涵绝不仅限于重复执行指令。我们还会遇到如下情形：想要突然终止循环，或者在循环执行时跳过一些指令，或者无限地重复执行一些操作，或者重复的次数是未知的，或者只重复一次。本章将会讨论所有这些情形。

6.1 for循环

for 循环允许我们在一行中指定与循环有关的 3 个要素。

（1）为循环计数器设置初始值。

（2）对循环计数器进行测试，判断是否达到所需的重复次数。

（3）在每次执行循环体后增加循环计数器的值。

for 循环的基本形式如下。

```
for( 初始化循环计数器； 测试循环计数器； 增加循环计数器的值 )
{
    do this ;
    and this ;
}
```

下面我们使用 for 循环编写之前的存款利息计算程序。我们可以对这个程序与使用 while 循环的那个程序进行比较。

```
/* 计算3组本金、年数和利率下的存款利息 */
# include <stdio.h>
int main( )
{
    int p, n, count ;
    float r, si ;
    for( count = 1 ; count <= 3 ; count = count + 1 )
    {
        printf( "Enter values of p, n, and r " ) ;
        scanf( "%d %d %f", &p, &n, &r ) ;
        si = p * n * r / 100 ;
        printf( "Simple Interest = Rs.%f\n", si ) ;
    }
    return 0 ;
}
```

我们可以看到，循环结构所需的 3 个要素——初始化、测试和循环计数器的增值现在已被合并到单行 for 语句中。

现在让我们观察一下 for 语句是如何执行的。

- 当 for 语句第 1 次执行时，count 的值被设置为初始值 1。
- 然后测试 count <= 3 这个条件。由于 count 为 1，因此满足这个条件，程序第 1 次执行循环体。
- 当程序执行到 for 循环的右花括号时，控制又回到 for 语句，此时计数器的值已增加 1。
- 再次对条件进行测试，检查 count 的新值是否大于 3。
- 如果 count 的值仍然小于或等于 3，就会再次执行 for 后面花括号内的语句。
- 只要 count 的值不大于最终值 3，就会继续执行 for 循环体。
- 当 count 的值为 4 时，就退出 for 循环并转移到 for 循环体之后紧跟的语句（如果有的话）。

值得注意的是，for 循环的初始化、测试和计数器增值部分均可替换为任意合法的表达式。因此，下面这些 for 循环也是完全没有问题的。

```
for( i = 10 ; i ; i -- )
    printf( "%d ", i ) ;
for( i < 4 ; j = 5 ; j = 0 )
    printf( "%d ", i ) ;
for( i = 1; i <=10 ; printf( "%d ", i++ ) )
    ;
for( scanf( "%d", &i ) ; i <= 10 ; i++ )
    printf( "%d", i ) ;
```

现在让我们编写几个程序，以不同的方式输出数字 1 ～ 10，要求使用 for 循环代替 while 循环。

```
(1) # include <stdio.h>
    int main( )
    {
        int i ;
        for( i = 1 ; i <= 10 ; i = i + 1 )
            printf( "%d\n", i ) ;
        return 0 ;
    }
```

i = i + 1 完全可以用 i++ 或 i += 1 代替。由于 for 循环体中只有一条语句，因此我们省掉了那对花括号。和使用 while 循环一样，for 的默认作用域是 for 之后紧跟的下一条语句。

```
(2) # include <stdio.h>
    int main( )
    {
        int i ;
        for( i = 1 ; i <= 10 ; )
        {
            printf( "%d\n", i ) ;
            i = i + 1 ;
        }
        return 0 ;
    }
```

在上面这个程序中，循环计数器的增值是在 for 循环体中完成的。但尽管如此，条件之后的那个分号（;）仍然是必要的。

```
(3) # include <stdio.h>
    int main( )
    {
        int i = 1 ;
        for( ; i <= 10 ; i = i + 1 )
            printf( "%d\n", i ) ;
        return 0 ;
    }
```

在上面这个程序中，循环计数器的初始化是在循环计数器变量的声明语句中完成的。但尽管如此，条件之前的那个分号仍然是必要的。

```
(4) # include <stdio.h>
    int main( )
    {
```

```
    int i = 1 ;
    for( ; i <= 10 ; )
    {
        printf( "%d\n", i ) ;
        i = i + 1 ;
    }
    return 0 ;
}
```

在上面这个程序中，循环计数器的初始化和增值虽然都不是在 for 语句中完成的，但两个分号仍然是必要的。

```
(5) # include <stdio.h>
    int main( )
    {
        int i ;
        for( i = 0 ; i++ < 10 ; )
            printf( "%d\n", i ) ;
        return 0 ;
    }
```

在上面这个程序中，条件的测试和循环计数器的增值是通过同一个表达式 i++ < 10 完成的。由于 ++ 操作符出现在 i 的后面，因此首先进行比较操作，然后进行增值操作。注意，把 i 初始化为 0 是必要的。

```
(6) # include <stdio.h>
    int main( )
    {
        int i ;
        for( i = 0 ; ++i <= 10 ; )
            printf( "%d\n", i ) ;
        return 0 ;
    }
```

在上面这个程序中，条件的测试和循环计数器的增值也是通过同一个表达式 ++i <= 10 完成的。由于 ++ 操作符出现在 i 的前面，因此首先进行增值操作，然后进行比较操作。注意，把 i 初始化为 0 是必要的。

6.1.1　循环的嵌套

与 if 语句的嵌套相似，while 语句和 for 语句也可以嵌套。下面这个程序演示了嵌套的循环如何工作。

```
/* 循环的嵌套 */
# include <stdio.h>
int main( )
{
    int r, c, sum ;
    for( r = 1 ; r <= 3 ; r++ )       /* 外层循环 */
    {
        for( c = 1 ; c <= 2 ; c++ ) /* 内层循环 */
        {
            sum = r + c ;
            printf( "r = %d c = %d sum = %d\n", r, c, sum ) ;
        }
    }
    return 0 ;
}
```

当运行上面这个程序时，我们将会得到下面的输出。

```
r = 1 c = 1 sum = 2
r = 1 c = 2 sum = 3
r = 2 c = 1 sum = 3
r = 2 c = 2 sum = 4
r = 3 c = 1 sum = 4
r = 3 c = 2 sum = 5
```

对于 r 的每个值，内层循环会围绕它执行两次，变量 c 的值分别是 1 和 2。当 c 的值大于 2 时，内层循环就终止；当 r 的值大于 3 时，外层循环就终止。

我们可以看到，外层的 for 循环体向右缩进，而内层的 for 循环体则进一步向右缩进。这种层次状的缩进方式使得程序更容易被理解。

我们不一定非要使用两条语句分别计算和输出两个变量的和，而是可以把它们压缩在一条语句中。

```
printf( "r = %d c = %d sum = %d\n", r, c, r + c ) ;
```

与 for 循环的嵌套方式相似，两个 while 循环也可以进行嵌套。不仅如此，for 循环可以嵌套在 while 循环中，而 while 循环也可以嵌套在 for 循环中。

6.1.2 for 循环的多重初始化

for 循环的初始化部分可以包含由逗号分隔的多个表达式，如下所示。

```
for( i = 1, j = 2 ; j <= 10 ; j++ )
```

在 for 循环中，我们可以完成多个增值操作。类似地，测试表达式中也允许出现多个条件。这些条件应该使用逻辑操作符 && 和（或）|| 组合在一起。

6.2 break语句

我们常常会因为遇到一些情况，需要立即跳出循环，而不是等待回到条件测试部分。关键字 break 允许我们实现这个目的。在任何循环中，当遇到 break 时，控制就会立即转移到循环之后的第一条语句。break 通常与一条 if 语句相关联。下面我们通过一个例子来演示 break 语句的用法。

例 6.1：编写一个程序，判断一个数是否为质数。质数是指只能由 1 及其自身整除的整数。

为了判断一个整数是否为质数，我们需要不断地将其除以从 2 到比它自身小 1 的所有整数。如果有任何一次除法操作的余数是 0，就可以确定它不是质数。如果所有除法操作的余数都不是 0，那么它就是质数。下面这个程序实现了上述逻辑。

```
# include <stdio.h>
int main( )
{
    int num, i ;
    printf( "Enter a number " ) ;
    scanf( "%d", &num ) ;
    i = 2 ;
    while( i <= num - 1 )
    {
        if( num % i == 0 )
```

```
            {
                printf( "Not a prime number\n" ) ;
                break ;
            }
            i++ ;
        }
        if( i == num )
        printf( "Prime number\n" ) ;
}
```

在上面这个程序中，当 num % i 的结果是 0（表示 num 能够被 i 整除）时，就输出消息“Not a prime number”（不是质数）并使控制跳出 while 循环。为什么这个程序需要 while 循环之后的那条 if 语句呢？因为有两种可能性会使控制到达 while 循环的外部。

（1）由于证明了这个数不是质数而跳出循环。

（2）由于 i 的值与 num 相等而结束循环。

当循环由于上面第 2 种情况而终止时，意味着 num 不能被 2 和 num-1 之间的所有整数整除。也就是说，num 确实是质数。如果是这种情况，那么程序应该输出消息“Prime number”。

break 关键字只能使控制从该 break 关键字所在的那个 while 循环中跳出。观察下面这个程序，它说明了这个事实。

```
# include <stdio.h>
int main( )
{
    int i = 1 , j = 1 ;
    while( i++ <= 100 )
    {
        while( j++ <= 200 )
        {
            if( j == 150 )
                break ;
            else
                printf( "%d %d\n", i, j ) ;
        }
    }
    return 0 ;
}
```

在这个程序中，当 j 等于 150 时，控制只能跳出内层的 while 循环，因为 break 位于内层的 while 循环中。

6.3　continue语句

在有些程序设计场景中，我们需要绕过循环体中尚未执行的语句，把控制转移到循环的开始位置。关键字 continue 允许我们实现这个目的。在任何循环中，当遇到 continue 时，控制就会自动转移到循环的开始位置。

continue 通常与一条 if 语句相关联。作为例子，我们可以观察下面这个程序。

```
# include <stdio.h>
int main( )
{
    int i, j ;
    for( i = 1 ; i <= 2 ; i++ )
    {
```

```
        for( j = 1 ; j <= 2 ; j++ )
        {
            if( i == j )
                continue ;
            printf( "%d %d\n", i, j ) ;
        }
    }
    return 0 ;
}
```

上面这个程序的输出如下。

```
1 2
2 1
```

注意，当 i 的值等于 j 时，continue 语句会使控制绕过内层 for 循环中剩余待执行的语句，并转移到内层 for 循环的开始位置。

6.4 do-while循环

do-while 循环的结构如下。

```
do
{
    this ;
    and this ;
} while( 条件为真 ) ;
```

do-while 循环的工作方式和 while 循环相比存在一个微小的差别。这个差别来自对条件进行测试的时机：while 循环在执行循环体中的任何语句之前会首先对条件进行测试；相反，do-while 循环在执行循环体中的语句之后才对条件进行测试。

这意味着 do-while 循环至少会执行循环体 1 次，即使条件从一开始就是不成立的。相反，当条件一开始就不成立时，while 循环根本不会执行循环体中的语句。下面这个程序更清楚地显现了这个差别。

```
# include <stdio.h>
int main( )
{
    while( 4 < 1 )
        printf( "Hello there \n" ) ;
    return 0 ;
}
```

在上面这个程序中，由于条件从一开始就不成立，因此 printf() 根本就不会被执行。现在让我们使用 do-while 循环重写上一个程序。

```
# include <stdio.h>
int main( )
{
    do
    {
        printf( "Hello there \n" ) ;
    } while( 4 < 1 ) ;
    return 0 ;
}
```

在这个程序中，printf() 将会被执行一次，因为循环体首先被执行，然后才对条件进行测试。

在 do-while 循环中也可以使用 break 和 continue。break 允许绕过条件测试跳出 do-while 循环，continue 则直接把控制转移到循环最后的测试部分。

6.5 非常规循环

到目前为止，我们使用的循环执行循环体的次数是有限的。但是，有时候我们会遇到一种情况，即循环中语句的执行次数事先并不确定。这种情况下的程序设计方式如下。

```
/* 一个执行次数未知的循环 */
# include <stdio.h>
int main( )
{
    char another ;
    int num ;
    do
    {
        printf( "Enter a number " ) ;
        scanf( "%d", &num ) ;
        printf( "square of %d is %d\n", num, num * num ) ;
        printf( "Want to enter another number y/n " ) ;
        fflush( stdin ) ;
        scanf( "%c", &another ) ;
    } while( another == 'y' ) ;
    return 0 ;
}
```

下面是示例输出。

```
Enter a number 5
square of 5 is 25
Want to enter another number y/n y
Enter a number 7
square of 7 is 49
Want to enter another number y/n n
```

在这个程序中，只要用户输入的答案一直为 y，do-while 循环就会一直执行。当用户输入 n 时，这个循环才会终止，因为此时条件 (another == 'y') 不再成立。注意，这个循环能保证内部的语句至少被执行 1 次。

读者可能会奇怪为什么要使用 fflush() 函数，这是为了摆脱 scanf() 函数的一种特异行为。在我们按下 Enter 键之前，如果已经提供了一个数，scanf() 函数就会把这个数赋值给变量 num，并且 Enter 键在键盘缓冲区中保留为未读状态。因此，当用户为问题“Want to enter another number(y/n)”提供答案 y 或 n 时，scanf() 函数将从缓冲区读取 Enter 键，并认为用户输入了 Enter 键。为了避免这个问题，我们使用了 fflush() 函数，它的作用是清除或“刷空”缓冲区中存留的任何数据。fflush() 函数的参数必须是想要刷空的缓冲区。我们在这个程序中使用的 stdin 表示与标准输入设备（即键盘）关联的缓冲区。

对于这样的程序设计需求，尽管使用 do-while 循环更为简便，但 for 循环和 while 循环也能实现同样的功能。读者可以把它们作为练习来完成。

6.6 程序

练习6.1

编写一个程序，输出 1 和 300 之间的所有质数。

程序

```
/* 输出1和300之间的所有质数 */
# include <stdio.h>
int main( )
{
    int i, n = 1 ;
    printf( "\nPrime numbers between 1 and 300 are :\n1\t" ) ;
    for( n = 1 ; n <= 300 ; n++ )
    {
        i = 2 ;
        for( i = 2 ; i < n ; i++ )
        {
            if( n % i == 0 )
            break ;
        }
        if( i == n )
        printf( "%d\t", n ) ;
    }
    return 0 ;
}
```

输出

```
Prime numbers between 1 and 300 are :
1 2 3 5 7 11 13 17 19 23
29 31 37 41 43 47 53 59 61 67
71 73 79 83 89 97 101 103 107 109
113 127 131 137 139 149 151 157 163 167
173 179 181 191 193 197 199 211 223 227
229 233 239 241 251 257 263 269 271 277
281 283 293
```

练习6.2

编写一个程序，使用 for 循环计算下面这个数列的前 7 项之和。

$$\frac{1}{1!}+\frac{2}{2!}+\frac{3}{3!}+\cdots$$

程序

```
/* 计算一个数列的前7项之和 */
# include <stdio.h>
int main( )
{
    int i = 1, j ;
    float fact, sum = 0.0 ;
    for( i = 1 ; i <= 7 ; i++ )
    {
        fact = 1.0 ;
        for( j = 1 ; j <= i ; j++ )
            fact = fact * j ;
        sum = sum + i / fact ;
    }
```

```
    printf( "Sum of series = %f\n", sum ) ;
    return 0 ;
}
```

输出

```
Sum of series = 2.718056
```

练习6.3

编写一个程序，使用 for 循环生成 1、2、3 的所有组合。

程序

```
/* 生成1、2、3的所有组合 */
# include <stdio.h>
int main( )
{
    int i = 1, j = 1, k = 1 ;
    for( i = 1 ; i <= 3 ; i++ )
    {
        for( j = 1 ; j <= 3 ; j++ )
        {
            for( k = 1 ; k <= 3 ; k++ )
                printf( "%d %d %d\n", i , j , k ) ;
        }
    }
    return 0 ;
}
```

输出

```
1 1 1
1 1 2
…
…
2 1 1
…
…
2 3 3
3 1 1
…
…
3 3 3
```

习题

1. 回答下列问题。

（1）break 语句用于从下列哪种结构中退出？

① if 语句。

② for 循环。

③ 程序。

④ main() 函数。

（2）当循环中的语句必须执行 ________ 时，do-while 循环是非常实用的。

① 只有 1 次。

② 至少 1 次。

③ 多于 1 次。

④ 上述答案均不正确。

（3）在 do-while 循环中，初始化、测试和循环体的执行是按什么顺序完成的？

① 初始化、循环体的执行、测试。

② 循环体的执行、初始化、测试。

③ 初始化、测试、循环体的执行。

④ 上述答案均不正确。

（4）下面哪个不是无限循环？

①
```
int i = 1 ;
while( 1 )
{
      i++ ;
}
```

②
```
for( ; ; ) ;
```

③
```
int t = 0, f ;
while( t )
{
     f = 1 ;
}
```

④
```
int y, x = 0 ;
do
{
   y = x ;
} while( x == 0) ;
```

（5）对于下面这个程序而言，下面哪些说法是正确的？

```
# include <stdio.h>
int main( )
{
   int x=10, y = 100 % 90 ;
   for( i = 1 ; i <= 10 ; i++ ) ;
   if( x != y ) ;
       printf( "x = %d y = %d\n", x, y ) ;
   return 0 ;
}
```

① printf() 函数被调用了 10 次。

② 这个程序将产生输出 x = 10 y = 10。

③ if(x != y) 后面的“;”不会导致错误。

④ 这个程序不会产生任何输出。

⑤ printf() 函数被调用无限次。

（6）对于 C 语言程序中使用的 for 循环来说，下面哪些说法是正确的？

① for 循环的速度要快于 while 循环。

② 使用 for 循环能够完成的所有事情也都可以用 while 循环来完成。

③ `for( ; ; )` 实现了无限循环。

④ 当我们希望循环中的语句至少执行 1 次时，可以使用 `for` 循环。

⑤ `for` 循环的速度要快于 `do-while` 循环。

2. 完成下列任务。

（1）编写一个程序，输出用户所输入数的乘法表。要求乘法表按下面的格式显示。

```
29 * 1 = 29
29 * 2 = 58
…
```

（2）根据研究，一个人的近似智力水平可以使用下面这个公式来计算。

$$i = 2 + (y + 0.5x)$$

编写一个程序，生成 i、y 和 x 的值表，其中 y 的取值范围是 1 ～ 6。对于每个 y 值，x 的取值范围是 5.5 ～ 12.5，步长为 0.5。

（3）设本金为 p，年利率为 r，年数为 n，每年的复合利率生效次数为 q，则连本带利之和是通过下面这个公式来计算的。

$$a = p(1 + r / q)^{nq}$$

编写一个程序，读取 10 组 p、r、n 和 q，计算对应的 a。

（4）自然对数可以使用下面这个序列来模拟。

$$\frac{x-1}{x} + \frac{1}{2}\left(\frac{x-1}{x}\right)^2 + \frac{1}{2}\left(\frac{x-1}{x}\right)^3 + \frac{1}{2}\left(\frac{x-1}{x}\right)^4 + \cdots$$

假设 x 是通过键盘输入的，编写一个程序，计算这个序列的前 7 项之和。

（5）编写一个程序，生成边长小于或等于 30 的所有毕达哥拉斯三元组（勾股数）。

（6）一个镇当前的人口是 10 万。在过去 10 年里，该镇人口的年增长率稳定在 10%。编写一个程序，计算这个镇过去 10 年每一年年末的人口。

（7）拉马努金数（Ramanujan number）是可以用两种不同方式的两个立方数之和表示的最小数。编写一个程序，输出所有的拉马努金数，直到某个合理的上限[1]。

（8）编写一个程序，输出一天的 24 小时，并加上合适的后缀，例如 AM、PM、Noon 和 Midnight。

（9）编写一个程序，生成类似下面的输出。

```
         1
     2       3
 4       5       6
7    8       9       10
```

课后笔记

1. 有 3 种类型的循环：① `while` 循环；② `for` 循环；③ `do-while` 循环。

2. 使用一种循环能够完成的任务总是可以使用另两种循环来完成。

---

[1] 满足 $R = a^2 + b^2 = c^2 + d^2$ 的最小 R 值，其中 a、b、c、d 均为自然数。——译者注

3. 通常的用法：

（1）while 循环：重复某种操作，次数未知。

（2）for 循环：重复某种操作，次数固定。

（3）do-while 循环：重复某种操作至少 1 次。

等价的形式如下。

```
i = 1 ;
while( i <= 10 )
{
    语句1 ;
    语句2 ;
    i++ ;
}
for( i = 1 ; i <= 10 ; i++ )
{
    语句1 ;
    语句2 ;
}
i = 1 ;
do
{
    语句1 ;
    语句2 ;
    i++ ;
} while( i <= 10 ) ;
```

4. for(; ;) 是无限循环。while() 会导致错误。

5. 在 for 循环中，同时出现多个初始化操作、多个条件和多个增值操作是可以接受的，例如：

```
for( i = 1 , j = 2 ; i <= 10 && j <= 24 ; i++, j += 3 )
{
    语句1 ;
    语句2 ;
}
```

6. break：终止循环的执行。

continue：放弃执行循环中剩余的指令，跳转到循环的下一次迭代。

7. break 和 continue 通常是按下面的形式使用的。

```
while( 条件1 )
{
    if( 条件2 )
        break ;
    语句1 ;
    语句2 ;
}
while( 条件1 )
{
    if( 条件2 )
        continue ;
    语句1 ;
    语句2 ;
}
```

第7章 case控制指令

“多点切换”

选择正确的控制指令能够提高程序的效率和速度。因此，如果对于变量 x 的 5 个不同值应该采取 5 种不同的行动，那么尽管使用 5 个 if 语句也能完成任务，但这种方法的效率并不高。本章将讨论如何使用一种更出色、更有效的方法来完成这类任务。

本章内容

- 7.1 使用 switch 的决策
- 7.2 switch 与 if-else 梯状结构的对比
- 7.3 goto 关键字
- 7.4 程序

在程序设计中，我们常常会面临一种情况，就是需要根据一些而不是一两个候选值做出选择。为了让我们能够有效地处理这种情况，C语言提供了一种特殊的控制指令，而不是使用一系列的 if 语句。这种控制指令正是本章将要讨论的主题。在本章临近结束时，我们还将讨论一个名为 goto 的关键字，并解释为什么要避免使用它。

7.1 使用switch的决策

允许我们根据多个选择做出决策的控制指令被称为 switch，更精确的说法是 switch-case-default 语句，最常见的形式如下。

```
switch ( 整型表达式 )
{
    case 常量1 :
       do this ;
    case 常量2 :
       do this ;
    case 常量3 :
       do this ;
    default :
       do this ;
}
```

关键字 switch 后面的整型表达式可以是任意的C表达式，只要能产生一个整型值即可。关键字 case 的后面是一个整型或字符型常量。每个 case 使用的常量必须与其他 case 使用的常量不同。在上面这种形式的 switch 语句中，“do this”可以是任意合法的C语句。

当运行一个包含 switch 语句的程序时，会发生什么情况呢？首先会对关键字 switch 后面的整型表达式进行求值，然后将这个值逐个与 case 语句后面的常量值进行匹配。当找到一个匹配的 case 时，程序就执行这个 case 后面的语句，所有后续的 case 和 default 语句也会被执行。如果所有的 case 语句都无法找到匹配，default 后面的语句就会被执行。

观察下面这个程序。

```
# include <stdio.h>
int main( )
{
    int i = 2 ;
    switch ( i )
    {
        case 1 :
            printf ( "I am in case 1 \n" ) ;
        case 2 :
            printf ( "I am in case 2 \n" ) ;
        case 3 :
            printf ( "I am in case 3 \n" ) ;
        default :
            printf ( "I am in default \n" ) ;
    }
    return 0 ;
}
```

这个程序的输出如下：

```
I am in case 2
I am in case 3
I am in default
```

上面的输出显然不是我们想要的结果！我们并不希望出现以上输出中的第2行和第3行。之所以出现这两行输出，是因为一旦找到匹配的 case，所有后续的 case 和 default 语句都会被执行。

如果只想执行 case 2，那就要想办法跳出 switch，使用 break 语句可以实现这个目的。下面这个程序演示了这种做法。注意，default 的后面不需要 break 语句，因为一旦到达 default 语句，控制接下来肯定会离开 switch。

```
# include <stdio.h>
int main( )
{
    int i = 2 ;
    switch ( i )
    {
        case 1 :
            printf ( "I am in case 1 \n" ) ;
            break ;
        case 2 :
            printf ( "I am in case 2 \n" ) ;
            break ;
        case 3 :
            printf ( "I am in case 3 \n" ) ;
            break ;
        default :
            printf ( "I am in default \n" ) ;
    }
    return 0 ;
}
```

这个程序的输出如下：

```
I am in case 2
```

提示和陷阱

下面我们讨论一些与 switch 用法有关的提示以及需要避免的陷阱。

（1）上面的程序可能会给我们留下一种印象，即 switch 中的 case 必须以升序排列，例如 1、2、3 和 default。事实上，我们可以按照自己的意愿任意对它们进行排列。

（2）即使一个 case 中需要执行多条语句，也不需要把它们放在一对花括号中（这一点与 if 和 else 不同）。

（3）switch 中的每条语句必须属于某个 case。

（4）如果不存在 default，并且所有的 case 都不匹配，则控制就简单地离开整个 switch，继续执行 switch 的右花括号后面的指令（如果存在的话）。

（5）有时候，我们可能需要在多个 case 中执行同一组语句。下面这个例子展示了如何实现这个目的。

```
# include <stdio.h>
int main( )
{
```

```
    char ch ;
    printf ( "Enter any one of the alphabets a, b, or c " ) ;
    scanf ( "%c", &ch ) ;
    switch ( ch )
    {
        case 'a' :
        case 'A' :
            printf ( "a as in ashar\n" ) ;
            break ;
        case 'b' :
        case 'B' :
            printf ( "b as in brain\n" ) ;
            break ;
        case 'c' :
        case 'C' :
            printf ( "c as in cookie\n" ) ;
            break ;
        default :
            printf ( "wish you knew what are alphabets\n" ) ;

        return 0 ;
    }
}
```

在这里，我们利用了当一个 case 满足时，只要没有遇到 break 语句，控制就会简单地从这个 case 向下执行的特性。这也是为什么在遇到字母 a 时，虽然 case 'a' 得到满足，但是由于这个 case 中没有需要执行的语句，因此控制自动到达下一个 case，即 case 'A'，并执行这个 case 中的所有语句。

（6）switch 是不是 if 的替代品？答案既是肯定的，又是否定的。之所以是肯定的，是因为 switch 相比 if 提供了一种更好的编写程序的方法；之所以是否定的，是因为在有些情况下，我们除了使用 if 之外别无选择。switch 的缺点在于无法通过一个 case 实现下面这样的效果。

```
case i <= 20 :
```

case 的后面只能是整型常量、字符型常量抑或结果为整型常量的表达式。即使是 float 类型的值，也是不允许出现的。

switch 胜过 if 的地方在于 switch 能产生更加结构化的程序，使缩进层次更容易管理，特别是在 switch 中的每个 case 都有多条语句的情况下。

（7）我们可以在 switch 中检查任何表达式的值。因此，下面这些 switch 语句都是合法的。

```
switch ( i + j * k )
switch ( 23 + 45 % 4 * k )
switch ( a < 4 && b > 7 )
```

也可以在 case 中使用表达式，只要它们是常量表达式即可。因此，case 3 + 7 是正确的，但 case a + b 是不正确的。

（8）在 switch 中使用 break 语句能使控制跳出 switch。但是，使用 continue 并不能如我们所想的那样把控制转移到 switch 的开始位置。

（9）从原则上讲，一个 switch 可以出现在另一个 switch 的内部，但这是一种极为罕见的做法。这种语句被称为嵌套的 switch 语句。

（10）在编写菜单驱动的程序时，switch 语句极为实用。本章的 7.4 节将充分展示 switch 的这个特性。

7.2 switch与if-else梯状结构的对比

有些任务无法使用 switch 来完成，如下。

（1）无法使用 switch 测试 float 类型的表达式。

（2）在 case 中无法使用类似 case a + 3: 的变量表达式。

（3）不同的 case 无法使用相同的表达式。因此，下面的 switch 是非法的。

```
switch ( a )
{
    case 3 :
    ...
    case 1 + 2 :
    ...
}
```

上面的 3 种任务可能会让读者觉得 switch 存在明显的缺陷，但是 if-else 并不存在这样的缺陷，那么为什么还要使用 switch 呢？从速度上讲，switch 要快于对应的 if-else 梯状结构。这是因为编译器在编译时会为 switch 生成一张跳转表。这样在执行程序时，就会由跳转表简单地决定应该执行哪个 case，而不是实际检查哪个 case 得到满足。if-else 的速度要慢一些，因为它们的条件是在执行时进行求值的。注意，跳转表的查找速度要比条件的求值速度快，尤其是在条件比较复杂的情况下。

7.3 goto关键字

一定要避免使用 goto 关键字！我们很少能够找到合理的理由来使用 goto。使用 goto 是程序变得不可靠、难以理解和调试的原因之一。但是，仍有许多程序员难以抵挡使用 goto 的诱惑。

在有些困难的程序设计场合，使用 goto 似乎能够把控制带到我们需要的地方。但是，我们几乎总是可以使用 if、for、while、do-while 和 switch 以更优雅的方式实现相同的目的。这些结构具有更好的逻辑性，并且非常容易理解。

goto 关键字的一个很大问题在于当我们使用它时，完全无法确定控制是怎么到达代码中的某个位置的。goto 使程序的控制流变得晦涩难懂，因此只要有可能，就应避免使用它。我们总是可以在不使用 goto 的情况下完成任务。只要拥有良好的程序设计技巧，我们就可以避免使用 goto。这是本书第一次也是最后一次使用 goto。但是，为了本书内容的完整性，我们还是列出了下面这个演示如何使用 goto 的程序。

```
# include <stdio.h>
# include <stdlib.h>
int main( )
{
    int goals ;
    printf ( "Enter the number of goals scored against India" ) ;
    scanf ( "%d", &goals ) ;
    if ( goals <= 5 )
        goto sos ;
    else
    {
        printf ( "About time soccer players learnt C\n" ) ;
        printf ( "and said goodbye! adieu! to soccer\n" ) ;
        exit ( 1 ) ; /* 终止程序执行 */
    }
    sos :
        printf ( "To err is human!\n" ) ;
    return 0 ;
}
```

下面是这个程序的两次运行结果。

```
Enter the number of goals scored against India 3
To err is human!
Enter the number of goals scored against India 7
About time soccer players learnt C
and said goodbye! adieu! to soccer
```

下面是关于这个程序的一些说明。

- 如果条件得到满足，goto 语句就把控制转移到标签 sos，使 sos 后面的 printf() 语句被执行。
- sos 标签既可以位于单独的一行，也可以与其后面的语句位于同一行。

```
sos : printf ( "To err is human!\n" ) ;
```

- 任意数量的 goto 语句可以把控制转移到同一个标签。
- exit() 是一个标准库函数，用于终止程序的运行。在上面的程序中使用这个函数是有必要的，因为我们不希望在执行 else 代码块之后才执行下面的语句。

```
printf ( "To err is human!\n" ) ;
```

为了调用 exit() 函数，我们需要在程序的开头通过 #include 指令包含头文件 stdlib.h。

- 唯一可能需要用到 goto 语句的场合是当我们想要把控制从一个嵌套很深的循环中跳出时。下面这个程序展示了这种用法。

```
# include <stdio.h>
int main( )
{
    int i, j, k ;
    for ( i = 1 ; i <= 3 ; i++ )
    {
        for ( j = 1 ; j <= 3 ; j++ )
        {
            for ( k = 1 ; k <= 3 ; k++ )
            {
```

```
                if ( i == 3 && j == 3 && k == 3 )
                    goto out ;
                else
                    printf ( "%d %d %d\n", i, j, k ) ;
            }
        }
    }
    out :
        printf ( "Out of the loops at last!\n" ) ;
    return 0 ;
}
```

请仔细阅读这个程序并理解其工作原理。另外，编写一个程序，在不使用 goto 的情况下实现相同的逻辑。

7.4　程序

编写一个菜单驱动的程序，其中的菜单如下。

（1）Factorial of a number（数的阶乘）。

（2）Prime or not（是否为质数）。

（3）Odd or even（奇数还是偶数）。

（4）Exit（退出）。

选择一个菜单之后，程序就会执行相应的操作。操作执行完之后，菜单会重新出现。除非用户选择退出，否则程序会继续运行。

程序

```
/* 一个菜单驱动的程序 */
# include <stdio.h>
# include <stdlib.h>
int main( )
{
    int choice, num, i, fact ;
    while ( 1 )
    {
    printf ( "\n1. Factorial\n" ) ;
    printf ( "2. Prime\n" ) ;
    printf ( "3. Odd / Even\n" ) ;
    printf ( "4. Exit\n" ) ;
    printf ( "Your choice? " ) ;
    scanf ( "%d", &choice ) ;
    switch ( choice )
    {
        case 1 :
            printf ( "\nEnter number: " ) ;
            scanf ( "%d", &num ) ;
            fact = 1 ;
            for ( i = 1 ; i <= num ; i++ )
                fact = fact * i ;
            printf ( "Factorial value = %d\n", fact ) ;
            break ;
        case 2 :
            printf ( "\nEnter number: " ) ;
            scanf ( "%d", &num ) ;
            for ( i = 2 ; i < num ; i++ )
            {
```

```
                if ( num % i == 0 )
                {
                    printf ( "Not a prime number\n" ) ;
                    break ;
                }
            }
            if ( i == num )
                printf ( "Prime number\n" ) ;
            break ;
        case 3 :
            printf ( "\nEnter number: " ) ;
            scanf ( "%d", &num ) ;
            if ( num % 2 == 0 )
                printf ( "Even number\n" ) ;
            else
                printf ( "Odd number\n" ) ;
                break ;
        case 4 :
                exit ( 0 ) ; /* 终止程序的运行 */
            default :
                printf ( "Wrong choice!\a\n" ) ;
        }
    }
    return 0 ;
}
```

输出

```
1. Factorial
2. Prime
3. Odd / Even
4. Exit
Your choice?
1

Enter number: 5
Factorial value = 120

1. Factorial
2. Prime
3. Odd / Even
4. Exit
Your choice? 2

Enter number: 13
Prime number

1. Factorial
2. Prime
3. Odd / Even
4. Exit
Your choice? 3

Enter number: 13
Odd number

1. Factorial
2. Prime
3. Odd / Even
4. Exit
Your choice? 4
```

习题

1. 下列程序的输出是什么？

（1）
```
# include <stdio.h>
int main( )
{
    char suite = 3 ;
    switch ( suite )
    {
        case 1 :
            printf ( "Diamond\n" ) ;
        case 2 :
            printf ( "Spade\n" ) ;
        default :
            printf ( "Heart\n" ) ;
    }
    printf ( "I thought one wears a suite\n" ) ;
    return 0 ;
}
```

（2）
```
# include <stdio.h>
int main( )
{
    int c = 3 ;
    switch ( c )
    {
        case '3' :
            printf ( "You never win the silver prize\n" ) ;
            break ;
        case 3 :
            printf ( "You always lose the gold prize\n" ) ;
            break ;
        default :
            printf ( "Of course provided you win a prize\n" ) ;
    }
    return 0 ;
}
```

（3）
```
# include <stdio.h>
int main( )
{
    int i = 3 ;
    switch ( i )
    {
        case 0 :
            printf ( "Customers are dicey\n" ) ;
        case 1 + 0 :
            printf ( "Markets are pricey\n" ) ;
        case 4 / 2 :
            printf ( "Investors are moody\n" ) ;
        case 8 % 5 :
            printf ( "At least employees are good\n" ) ;
    }
    return 0 ;
}
```

(4)
```
# include <stdio.h>
int main( )
{
    int k ;
    float j = 2.0 ;
    switch ( k = j + 1 )
    {
        case 3 :
            printf ( "Trapped\n" ) ;
            break ;
        default :
            printf ( "Caught!\n" ) ;
    }
    return 0 ;
}
```

(5)
```
# include <stdio.h>
int main( )
{
    int ch = 'a' + 'b' ;
    switch ( ch )
    {
        case 'a' :
        case 'b' :
            printf ( "You entered b\n" ) ;
        case 'A' :
            printf ( "a as in ashar\n" ) ;
        case 'b' + 'a' :
            printf ( "You entered a and b\n" ) ;
    }
    return 0 ;
}
```

2. 指出下列程序中可能存在的错误。

(1)
```
# include <stdio.h>
int main( )
{
    int suite = 1 ;
    switch ( suite ) ;
    {
        case 0 ;
            printf ( "Club\n" ) ;
        case 1 ;
            printf ( "Diamond\n" ) ;
    }
    return 0 ;
}
```

(2)
```
# include <stdio.h>
int main( )
{
    int temp ;
    scanf ( "%d", &temp ) ;
    switch ( temp )
    {
        case ( temp <= 20 ) :
```

```
            printf ( "Oooooooohhhh! Damn cool!\n" ) ;
        case ( temp > 20 && temp <= 30 ) :
            printf ( "Rain rain here again!\n" ) ;
        case ( temp > 30 && temp <= 40 ) :
            printf ( "Wish I am on Everest\n" ) ;
        default :
            printf ( "Good old nagpur weather\n" ) ;
    }
    return 0 ;
}
```

（3）
```
# include <stdio.h>
int main( )
{
    float a = 3.5 ;
    switch ( a )
    {
        case 0.5 :
            printf ( "The art of C\n" ) ; break ;
        case 1.5 :
            printf ( "The spirit of C\n" ) ; break ;
        case 2.5 :
            printf ( "See through C\n" ) ; break ;
        case 3.5 :
            printf ( "Simply c\n" ) ;
    }
    return 0 ;
}
```

（4）
```
# include <stdio.h>
int main( )
{
    int a = 3, b = 4, c ;
    c = b - a ;
    switch ( c )
    {
        case 1 || 2 :
          printf ( "Love give me a chance to change things\n" ) ;
          break ;
        case a || b :
          printf ( "Love give me a chance to run my show\n" ) ;
          break ;
    }
    return 0 ;
}
```

3. 编写一个程序，使用 switch 语句计算一位学生得到的优秀分。用户需要输入学生获得的等级及其未通过的课程数。逻辑如下。

- 如果学生的等级为一等，并且未通过的课程数大于 3，那就无法获得任何优秀分；否则，每门课可以得到 5 分。
- 如果学生的等级为二等，并且未通过的课程数大于 2，那就无法获得任何优秀分；否则，每门课可以得到 4 分。
- 如果学生的等级为三等，并且未通过的课程数大于 1，那就无法获得任何优秀分；否则，总共可以得到 5 分。

课后笔记

1. 我们可以使用 switch-case-default 实现另一种决策形式。

2. 当我们想要确定一个变量或表达式是否可以取几个可能的值之一时，可以使用 switch 结构。

3. switch 不应该用于检测范围或解决是/否问题。

4. switch 语句的基本形式如下。

```
switch ( 表达式 )            → 可以使用常量或变量表达式
{
    case 常量表达式 :         → 只能使用常量表达式
        …
    case 常量表达式 :
        …
    default :
        …
}
```

5. 如果一个 case 的条件无法满足，控制就转移到下一个 case。

6. 如果一个 case 的条件得到满足，那么这个 case 之后直到 switch 的右花括号之间的所有语句都会被执行。

7. 通常每个 case 的最后都有一条 break 语句。

8. break 能使控制跳出 switch。

9. continue 并不会把控制转移到 switch 的开始位置。

10. case 的出现顺序无关紧要。

11. default 是可选的。

12. switch 中的 case 必须各不相同。

13. switch 可以使用 int、long int、char。

14. switch 不能使用 float、double。

15. switch 的运行速度要快于 if-else 梯状结构。

16. switch 在菜单驱动的程序中极为常见，通常用于检查用户选择的菜单。

17. 使用 goto 关键字可以把控制转移到函数中的任何位置。

18. 只有当我们想要把控制从一个嵌套很深的循环中跳出时，才可以使用 goto。

19. 只要有可能，就应该避免使用 goto，因为当出现多个 goto 时，将难以对程序的控制进行跟踪。

20. exit() 函数用于终止程序的运行。

21. 为了使用 exit() 函数，需要在程序的开头添加“# include <stdlib.h>”。

第8章 函数

“以现代思维进行思考，以函数思维进行思考”

如果愿意，我们可以把程序中的所有语句都放在 main() 函数中，但这是一种笨拙的程序编写方式。如果使用函数，编程明显可以变得更轻松些，本章将引领我们实践这种做法。

本章内容

计算机程序（最简单的除外）本身无法处理所有的任务，有些任务需要在其他类似程序的实体的帮助下才能完成。在C语言中，这种类似程序的实体被称为函数。在本章中，我们将研究函数。我们将观察函数的丰富功能，并首先讨论最简单的函数，然后讨论一些能够展现C函数功能的函数。

8.1 什么是函数

函数是一种独立的语句块，用于执行某种连贯的任务。我们首先观察一个简单的程序，以便理解C函数的基本概念。

```
# include <stdio.h>
void message( ) ; /* 函数原型声明 */
int main( )
{
    message( ) ; /* 函数调用 */
    printf( "Cry, and you stop the monotony!\n" ) ;
    return 0 ;
}
void message( ) /* 函数定义 */
{
    printf( "Smile, and the world smiles with you...\n" ) ;
}
```

下面是这个程序的输出。

```
Smile, and the world smiles with you...
Cry, and you stop the monotony!
```

这里定义了两个函数：main()和message()。事实上，我们在这个程序的3个地方用到message这个单词。

第1个地方是函数原型声明，如下所示。

```
void message( ) ;
```

以上函数原型声明表示message()是一个函数，但它在执行时并不会返回任何值。“不返回任何值”是用关键字void指示的。对于我们在程序中定义的每个函数，事先声明它的原型是有必要的。

用到message的第2个地方如下。

```
void message( )
{
    printf( "Smile, and the world smiles with you...\n" ) ;
}
```

这就是函数定义，其中只有1条printf()语句，但我们也可以在里面添加if、for、while、switch等语句。

用到message的第3个地方如下。

```
message( ) ;
```

在这里，main()函数调用了message()函数。当我们调用message()函数时，程序的控制将被转移到message()函数。main()函数被暂时中止并陷入休眠，而message()函数被唤醒并开始工作。当message()函数完成需要执行的语句后，程序的控制就返回到 main() 函数，于是 main() 函数再次恢复活力并从上次休眠的地点开始恢复执行。因此，main() 函数是调用函数，而 message() 函数是被调用函数。

读者如果已经领悟“调用”函数的概念，就可以调用多个函数了。观察下面这个程序。

```
# include <stdio.h>
void italy( ) ;
void brazil( ) ;
void argentina( ) ;
int main( )
{
    printf( "I am in main\n" ) ;
    italy( ) ;
    brazil( ) ;
    argentina( ) ;
    return 0 ;
}
void italy( )
{
    printf( "I am in italy\n" ) ;
}
void brazil( )
{
    printf( "I am in brazil\n" ) ;
}
void argentina( )
{
    printf( "I am in argentina\n" ) ;
}
```

上面这个程序的输出应该像下面这样。

```
I am in main
I am in italy
I am in brazil
I am in argentina
```

我们可以从这个程序中总结出如下结论。

- C 语言程序是一个或多个函数的集合。
- 一个 C 语言程序如果只包含一个函数，那么这个函数必须是 main() 函数。
- 一个 C 语言程序如果包含多个函数，那么其中有且仅有一个 main() 函数。
- C 语言程序对可以出现的函数数量并没有做限制。
- 程序中每个函数的调用顺序是由 main() 函数中的函数调用顺序指定的。
- 在每个函数完成自己的任务之后，控制将返回到 main() 函数。当 main() 函数完成所有语句和函数调用之后，程序就结束了。

下面是与函数有关的一些提示。

（1）任何 C 语言程序的执行总是从 main() 函数开始。除此之外，所有的 C 函数都处于完美的平等状态。不同的函数之间不存在优先级，没有任何函数可以凌驾于其他函数之上。

（2）每个函数都直接或间接地由 main() 函数调用。换句话说，其他函数是由 main() 函数驱动的。

（3）任何函数都可以由其他任何函数调用，即使是 main() 函数，也可以被其他函数调用。

（4）一个函数可以被调用任意次。

（5）在程序中，函数的定义顺序和它们的调用顺序并不一定相同。但是，建议函数的定义顺序与调用顺序保持一致，因为这样可以使程序更容易理解。

（6）不能在一个函数中定义另一个函数。下面这个程序是错误的，因为 argentina() 是在另一个函数 main() 中定义的。

```
int main( )
{
    printf( "I am in main\n" ) ;
    void argentina( )
    {
        printf( "I am in argentina\n" ) ;
    }
}
```

（7）函数基本上可以分为以下两种类型。

① 库函数，例如 printf()、scanf() 等。

② 用户定义的函数，例如 argentina()、brazil() 等。

库函数是一些经常需要使用的函数的集合，它们被组合并存储在磁盘上的库文件中。像 Turbo C、Visual Studio、GCC 这样的开发环境可以直接使用这类库文件。这两类函数的调用方式是完全一致的。

为什么要使用函数

为什么要编写独立的函数呢？为什么不把程序的完整逻辑融合在 main() 函数中呢？下面是使用函数的两个原因。

（1）使用函数可以避免重复编写相同的代码。假设我们在程序中编写了计算一个三角形面积的语句，如果在程序的后面需要计算另一个不同三角形的面积，那么再次编写相同的语句显然是不适宜的。我们应该调用另一个专门计算三角形面积的函数，然后把控制转移回程序中调用这个函数的地方。

（2）如果一个程序所要执行的操作可以划分为不同的活动，并且每个活动都可以放在一个不同的函数中，那么由于每个函数的编写和检查相对更为独立，因此把代码划分为模块化的函数可以使程序更容易设计和理解。

请不要把程序的整个逻辑都放在一个函数中，而是应该把程序划分为更小的单元并为每个单元编写一个函数。即使某个函数只被调用一次，也不要心存犹豫。重要的是，程序中的不同函数执行的是逻辑上独立的任务。

8.2　在函数之间传递值

到目前为止，我们使用的函数并不是非常灵活。我们调用这些函数，然后让它们执行预定的任务。现在，我们希望调用函数和被调用函数之间能够实现“通信”。

在函数之间实现通信的机制被称为“参数”。我们已经无意地在 printf() 和 scanf() 函数中使用过参数。我们在这两个函数的括号中使用的格式字符串和变量列表就是参数。

观察下面的例子。在这个程序中，我们在 main() 函数中通过键盘接收了变量 a、b

和 c 的值，然后输出它们的和。但是，变量 a、b 和 c 的和是在 calsum() 函数中计算的。因此，变量 a、b 和 c 的值必须传递给 calsum() 函数。类似地，这个函数在完成计算之后，必须把结果返回给 main() 函数。简略地说，这就是函数的通信过程。

```
/* 在函数之间发送和接收值 */
# include <stdio.h>
int calsum( int x, int y, int z ) ;
int main( )
{
    int a, b, c, sum ;
    printf( "Enter any three numbers " ) ;
    scanf( "%d %d %d", &a, &b, &c ) ;
    sum = calsum( a, b, c ) ;
    printf( "Sum = %d\n", sum ) ;
    return 0 ;
}
int calsum( int x, int y, int z )
{
    int d ;
    d = x + y + z ;
    return( d ) ;
}
```

下面是这个程序的输出。

```
Enter any three numbers 10 20 30
Sum = 60
```

关于这个程序，如下几点值得注意。

（1）变量 a、b 和 c 的值是在调用过程中通过括号内指定的 a、b 和 c 从 main() 函数传递给 calsum() 函数的。

```
sum = calsum( a, b, c ) ;
```

在 calsum() 函数中，这些值是由 3 个变量 x、y 和 z 收集的。

```
int calsum( int x, int y, int z ) ;
```

传递变量 a、b、c 的值是有必要的，因为这 3 个变量只对定义它们的函数内部的语句有效。

（2）变量 a、b 和 c 被称为“实际参数”，而变量 x、y 和 z 被称为“形式参数”。实际参数和形式参数的类型、顺序和数量必须相同。

我们也可以不使用 x、y 和 z，而是使用相同的变量名 a、b 和 c。但是，编译器仍然把它们看成不同的变量，因为它们位于不同的函数中。

（3）注意，在 calsum() 函数的原型声明中，我们并没有使用 void，而是使用了 int。这表示 calsum() 函数将返回一个 int 类型的值。在函数的原型声明中使用变量名并不是必需的。因此，我们也可以把 calsum() 函数的定义写成如下形式。

```
int calsum( int, int, int ) ;
```

在 calsum() 函数的定义中，void 也被替换成了 int。

（4）在前面的程序中，当执行到被调用函数的右花括号（}）时，程序的控制就返回到调用函数，而不需要使用单独的 return 语句返回程序的控制。

如果被调用函数不向调用函数返回任何有意义的值，则这种做法是没有问题的。但是，在上面这个程序中，我们想返回几个数值的和，因此必须使用 return 语句。return 语句有如下两个作用。

① 把控制转移回调用函数。

② 把 return 后面的那对括号中的值（这里是变量 d 的值）返回给调用函数。

（5）函数对 return 语句的数量并没有做限制。另外，return 语句并不一定出现在被调用函数的最后。观察下面这个函数。

```
int fun( int n )
{
    if( n <= 10 )
        return( n * n ) ;
    else
        return( n * n * n ) ;
}
```

上面这个函数会根据 n 的值执行不同的 return 语句。

（6）当程序的控制从 calsum() 函数返回时，sum 变量中的返回值是通过下面的语句收集的。

```
sum = calsum( a, b, c ) ;
```

（7）下面这些 return 语句都是合法的。

```
return( a ) ;  /* 或 return a ; */
return( 23 ) ; /* 或 return 23 ; */
return ;
```

在上面的最后一条 return 语句中，只有控制被返回给调用函数。注意，return 后面的括号是可选的。

（8）一个函数一次只能返回一个值。因此，下面这些 return 语句是非法的。

```
return( a, b ) ;
return( x, 12 ) ;
```

有一种方法可以消除这个限制，详情我们将在第 9 章讨论。

（9）假设一个形式参数的值在被调用函数中被修改了，调用函数中并不会发生相应的修改。观察下面的程序。

```
# include <stdio.h>
void fun( int ) ;
int main( )
{
    int a = 30 ;
    fun( a ) ;
    printf( "%d\n", a ) ;
    return 0 ;
}
void fun( int b )
{
    b = 60 ;
    printf( "%d\n", b ) ;
}
```

上面这个程序的输出如下。

```
60
30
```

因此，即使 b 的值在 fun() 函数中被修改了，main() 函数中 a 的值也仍然保持不变。这意味着当值被传递给被调用函数时，程序会创建实际参数值的一份副本并传递给形式参数。

8.3 参数的传递顺序

观察下面这个函数调用。

```
fun(a, b, c, d ) ;
```

在这个函数调用中，参数不论是从左向右传递还是从右向左传递都无关紧要。但是，在有些函数调用中，参数的传递顺序非常重要。例如：

```
int a = 1 ;
printf( "%d %d %d\n", a, ++a, a++ ) ;
```

看上去这条 printf() 语句会输出 1 2 2。

但结果并非如此。令人吃惊的是，实际输出的是 3 3 1。这是因为在函数调用期间，参数是从右向左传递的。也就是说，首先通过表达式 a++ 传递了 1，然后 a 的值增加到 2，接下来传递 ++a 的计算结果，a 的值增加为 3 并被传递。最后，a 的最终值（也就是 3）被传递给 printf() 函数。因此，按照从右向左的顺序传递的依次是 1、3、3。printf() 函数在收集了这些值之后，便按照我们要求的顺序（而不是按照它们的传递顺序）输出它们。因此，实际输出的是 3 3 1。

值得注意的是，参数的传递顺序并不是由程序设计语言指定的，而是由编译器决定的。因此，在编写程序时如果无视这个限制，程序就可能出现无法预料的行为。例如，上面这个例子在不同的编译器中可能会产生不同的输出。

8.4 使用库函数

观察下面这个程序。

```
# include <stdio.h>
# include <math.h>
int main( )
{
    float a = 0.5 ;
    float w, x, y, z ;
    w = sin( a ) ;
    x = cos( a ) ;
    y = tan( a ) ;
    z = pow( a, 2 ) ;
    printf( "%f %f %f %f\n", w, x, y, z ) ;
    return 0 ;
}
```

这里调用了 4 个标准库函数：sin()、cos()、tan() 和 pow()。正如前面所讲，在调用任何函数之前，必须声明函数的原型，这可以帮助编译器检查我们向函数传递的参数以及函数的返回值是否与函数的原型声明相符。但是，由于我们并没有定义库函数（我们只是调用它们），因此我们并不知道库函数的原型声明。为此，编译器在提供函数库时，还会提供一些“.h”头文件，这些头文件包含了库函数的原型声明。

库函数被划分为不同的组，每一组都有一个头文件。例如：所有输入输出函数的原型声明都位于“stdio.h”头文件中，所有数学函数（如 sin()、cos()、tan() 和 pow()）的原型声明都位于“math.h”头文件中。如果打开头文件“math.h”，就可以看到下面这些数学函数的原型声明。

```
double sin( double ) ;
double cos( double ) ;
double tan( double ) ;
double pow( double, double ) ;
```

double 表示浮点值。第 11 章将更详细地讨论 double 数据类型。

在调用任何库函数之前，必须包含提供了函数原型声明的头文件。

8.5 一个不确定的问题

观察下面这个程序。

```
# include <stdio.h>
int main( )
{
    int i = 10, j = 20 ;
    printf( "%d %d %d\n", i, j ) ;
    printf( "%d\n", i, j ) ;
    return 0 ;
}
```

这个程序能够顺利地通过编译，尽管 printf() 函数调用中使用的格式指示符和变量列表存在错误。这是因为 printf() 函数能接收可变数量的参数（有时接收 2 个参数，有时接收 3 个参数，等等），因此即使出现不匹配，printf() 函数调用也仍然能够与 stdio.h 头文件中的 printf() 函数原型匹配。在上述程序的第 1 个 printf() 调用中，由于没有变量与最后一个格式指示符 %d 匹配，因此输出一个垃圾整数值。类似地，在第 2 个 printf() 调用中，由于未提供 j 的格式指示符，因此 j 的值不会被输出。

8.6 函数的返回类型

假设我们想使用一个函数获取一个浮点数的平方。这个简单的任务可以使用下面的程序来完成。

```
# include <stdio.h>
float square( float ) ;
int main( )
{
    float a, b ;
    printf( "Enter any number " ) ;
    scanf( "%f", &a ) ;
    b = square( a ) ;
    printf( "Square of %f is %f\n", a, b ) ;
    return 0 ;
}
float square( float x )
{
    float y ;
```

```
    y = x * x ;
    return( y ) ;
}
```

下面是这个程序的 3 次运行结果。

```
Enter any number 3
Square of 3 is 9.000000
Enter any number 1.5
Square of 1.5 is 2.250000
Enter any number 2.5
Square of 2.5 is 6.250000
```

由于需要返回一个浮点值，因此我们在原型声明和函数定义中把 square() 函数的返回类型指定为 float。如果从原型声明和函数定义中去掉 float，那么编译器默认 square() 函数会返回一个整型值，这是因为所有函数的默认返回类型都是 int。

8.7 程序

练习8.1

编写一个函数，计算从键盘输入的任何整数的阶乘。

程序

```
/* 使用函数计算整数的阶乘 */
# include <stdio.h>
int fact( int ) ;
int main( )
{
    int num ;
    int factorial ;
    printf( "\nEnter a number: " ) ;
    scanf( "%d", &num ) ;
    factorial = fact( num ) ;
    printf( "Factorial of %d = %ld\n", num, factorial ) ;
    return 0 ;
}
int fact( int num )
{
    int i ;
    int factorial = 1 ;
    for( i = 1 ; i <= num ; i++ )
    factorial = factorial * i ;
    return( factorial ) ;
}
```

输出

```
Enter a number: 6
Factorial of 6 = 720
```

练习8.2

编写函数 power(a, b)，计算 a 的 b 次方。

程序

```
/* 计算一个数的乘方 */
# include <stdio.h>
```

```
float power( float, int ) ;
int main( )
{
    float x, pow ;
    int y ;
    printf( "\nEnter two numbers: " ) ;
    scanf( "%f %d", &x, &y ) ;
    pow = power( x , y ) ;
    printf( "%f to the power %d = %f\n", x, y, pow ) ;
    return 0 ;
}
float power( float x, int y )
{
    int i ;
    float p = 1 ;
    for( i = 1 ; i <= y ; i++ )
    p = p * x ;
    return( p ) ;
}
```

输出

```
Enter two numbers: 1.5 3
1.500000 to the power 3 = 3.375000
```

练习8.3

编写一个通用的函数，作用是把任何特定的年份转换为罗马年份。罗马数字与十进制数字的对应关系如下：I – 1，V – 5，X – 10，L – 50，C – 100，D – 500，M – 1000。

例如：

1988 对应的罗马年份是 MDCCCCLXXXVIII；

1525 对应的罗马年份是 MDXXV。

程序

```
/* 把特定的年份转换为罗马年份 */
# include <stdio.h>
int romanise( int, int, char ) ;
int main( )
{
    int yr ;
    printf( "\nEnter year: " ) ;
    scanf( "%d", &yr ) ;
    yr = romanise( yr, 1000, 'M' ) ;
    yr = romanise( yr, 500, 'D' ) ;
    yr = romanise( yr, 100, 'C' ) ;
    yr = romanise( yr, 50, 'L' ) ;
    yr = romanise( yr, 10, 'X' ) ;
    yr = romanise( yr, 5, 'V' ) ;
    romanise( yr, 1, 'I' ) ;
    return 0 ;
}
int romanise( int y, int k, char ch )
{
    int i, j ;
    j = y / k ;
    for( i = 1 ; i <= j ; i++ )
    printf( "%c", ch ) ;
    return( y - k * j ) ;
}
```

输出

```
Enter year: 1988
MDCCCCLXXXVIII
```

习题

1. 指出下列程序中可能存在的错误。

（1）
```
# include <stdio.h>
int addmult( int, int )
int main( )
{
    int i = 3, j = 4, k, l ;
    k = addmult( i, j ) ;
    l = addmult( i, j ) ;
    printf( "%d %d\n", k, l ) ;
    return 0 ;
}
int addmult( int ii, int jj )
{
    int kk, ll ;
    kk = ii + jj ;
    ll = ii * jj ;
    return( kk, ll ) ;
}
```

（2）
```
# include <stdio.h>
int main( )
{
    int a ;
    a = message( ) ;
    return 0 ;
}
void message( )
{
    printf( "Viruses are written in C\n" ) ;
    return ;
}
```

（3）
```
# include <stdio.h>
int main( )
{
    float a = 15.5 ;
    char ch = 'C' ;
    printit( a, ch ) ;
    return 0 ;
}
printit( a, ch )
{
    printf( "%f %c\n", a, ch ) ;
}
```

（4）
```
# include <stdio.h>
int main( )
```

```
{
    let_us_c( )
    {
        printf( "C is a Simple minded language !\n" ) ;
        printf( "Others are of course no match !\n" ) ;
    }
    return 0 ;
}
```

2. 下面的说法是正确的还是错误的?

（1）C 函数常用的变量对于程序中的所有函数都是可用的。（　　）

（2）为了把控制返回给调用函数，必须使用关键字 return。（　　）

（3）在不同的函数中可以使用相同的变量名，不会发生冲突。（　　）

（4）每个被调用函数都必须包含一条 return 语句。（　　）

（5）一个函数可以包含多条 return 语句。（　　）

（6）函数中的每条 return 语句可以返回一个不同的值。（　　）

（7）即使一个函数并不接收任何参数并且不返回任何值，它也仍然可能很有用。（　　）

（8）不同的函数中可以使用相同的函数名，不会发生冲突。（　　）

（9）一个函数可以被其他任何函数调用任意多次。（　　）

3. 完成下列任务。

（1）假设通过键盘输入任意一个年份，编写一个函数，判断这个年份是否为闰年。

（2）假设通过键盘输入一个正整数，编写一个函数，输出这个正整数的所有质因子。例如：24 的质因子是 2、2、2 和 3，而 35 的质因子是 5 和 7。

课后笔记

1. 函数是为了实现某个目的而聚在一起的指令。

2. 为什么要创建函数？原因有两个。

（1）更好地管理复杂性——让程序容易设计、容易调试。

（2）提供复用机制——避免重复编写相同的代码。

3. 函数的类型。

（1）库函数：printf()、scanf()、pow()。

（2）用户定义的函数：main()。

这两类函数的创建规则是相同的。

4. 在创建函数时需要完成 3 件事。

（1）定义函数。

（2）调用函数。

（3）声明函数的原型。

5. 函数的基本形式如下。

```
返回类型 函数名 ( 类型 参数 1, 类型 参数 2, 类型 参数 3 )
{
    语句 1 ; 语句 2 ;
```

```
    return(变量/常量/表达式);          → 只能返回一个值
}
```

6. C语言程序是一个或多个函数的集合。

7. 一个C语言程序如果只包含一个函数，那么这个函数必须是main()函数。

8. 一个C语言程序如果包含多个函数，那么其中有且仅有一个main()函数。

9. 任何C语言程序的执行总是从main()函数开始。

10. C语言程序中的函数名必须各不相同。

11. 任何函数都可以由其他任何函数调用。

12. 函数可以按照任何顺序定义。

13. 函数调用的数量越多，程序执行的速度就越慢。

14. 如果要向一个函数传递一些参数，那么这个函数在定义时也必须接收这些参数。

15. 在函数调用中，传递给函数的参数被称为实际参数。

16. 在函数的定义中，参数列表中的参数被称为形式参数。

17. 实际参数和形式参数的数量、顺序和类型必须匹配。

18. 实际参数可以包含常量、变量和表达式。

19. 形式参数必须是变量。

20. 嵌套的函数调用是合法的，例如“a = sin(cos(b)) ;”。

21. 在表达式内部调用函数是合法的，例如“a = sin(b) + cos(c) ;”。

22. “Unresolved external Symbol（无法解析的外部符号）”通常表示函数名的拼写出现了错误。

23. return(s) ;　→ 返回控制和值。

24. return ;　　　→ 只返回控制。

25. 对于函数返回的值，我们可以选择忽略。

26. 为了确保函数不返回任何值，可以在函数的定义和原型声明中将返回类型指定为void。

27. 函数在默认情况下会返回一个整型值。因此，如果我们没有指定函数返回一个整型值，函数就会返回一个垃圾整型值。

28. 函数可以返回非整型值。函数返回值的类型必须与函数定义和函数原型声明中指定的类型匹配，如下所示。

```
float area( float r ) ;   /* 函数原型声明 */
float area( float r )     /* 函数定义 */
{…}
```

第9章 指针

“理解了指针，便可随意而行”

当我们在旅程中到达一个重要的里程碑时，我们会重新整装待发。在学习 C 语言程序设计的旅程中，指针就是一个这样的里程碑。一旦理解了指针，我们的脑海中就会浮现出一幅全新的画面。本章将引领我们了解指针。

本章内容

- 9.1 传值调用和传引用调用
- 9.2 指针概述
- 9.3 再论函数调用
- 9.4 结论
- 9.5 程序

C 语言的哪个特性最令初学者感到难以理解呢？答案肯定是指针。其他程序设计语言也有指针，但使用频率远远不如 C 语言。本章专门讨论指针以及它们在函数调用中的用法。下面让我们从函数调用开始讨论。

9.1 传值调用和传引用调用

现在，我们已经熟悉了如何调用函数。但是，如果仔细观察，就会发现当我们调用一个函数并向它传递一些值时，我们总是把变量或表达式的“值”传递给被调用函数。这种函数调用方式被称为“传值调用”。下面是两个传值调用的例子。

```
sum = calsum( a, b, c ) ;
f = factr( a ) ;
```

除了传递变量的值之外，我们也可以把变量的内存位置（又称地址）传递给函数。这种函数调用方式被称为“传引用调用（又称传址调用）”。为了理解“传引用调用”及其用途，我们首先需要理解“指针”的概念。

9.2 指针概述

初学者在学习指针时遇到的困难在很大程度上缘于指针这个术语而非指针的实际概念。因此，在讨论指针时，我们会尝试根据已经熟知的程序设计概念来理解指针。

观察下面这个声明。

```
int i = 3 ;
```

这个声明指示 C 语言编译器执行下面的操作。

（1）在内存中保留空间，用于存储整型值 3。

（2）把名称 i 与这个内存位置关联起来。

（3）把 3 这个整型值存储在这个内存位置。

我们可以使用图 9.1 中的内存映射来表示 i 在内存中的位置。可以看到，计算机选择内存位置 65524 作为存储 3 的地点。我们并不能依赖位置编号 65524，因为在另一时刻，计算机可能会选择另一个不同的内存位置来存储 3。重要的是，i 在内存中的位置是一个数字。

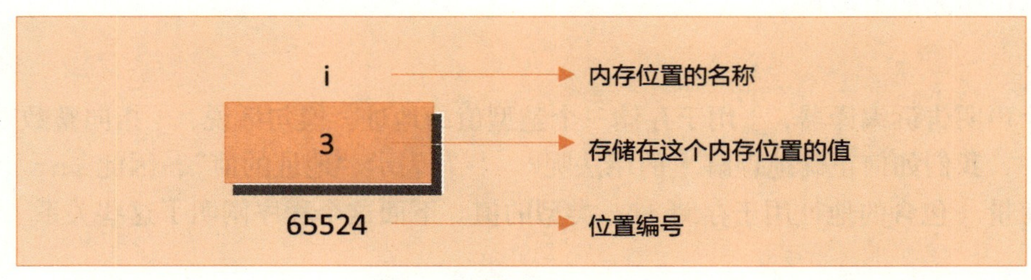

图 9.1

我们可以通过下面这个程序输出位置编号。

```
# include <stdio.h>
int main( )
```

```
{
    int i = 3 ;
    printf( "Address of i = %u\n", &i ) ;
    printf( "Value of i = %d\n", i ) ;
    printf( "Value of i = %d\n", *( &i ) ) ;
    return 0 ;
}
```

上面这个程序的输出如下。

```
Address of i = 65524
Value of i = 3
Value of i = 3
```

在这里，第 1 条 `printf()` 语句使用的“&”是取址操作符。表达式 `&i` 会返回变量 `i` 的地址，在此例中恰好是 65524。由于 65524 表示地址，因此不需要用符号位来表示正负。格式指示符 `%u` 表示输出一个无符号整数。

C 语言提供的另一个指针操作符是“*”，它被称为“取值”操作符。上面的第 3 条 `printf()` 语句就使用了这个操作符，从而输出存储在地址 65524 的值。“取值”操作符又被称为“间接引用”操作符。

注意，表达式 `*(&i)` 的值与 `i` 的值是相同的。

表达式 `&i` 提供了变量 `i` 的地址。这个地址也可以用另一个变量 `j` 来存储。

```
j = &i ;
```

图 9.2 显示了 `i` 和 `j` 的内存映射。

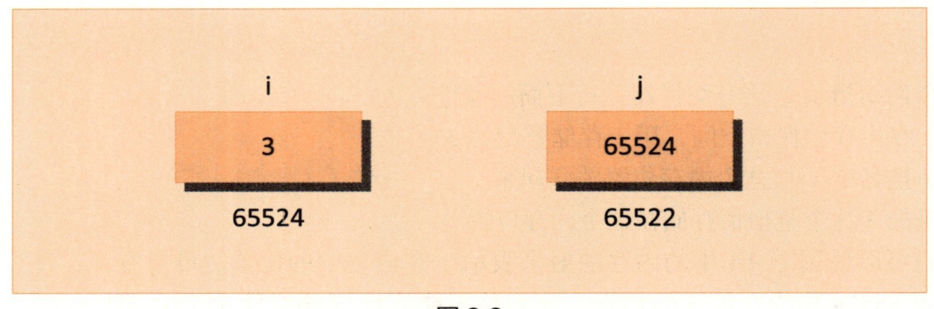

图 9.2

我们可以看到，`i` 的值是 3，`j` 的值是 `i` 的地址。`j` 由于是一个包含 `i` 的地址的变量，因此可以声明为如下形式。

```
int *j ;
```

这个声明告诉编译器，`j` 用于存储一个整型值的地址。换句话说，`j` 指向整数 3。在这个声明中，我们如何正确地理解 `*` 的用法呢？“*”表示“地址的值”，因此 `int *j` 的意思是：变量 `j` 包含的地址用于存储 `int` 类型的值。下面这个程序阐明了这些关系。

```
# include <stdio.h>
int main( )
{
    int i = 3 ;
    int *j ;
    j = &i ;
```

```
    printf( "Address of i = %u\n", &i ) ;
    printf( "Address of i = %u\n", j ) ;
    printf( "Address of j = %u\n", &j ) ;
    printf( "Value of j = %u\n", j ) ;
    printf( "Value of i = %d\n", i ) ;
    printf( "Value of i = %d\n", *( &i ) ) ;
    printf( "Value of i = %d\n", *j ) ;
    return 0 ;
}
```

上面这个程序的输出如下：

```
Address of i = 65524
Address of i = 65524
Address of j = 65522
Value of j = 65524
Value of i = 3
Value of i = 3
Value of i = 3
```

仔细阅读上面的程序，并观察图 9.2 中显示的 i 和 j 的内存位置。这个程序对我们目前讨论的内容进行了总结。如果读者无法理解这个程序的输出，或者无法理解 &i、&j、*j 和 *(&i) 的含义，可以重新阅读前几页内容。从现在开始，我们所讨论的与指针有关的内容在很大程度上取决于读者对这些概念的理解是否透彻。

观察下面这些声明。

```
int *alpha ;
char *ch ;
float *s ;
```

alpha、ch 和 s 都被声明为指针变量，即用于存储地址的变量。记住，地址（即内存位置）总是整数，因此指针总是包含整型值。

float *s 这个声明并不意味着 s 包含一个浮点值。这个声明的意思是：s 包含了一个地址，用于存储一个浮点值。类似地，char *ch 表示 ch 包含的地址用于存储一个字符值。

下面这个程序进一步扩展了指针的概念。

```
# include <stdio.h>
int main( )
{
    int i = 3, *j, **k ;
    j = &i ;
    k = &j ;
    printf( "Address of i = %u\n", &i ) ;
    printf( "Address of i = %u\n ", j ) ;
    printf( "Address of i = %u\n ", *k ) ;
    printf( "Address of j = %u\n ", &j ) ;
    printf( "Address of j = %u\n ", k ) ;
    printf( "Address of k = %u\n ", &k ) ;
    printf( "Value of j = %u\n ", j ) ;
    printf( "Value of k = %u\n ", k ) ;
    printf( "Value of i = %d\n ", i ) ;
    printf( "Value of i = %d\n ", *( &i ) ) ;
    printf( "Value of i = %d\n ", *j ) ;
    printf( "Value of i = %d\n ", **k ) ;
    return 0 ;
}
```

上面这个程序的输出与下面类似：

```
Address of i = 65524
Address of i = 65524
Address of i = 65524
Address of j = 65522
Address of j = 65522
Address of k = 65520
Value of j = 65524
Value of k = 65522
Value of i = 3
Value of i = 3
Value of i = 3
Value of i = 3
```

图 9.3 可以帮助读者理解这个程序为什么会输出类似上面的结果。

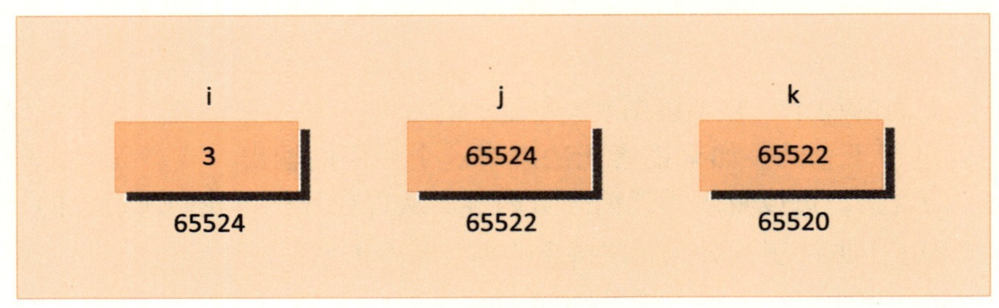

图 9.3

记住，当我们运行这个程序时，实际输出的地址可能与图 9.3 中显示的不同。但是，对于任何地址，i、j 和 k 之间的关系都将保持不变。

观察变量 j 和 k 的声明。

```
int i, *j, **k ;
```

在这里，i 是一个普通的 int 变量，j 是一个指向整型值的指针（常被称为整型指针），而 k 是一个指向整型指针的指针。

我们可以对上面这个程序进行进一步的扩展，创建一个指向整型指针的指针。类似地，程序中也可以存在指向一个指针的指针的指针。这种定义的层数是没有限制的，但我们要能够理解其中的含义。复合指针通常表示指向指针的指针。虽然很少碰到需要对指针的定义进行扩展的情况，但也要以防万一。

9.3 再论函数调用

在初步了解了指针之后，现在我们回顾一下函数调用的两种方式：传值调用和传引用调用。

在“传值调用”中，每个实际参数的“值”被复制给被调用函数中对应的形式参数。当采用这种函数调用方式时，在被调用函数中对形式参数值所做的修改并不会影响调用函数中实际参数的值。下面这个程序展示了“传值调用”的用法。

```
# include <stdio.h>
void swapv( int x, int y ) ;
int main( )
{
```

```
    int a = 10, b = 20 ;
    swapv( a, b ) ;
    printf( "a = %d b = %d\n", a, b ) ;
    return 0 ;
}
void swapv( int x, int y )
{
    int t ;
    t = x ;
    x = y ;
    y = t ;
    printf( "x = %d y = %d\n", x, y ) ;
}
```

上面这个程序的输出如下。

```
x = 20 y = 10
a = 10 b = 20
```

注意，即使交换了 x 和 y 的值，a 和 b 的值也仍然保持不变。

在“传引用调用”中，每个实际参数的“地址”被复制给被调用函数中对应的形式参数。这意味着通过这些地址，我们就能够访问实际参数，因此可以对它们进行操作。下面这个程序说明了这种情况。

```
# include <stdio.h>
void swapr( int *, int * ) ;
int main( )
{
    int a = 10, b = 20 ;
    swapr( &a, &b ) ;
    printf( "a = %d b = %d\n", a, b ) ;
    return 0 ;
}
void swapr( int *x, int *y )
{
    int t ;
    t = *x ;
    *x = *y ;
    *y = t ;
}
```

上面这个程序的输出如下。

```
a = 20 b = 10
```

注意，这个程序利用存储在 x 和 y 中的地址交换了 a 和 b 的值。

传引用调用的作用

return 语句一次只能从一个函数返回一个值，但我们可以像下面这个程序一样使用传引用调用消除这个限制。

```
# include <stdio.h>
void areaperi( int, float *, float * ) ;
int main( )
{
    int radius ;
    float area, perimeter ;
    printf( "Enter radius of a circle " ) ;
    scanf( "%d", &radius ) ;
    areaperi( radius, &area, &perimeter ) ;
```

```
    printf( "Area = %f\n", area ) ;
    printf( "Perimeter = %f\n", perimeter ) ;
    return 0 ;
}
void areaperi( int r, float *a, float *p )
{
    *a = 3.14 * r * r ;
    *p = 2 * 3.14 * r ;
}
```

上面这个程序的输出如下。

```
Enter radius of a circle 5
Area = 78.500000
Perimeter = 31.400000
```

这里创建了一个混合调用：既传递了半径的值，又传递了面积和周长的地址。通过存储在 a 和 p 中的地址，我们可以修改面积和周长的值。因此，当控制从 areaperi() 函数返回时，我们就能够输出面积和周长的值。

9.4　结论

根据前面讨论的内容，我们可以得出下列结论。

（1）如果希望一个实际参数的值不会在被调用函数中发生修改，就按传值方式传递这个实际参数。

（2）如果希望一个实际参数的值能够在被调用函数中发生修改，就按传引用方式传递这个实际参数。

（3）如果一个函数需要一次返回多个值，就通过传引用调用间接地返回这些值。

9.5　程序

练习9.1

编写一个函数，接收 5 个整数并返回它们的和、平均值和标准差。要求在 main() 函数中调用这个函数，并在 main() 函数中输出这些结果。

程序

```
/* 返回5个整数的和、平均值和标准差 */
# include <stdio.h>
# include <math.h>
void stats( int *, int *, double * ) ;
int main( )
{
    int sum, avg ;
    double stdev ;
    stats( &sum, &avg, &stdev ) ; /* 传引用方式的函数调用 */
    printf( "Sum = %d \nAverage = %d \nStandard deviation = %lf\n",
    sum, avg, stdev ) ;
    return 0 ;
}
void stats( int *sum, int *avg, double *stdev )
{
    int n1, n2, n3, n4, n5 ;
```

```
    printf( "\nEnter 5 numbers: " ) ;
    scanf( "%d%d%d%d%d", &n1, &n2, &n3, &n4, &n5 ) ;
    *sum = n1 + n2 + n3 + n4 + n5 ; /* 计算和 */
    *avg = *sum / 5 ;               /* 计算平均值 */
    /* 计算标准差 */
    *stdev = sqrt(( pow(( n1 - *avg ), 2.0 ) + pow(( n2 - *avg ), 2.0 ) + \
                    pow(( n3 - *avg ), 2.0 ) + pow(( n4 - *avg ), 2.0 ) + \
                    pow(( n5 - *avg ), 2.0 ) ) / 4 ) ;
}
```

输出

```
Enter 5 numbers: 10 20 30 40 50
Sum = 150
Average = 30
Standard deviation = 15.811388
```

练习9.2

编写一个函数，接收一名学生 3 门课程的成绩并返回这名学生的平均成绩及百分位成绩。要求在 `main()` 函数中调用这个函数，并在 `main()` 函数中输出这些结果。

程序

```
/* 计算一名学生3门课程的平均成绩和百分位成绩 */
# include <stdio.h>
void result( int, int, int, float *, float * ) ;
int main( )
{
    float avg, per ;
    int m1, m2, m3 ;
    printf( "Enter marks in three subjects: " ) ;
    scanf( "%d %d %d", &m1, &m2, &m3 ) ;
    result( m1, m2, m3, &avg, &per ) ;
    printf( "Average = %f \nPercentage = %f\n", avg, per ) ;
    return 0 ;
}
void result( int m1, int m2, int m3, float *a, float *p )
{
    *p = *a =( m1 + m2 + m3 ) / 3.0f ;
}
```

输出

```
Enter marks in three subjects: 55 60 70
Average = 61.666668
Percentage = 61.666668
```

练习9.3

编写一个 C 函数，计算下面这个序列，结果保留 5 位有效数字。

$$\sin(x) = x - \left(\frac{x^3}{3!}\right) + \left(\frac{x^5}{5!}\right) + \left(\frac{x^7}{7!}\right) + \cdots$$

程序

```
/* 计算一个序列 */
# include <stdio.h>
# include <math.h>
float numerator( float, int ) ;
```

```
float denominator( int ) ;
int main( )
{
    float x, n, d, term, sum, oldsum ;
    int i, j ;
    printf( "\nEnter the number x: " ) ;
    scanf( "%f", &x ) ;
    i = j = 1 ;
    sum = 0 ;
    while( 1 )
    {
        n = numerator( x, j ) ;
        d = denominator( j ) ;
        term = n / d ;
        oldsum = sum ;
        ( i % 2 == 0 ) ? sum = sum - term :( sum = sum + term ) ;
        if( abs( sum - oldsum ) < 0.00001 )
            break ;
            i++ ;
            j += 2 ;
    }
    printf( "sum = %f\n", sum ) ;
    return 0 ;
}
/* 计算乘方 */
float numerator( float y, int j )
{
    float k = 1 ;
    int m ;
    for( m = 1 ; m <= j ; m++ )
        k *= y ;
    return( k ) ;
}
/* 计算阶乘 */
float denominator( int j )
{
    int m ;
    float h = 1 ;
    for( m = 1 ; m <= j ; m++ )
        h = h * m ;
    return( h ) ;
}
```

输出

```
Enter the number x: 0.5
sum = 0.479426
```

习题

1. 下列程序的输出是什么？

(1)
```
# include <stdio.h>
void fun( int, int ) ;
int main( )
{
    int i = 5, j = 2 ;
    fun( i, j ) ;
```

```
    printf( "%d %d\n", i, j ) ;
    return 0 ;
}
void fun( int i, int j )
{
    i = i * i ;
    j = j * j ;
}
```

(2)
```
# include <stdio.h>
void fun( int *, int * ) ;
int main( )
{
    int i = 5, j = 2 ;
    fun( &i, &j ) ;
    printf( "%d %d\n", i, j ) ;
    return 0 ;
}
void fun( int *i, int *j )
{
     *i = *i * *i ;
     *j = *j * *j ;
}
```

(3)
```
# include <stdio.h>
int main( )
{
    float a = 13.5 ;
    float *b, *c ;
    b = &a ; /* 假设 a 的地址是 1006 */
    c = b ;
    printf( "%u %u %u\n", &a, b, c ) ;
    printf( "%f %f %f %f %f\n", a, *(&a), *&a, *b, *c ) ;
    return 0 ;
}
```

2. 指出下列程序中可能存在的错误。

(1)
```
# include <stdio.h>
void jiaayjo( int , int ) ;
int main( )
{
    int p = 23, f = 24 ;
    jiaayjo( &p, &f ) ;
    printf( "%d %d\n", p, f ) ;
    return 0 ;
}
void jiaayjo( int q, int g )
{
    q = q + q ;
    g = g + g ;
}
```

(2)
```
# include <stdio.h>
void check( int ) ;
int main( )
{
    int k = 35, z ;
    z = check( k ) ;
    printf( "%d\n", z ) ;
```

```
        return 0 ;
    }
    void check( m )
    {
        int m ;
        if( m > 40 )
        return( 1 ) ;
    else
        return( 0 ) ;
    }
```

（3）
```
    # include <stdio.h>
    void function( int * ) ;
    int main( )
    {
        int i = 35, *z ;
        z = function( &i ) ;
        printf( "%d\n", z ) ;
        return 0 ;
    }
    void function( int *m )
    {
        return( *m + 2 ) ;
    }
```

3. 完成下列任务。

（1）根据3个变量x、y和z，编写一个函数，将它们的值向右进行环状移位。换句话说，如果$x=5$，$y=8$，$z=10$，那么在进行环状移位之后，$y=5$，$z=8$，$x=10$。使用变量a、b、c调用这个函数，对它们的值进行环状移位。

（2）假设用a、b和c表示一个三角形各条边的长度，则这个三角形的面积可以用下面的公式来计算。

$$\text{area}=\sqrt{S(S-a)(S-b)(S-c)}$$

其中，$S=(a+b+c)/2$。编写一个函数，计算这个三角形的面积。

（3）编写一个函数，计算两点之间的距离，并用它编写另一个函数，计算顶点分别为$A(x_1, y_1)$、$B(x_2, y_2)$和$C(x_3, y_3)$的三角形的面积。然后使用这两个函数编写一个函数，当点(x, y)位于$\triangle ABC$内部时，返回1，否则返回0。

（4）编写一个函数，根据欧几里得公式计算最大公约数。以$j=1980$、$k=1617$为例，按照下面的步骤进行计算。

```
1980 / 1617 = 1   1980 - 1 * 1617 = 363
1617 / 363 = 4    1617 - 4 * 363 = 165
363 / 165 = 2     363 - 2 * 165 = 33
5 / 33 = 5        165 - 5 * 33 = 0
```

因此，最大公约数为33。

课后笔记

1. 调用函数的3种方式如下。

（1）传值调用：把值传递给被调用函数。

（2）传引用调用（又称传址调用）：把地址传递给被调用函数。

（3）混合调用：把值和地址传递给被调用函数。

2. 指针是保存了其他变量的地址的变量。

3. 地址、引用、内存位置和编号表示相同的意思。

4. “&”：取址操作符。“*”：取值操作符或间接引用操作符。

5. “&”和“*”：指针操作符。

6. “&”只能作用于变量。

7. “*”可以作用于变量、常量或表达式。

8. “变量”与“*& 变量”的含义是相同的。

9. 指针用法的例子如下。

```
int i = 10 ; int *j ; int **k ;
j = &i ; k = &j ;
printf( "%d %d %d", i, *j, **k ) ;
```

其中，j 是一个整型指针，k 是一个指向整型指针的指针。

10. 假设 a 是一个 4 字节的变量，那么 &a 表示的是这 4 个字节中第 1 个字节的地址。

11. 为了输出地址，可以使用 %u。为了输出通过 sizeof 操作符获取的任何变量的大小，可以使用 %d。

12. 使用整型指针：可以使用 * 获取它所指向的整型值。

13. 使用指向整型指针的指针：可以使用 ** 获取它所指向的整型值。

14. 传值调用：对形式参数所做的修改并不会影响实际参数。

15. 传引用调用：可以通过形式参数修改实际参数。

16. 不同函数调用方式的例子如下。

```
① swapv( a, b ) ;                    →传值调用
② swapr( &a, &b ) ;                  →传引用调用
③ sumprod( a, b, c, &s, &p ) ;       →混合调用
```

第10章 递归

"迭代是人力所及，递归乃天之光辉"

当我们需要实现一种可以通过自身表达的逻辑时，有两种方法可以完成这种任务。一种是使用循环的寻常方式，另一种是使用递归的出众手段。本章将讨论如何使用这种出众手段。

本章内容

- 10.1 递归的概念
- 10.2 程序

递归是C语言中与函数密切相关的一个重要特性。尽管理解起来有点困难，但它却是实现一些复杂逻辑的最直接方式。本章将详细讨论递归。

10.1 递归的概念

在C语言中，可以让函数调用自身。在一个函数的函数体中，如果有一条语句调用了自身，就称这个函数为“递归函数”。递归有时候又称“环式定义”，递归是一个根据自身来定义某个概念的过程。

下面我们观察一个简单的递归例子。假设我们想要计算一个整数的阶乘。我们知道，4的阶乘是4×3×2×1，这也可以表示为4!=4×3!，其中的!表示阶乘。因此，一个整数的阶乘可以用自身的形式来表示。这个逻辑可以用下面这个程序中展示的递归方式来实现。

```
# include <stdio.h>
int rec( int ) ;
int main( )
{
    int a, fact ;
    printf( "Enter any number: " ) ;
    scanf( "%d", &a ) ;
    fact = rec( a ) ;
    printf( "Factorial value = %d\n", fact ) ;
    return 0 ;
}
int rec( int x )
{
    int f ;
    if( x == 1 )
        return( 1 ) ;
    else
        f = x * rec( x - 1 ) ;
    return( f ) ;
}
```

下面是这个程序的3次运行结果。

```
Enter any number: 1
Factorial value = 1
Enter any number: 2
Factorial value = 2
Enter any number: 5
Factorial value = 120
```

下面我们仔细分析这个递归阶乘函数。在第1次运行时，我们通过scanf()输入的数是1，我们可以观察rec()对此采取的操作。a的值（即1）被复制给x。由于x的值是1，满足x==1这个条件，因此1（确实是1的阶乘）由return语句返回。

当我们通过scanf()输入的数为2时，x==1这个条件未能满足，因此执行下面的语句。

```
f = x * rec( x - 1 ) ;
```

这里就出现了递归。怎么处理x*rec(x-1)这个表达式呢？答案是将x乘以rec(x-1)。由于x的当前值是2，因此我们可以计算2*rec(1)的值。我们知道，rec(1)返回的值是1，因此这个表达式可以简化为2*1，结果为2。由此得出，x*rec(x-1)这个表达式的结果为 2，将这个结果存储在变量 f 中并返回给 main() 函数，后者负责将其输出。

当 a 的值是 3 时，图 10.1 形象地说明了控制是如何从一个函数调用转移到另一个函数调用的。

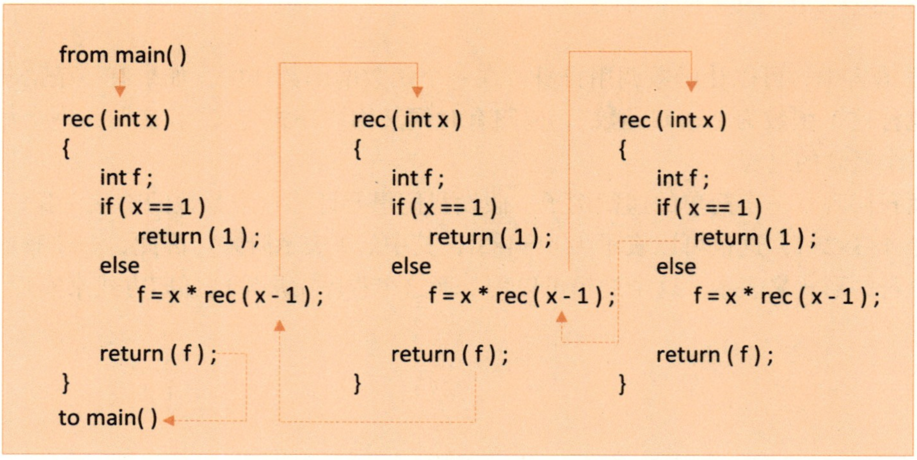

```
from main( )

rec ( int x )
{
    int f ;
    if ( x == 1 )
        return ( 1 ) ;
    else
        f = x * rec ( x - 1 ) ;

    return ( f ) ;
}
to main( )
```

```
rec ( int x )
{
    int f ;
    if ( x == 1 )
        return ( 1 ) ;
    else
        f = x * rec ( x - 1 ) ;

    return ( f ) ;
}
```

```
rec ( int x )
{
    int f ;
    if ( x == 1 )
        return ( 1 ) ;
    else
        f = x * rec ( x - 1 ) ;

    return ( f ) ;
}
```

图 10.1

rec() 的第 1 次调用是在 main() 函数中，此时 x 的值是 3。由于 x 的值不等于 1，因此 if 代码块被跳过，同时以 x-1（也就是 2）为参数再次调用 rec()。这是一个递归调用。由于 x 仍然不等于 1，因此 rec() 再次被调用，此时的参数为（2-1）。现在，x 的值等于 1，控制被返回到前一个值为 1 的 rec()，f 的值为 2。类似地，每个 rec() 将根据返回值计算 f 值，最终返回给 main() 函数的 f 值为 6。通过跟踪图 10.1 中的箭头，我们可以更好地理解上述操作序列。

需要说明的是，当这个程序运行时，并不存在 rec() 的多份副本。图 10.1 中之所以出现多个 rec()，只是为了帮助读者在后续的递归调用期间对控制进行追踪。

递归看上去有些奇怪和复杂，但它却是实现算法的最直接方式。一旦熟悉了递归，递归就是最清晰的算法实现方式。

在进行函数调用时（不管调用的是递归函数还是常规函数），参数和返回地址都存储在内存中被称为“堆栈”的地方。当控制从被调用函数返回时，这个函数的堆栈将被释放。因此，在每个递归函数调用期间，我们实际上是在对一组全新的参数进行操作。

另外，注意在编写递归函数时，递归函数中必须有一条 if 语句以使函数在不需要进行递归调用的情况下返回。如果在没有采取这种做法的情况下调用这个函数，程序就会陷入无限循环，每产生一个调用都会在堆栈中填充新的参数和返回地址。堆栈很快就会被填满，我们将会得到运行时错误，表示堆栈已满。在编写递归函数时，这是一种十分常见的错误。建议在编写递归函数时使用一些 printf() 语句，以观察正在发生的事情。

10.2 程序

练习 10.1

假设用户通过键盘输入一个 5 位的正整数，编写一个递归函数，计算这个 5 位数的各位数字之和。

程序

```
/* 使用递归计算一个5位数的各位数字之和 */
# include <stdio.h>
int rsum( int ) ;
int main( )
{
    int num, sum ;
    int n ;
    printf( "Enter number: " ) ;
    scanf( "%d", &num ) ;
    sum = rsum( num ) ;
    printf( "Sum of digits is %d\n", sum ) ;
    return 0 ;
}
int rsum( int n )
{
    int s, remainder ;
    if( n != 0 )
{
remainder = n % 10 ;
s = remainder + rsum( n / 10 ) ;
}
    else
    return 0 ;
    return s ;
}
```

输出

```
Enter number: 12345
Sum of digits is 15
```

练习10.2

假设用户通过键盘输入一个正整数，编写一个程序，获取这个正整数的质因子。我们可以对函数进行适当的修改，以便通过递归的方式获取质因子。

程序

```
/* 以递归的方式获取一个正整数的质因子 */
# include <stdio.h>
void factorize( int, int ) ;
int main( )
{
    int num ;
    printf( "Enter a number: " ) ;
    scanf( "%d", &num ) ;
    printf( "Prime factors are: " ) ;
    factorize( num, 2 ) ;
    return 0 ;
}
void factorize( int n, int i )
{
    if( i <= n )
    {
        if( n % i == 0 )
        {
            printf( "%d ", i ) ;
            n = n / i ;
```

```
        }
        else
            i++ ;
        factorize( n, i ) ;
    }
}
```

输出

```
Enter a number: 60
Prime factors are: 2 2 3 5
```

练习10.3

编写一个递归函数，获取斐波那契数列的前25项。在斐波那契数列中，刚开始的两项为1，之后的每一项为前面连续两项的和。下面显示了斐波那契数列的前几项。

1 1 2 3 5 8 13 21 34 55 89 …

程序

```
/* 使用递归生成斐波那契数列的前25项 */
# include <stdio.h>
void fibo( int, int, int ) ;
int main( )
{
    int old = 1, current = 1 ;
    printf( "%d\t%d\t", old, current ) ;
    fibo( old, current, 23 ) ;
    return 0 ;
}
void fibo( int old, int current, int terms )
{
  int newterm ;
  if( terms >= 1 )
  {
      newterm = old + current ;
      printf( "%d\t", newterm ) ;
      terms = terms - 1 ;
      fibo( current, newterm, terms ) ;
  }
}
```

输出

```
1 1 2 3 5 8 13 21 34 55
89 144 233 377 610 987 1597 2584 4181 6765
10946 17711 28657 46368 75025
```

习题

1. 下列程序的输出是什么？

(1)
```
# include <stdio.h>
int main( )
{
    printf( "C to it that C survives\n" ) ;
    main( ) ;
```

```
        return 0 ;
    }
```

（2）
```
    # include <stdio.h>
    # include <stdlib.h>
    int main( )
    {
        int i = 0 ;
        i++ ;
        if( i <= 5 )
        {
                printf( "C adds wings to your thoughts\n" ) ;
                exit( 0 ) ;
                main( ) ;
        }
        return 0 ;
    }
```

2. 完成下列任务。

（1）假设用户通过键盘输入一个正整数，编写一个函数，计算这个正整数的二进制对应形式。

- 不使用递归。
- 使用递归。

（2）编写一个递归函数，获取前 25 个自然数之和。

（3）有 3 根标签分别为 *A*、*B* 和 *C* 的柱子。*A* 柱上有 4 个盘子。最底下的那个盘子最大，越往上的盘子越小，最上面的那个盘子最小。游戏的目标是把盘子从 *A* 柱转移到 *C* 柱，*B* 柱作为辅柱使用。游戏的规则如下。

- 一次只能移动一个盘子，并且这个盘子必须位于其中一根柱子的顶部。
- 一个较大的盘子绝不能出现在另一个较小的盘子的上面。

编写一个程序，输出所有盘子从 *A* 柱最终转移到 *C* 柱过程中的所有移动序列。

课后笔记

1. 调用自身的函数被称为递归函数。
2. 任何函数（包括 main() 函数）都可以成为递归函数。
3. 递归调用总是会导致一个无限循环。因此，必须设置一个条件以退出这个无限循环。这个条件可通过让递归调用出现在 if 或 else 代码块中来实现。
4. 如果在 if 代码块中进行了递归调用，那么 else 代码块应该包含终止条件的逻辑。
5. 如果在 else 代码块中进行了递归调用，那么 if 代码块应该包含终止条件的逻辑。
6. 每个函数在调用期间都会产生一组全新的变量，不管是常规调用还是递归调用。
7. 当控制从一个函数返回时，这个函数的变量就会被释放。
8. 递归函数可能有也可能没有 return 语句。
9. 递归是替代 for 循环的一种手段，可以用自身的形式进行表达。
10. 递归调用的速度慢于对等的 while/for/do-while 循环。
11. 通过在纸上画出一个递归函数的几份副本并模拟执行程序，我们可以更好地理解这个递归函数的工作方式。

第11章 再论数据类型

"探究事实真相"

在程序中使用数据类型是一回事，而能够理解它们的行为以及它们为什么具有这样的行为是另一回事。本章将详细讨论后者。

本章内容

第 1 章已有介绍，基本数据类型可以分为 3 类：char、int 和 float。它们各自具有一些子类型。例如，char 可以是 signed char 或 unsigned char。在本章中，我们将详细讨论基本数据类型的这些变体。

为了完整地定义一个变量，我们不仅需要声明它的类型，还需要指定它的存储类型。在本章中，我们还将探索不同的存储类型以及它们在 C 语言程序设计中的内涵。

11.1　整型：long、short、signed、unsigned

C 语言提供了 int 数据类型的两种变体：short 和 long。尽管它们的长度因不同的编译器而异，但它们都遵循下面的规则。

（1）short 的长度至少是 2 字节。

（2）long 的长度至少是 4 字节。

（3）short 的长度不会超过 int。

（4）int 的长度不会超过 long。

表 11.1 显示了不同的编译器中不同整数类型的长度。

表11.1

编译器	short	int	long
16位（Turbo C/C++）	2字节	2字节	4字节
32位（Visual Studio、GCC）	2字节	4字节	4字节

因为长度不同，所以这些整数类型可以存储的值的范围也会有所变化。2 字节整型的取值范围是 -32 768 ～ +32 767，而 4 字节整型的取值范围是 -2 147 483 648 ～ +2 147 483 647。

这两种整型还分别有另外两种变体：signed（有符号）和 unsigned（无符号）。在有符号变体中，最高位（最左边的位）表示整数的符号（0 表示正数，1 表示负数）。

另外，在 unsigned 变体中，所有的位都用于存储整数的值。整型变量可以按照下面的方式声明。

```
short signed int a ;
short unsigned int b ;
signed int i ;
unsigned int j ;
signed long int x ;
unsigned long int y ;
```

在上面这些声明中，有时候 signed 和 int 可以省略。因此，下面这些声明与上面的声明具有相同的含义。

```
short a ;
short unsigned b ;
int i ;
unsigned j ;
long int x ;
unsigned long y ;
```

根据具体的程序设计场景，我们可以选择使用适当类型的整数。例如：如果一个变量只用于计数，那么可以把它声明为如下形式。

```
unsigned int num_students ;
```

通过采用上面这种声明形式，这个变量的取值范围（在 32 位编译器中）将从 -2 147 483 648 ～ +2 147 483 647 变成 0 ～ 4 294 967 295，这样它所能存储的最大值便扩大为原先的两倍，因为在 unsigned int 中，最左边的位并不用于存储整数的符号，而用于存储整数的值。

11.2 字符型：signed、unsigned

与整型类似，字符型也分为有符号类型和无符号类型两种。它们都占用 1 字节的空间，但取值范围有所不同。读者可能觉得字符具有符号是一件难以理解的事情。观察下面这条语句。

```
signed char ch = 'A' ;
```

在这里，'A' 对应的 ASCII/Unicode 码值（即 65 的二进制值）被存储在 ch 中。如果 65 的二进制值可以存储在这个变量中，那么 -54 的二进制值也可以存储在这个变量中。

和整型一样，signed 是默认的。因此，signed char 与 char 是相同的，取值范围都是 -128 ～ +127。类似地，unsigned char 的取值范围是 0 ～ 255。

注意，当我们把一个值赋给一个整型或字符型变量时，如果这个值超出整型或字符型变量所能取值的上界，那么实际赋予的就是范围负端的某个适当值。类似地，如果超出整型或字符型变量所能取值的下界，那么实际赋予的就是范围正端的某个适当值。下面的程序说明了这个事实。

```
# include <stdio.h>
int main( )
{
    char ch = 128 ;
    char dh = -132 ;
    printf ( "%d %d\n", ch, dh ) ;
    return 0 ;
}
```

在实际执行时，这个程序产生的输出是 -128 124。ch 由于被定义为 char 类型，因此无法接收大于 127 的值。当我们试图向 ch 赋值 128 时，由于 128 比 127 大 1，因此范围负端的第 1 个值（即 -128）被赋值给 ch。类似地，由于 -132 比 -128 小 4，因此范围正端的第 4 个数（即 124）被赋值给 dh。

11.3 浮点型：float、double、long double

float 在内存中占用 4 字节空间，取值范围是 -3.4e38 ～ 3.4e38。如果这个范围不够大，C 语言还提供了 double 数据类型，double 在内存中占用 8 字节空间，取值范围是 -1.7e308 ～ +1.7e308。double 类型的变量可以按照下面的方式声明。

```
double population ;
```

如果浮点数的取值要求甚至超出 double 数据类型允许的范围，那么我们可以使用

long double 类型，取值范围是 -1.7e4932 ～ +1.7e4932。long double 在内存中占用 10 字节空间。

表 11.2 列出了到目前为止我们介绍的所有数据类型。

表11.2

数据类型	取值范围	字节数	格式
signed char	-128～127	1	%c
unsigned char	0～255	1	%c
short signed int	-32 768 ～ +32 767	2	%d
short unsigned int	0 ～ 65 535	2	%u
signed int	-2 147 483 648 ～ +2 147 483 647	4	%d
unsigned int	0 ～4 294 967 295	4	%u
long signed int	-2 147 483 648 ～ +2 147 483 647	4	%ld
long unsigned int	0 ～ 4 294 967 295	4	%lu
float	-3.4e38 ～ +3.4e38	4	%f
double	-1.7e308 ～ +1.7e308	8	%lf
long double	-1.7e4932 ～ +1.7e4932	10	%Lf

注意：int、short 和 long 的长度取决于编译器，表 11.2 适用于 32 位的编译器。

11.4　一些其他问题

在学习了基本数据类型的所有变体之后，我们再来讨论一些与此相关的问题。

（1）观察（有符号）字符型和整型的取值范围，负端要比正端多一个数。这是因为负数是以二进制补码的形式存储的。例如，我们可以观察 -128 的存储方式：首先生成 128 的二进制形式（10000000）；然后生成它的反码（01111111），反码的生成方式就是把所有的 0 变成 1，而把所有的 1 变成 0；最后存储这个数的补码（10000000）。补码的生成方式就是对反码加 1，因此 -128 的补码是 10000000。这是一个 8 位数，可以很方便地存储在 char 类型的变量中。反之，+128 就无法存储于 char 类型的变量中，因为它的二进制形式 010000000（最左边的 0 表示正号）是一个 9 位数。但是，+127 可以存储在 char 类型的变量中，因为它的二进制形式 01111111 是一个 8 位数。

（2）当我们试图把 +128 存储在 char 类型的变量中时，会发生什么呢？实际存储的是负端的第 1 个数，即 -128。这是因为 +128 的 9 位二进制形式是 010000000，只有右边的 8 位能够被存储。但是存储了 10000000 之后，最左边的位是 1，它被看成符号位。因此，存储的值就变成了 -128，因为 10000000 确实是 -128 的二进制补码形式（参考上面的描述）。类似地，我们可以验证在把 +129 存储在 char 类型的变量中时实际存储的是 -127。一般而言，如果超出正端的范围，那么实际存储的是负端的值。反之，如果超出负端的范围，那么实际存储的是正端的值。

（3）有时候，我们会遇到如下情况：常量足够小，能够按照 int 类型存储，但我们仍然希望将其看成 long 类型。在这种情况下，我们可以在常量的后面加上后缀 L 或 l，如

23L。类似地，3.14默认为double类型，为了将其当成float类型，我们可以使用3.14f。

11.5 C语言的存储类型

我们已经学习了常量的所有知识，但是还没有完成对变量的讨论。为了完整地定义一个变量，我们不仅需要指定它的“数据类型”，而且需要指定它的“存储类型”。

在此前的程序中，我们并没有指定程序中使用的变量的存储类型。我们之所以能够省略存储类型，是因为存储类型具有默认值。如果我们没有在变量的声明中指定其存储类型，编译器就会根据变量的定义位置自动设置其存储类型。

变量的存储类型具有如下用途。

（1）决定变量存储在什么地方。

（2）决定变量的初始值是什么。

（3）决定变量的作用域，即变量的值在哪些函数中是可用的。

（4）决定变量的生命周期，即变量的存活时间。

C 语言提供了如下 4 种存储类型。

（1）自动存储类型（auto）。

（2）寄存器存储类型（register）。

（3）静态存储类型（static）。

（4）外部存储类型（extern）。

下面我们逐个对这些存储类型进行讨论。

11.5.1 自动存储类型

自动存储类型的变量（简称自动变量）具有如下特性。

（1）存储位置：内存。

（2）默认值：不可预测的值，通常被称为垃圾值。

（3）作用域：变量声明时所在的代码块。

（4）生命周期：程序的控制未离开变量定义所在的代码块期间。

下面这个程序说明了自动存储类型的变量是如何声明的，此外还说明了如果没有对这种变量进行初始化，那么其中将包含垃圾值。

```
# include <stdio.h>
int main( )
{
    auto int i, j ;
    printf ( "%d %d\n", i, j ) ;
    return 0 ;
}
```

上面这个程序的输出如下。

```
1211 221
```

其中，1211 和 221 分别是 i 和 j 的垃圾值。当运行这个程序时，我们可能会得到不同的垃圾值，因为垃圾值是不可预测的。注意，用于表示自动存储类型的关键字是 auto 而不是 automatic。

下面这个程序说明了自动存储类型的变量的作用域和生命周期。

```
# include <stdio.h>
int main( )
{
    auto int i = 1 ;
    {
        auto int i = 2 ;
        {
            auto int i = 3 ;
            printf ( "%d ", i ) ;
        }
        printf ( "%d ", i ) ;
    }
    printf ( "%d\n", i ) ;
    return 0 ;
}
```

上面这个程序的输出是 3 2 1。注意，编译器把 3 个 i 看成完全不同的变量，因为它们是在不同的代码块中定义的。最内层的 printf() 可以访问全部 3 个 i。这是因为最内层的 printf() 位于全部 3 个代码块中（代码块是用一对花括号界定的所有语句），这 3 个 i 都是在这 3 个代码块中定义的。最内层的 printf() 输出 3，因为当全部 3 个 i 都可用时，最靠近这个 printf() 的那个 i 具有优先权。

一旦控制离开最内层的代码块，值为 3 的变量 i 就被释放，因此第 2 个 printf() 引用的是值为 2 的 i。类似地，当控制离开次内层的代码块时，第 3 个 printf() 引用的是值为 1 的 i。

11.5.2　寄存器存储类型

寄存器存储类型的变量（简称寄存器变量）具有如下特性。

（1）存储位置：CPU 寄存器。

（2）默认值：垃圾值。

（3）作用域：变量定义时所在的代码块。

（4）生命周期：程序的控制未离开变量定义所在的代码块期间。

存储在 CPU 寄存器中的值的存取速度远快于存储在内存中的值。因此，如果一个变量需要在程序中的许多地方使用，那么最好将其存储类型声明为 register。我们经常使用的这种变量的典型例子就是循环计数器。

```
register int i ;
for ( i = 1 ; i <= 10 ; i++ )
printf ( "%d\n", i ) ;
```

尽管 i 的存储类型是 register，但我们仍然无法保证它的值一定会存储在 CPU 寄存器中。这是因为 CPU 寄存器的数量是非常有限的，它们可能忙于完成其他任务。在这种情况下，i 的工作方式就和自动存储类型的变量一样。

float 值需要 4 字节来存储。因此，如果微处理器的寄存器是 16 位的，那么 float 值就无法存储在 CPU 寄存器中。在这种情况下，如果使用寄存器存储类型来存储 float 值，那么我们虽然不会得到任何错误信息，但编译器会把 float 值当成自动存储类型来存储。

11.5.3 静态存储类型

静态存储类型的变量（简称静态变量）具有如下特性。

（1）存储位置：内存。

（2）默认值：0。

（3）作用域：变量定义时所在的代码块。

（4）生命周期：变量的值在不同的函数调用之间会被保留。

下面这个程序说明了静态存储类型的变量的特性。

```
#include <stdio.h>
void increment( ) ;
int main( )
{
    increment( ) ;
    increment( ) ;
    increment( ) ;
    return 0 ;
}
void increment( )
{
    auto int i = 1 ;
    static int j = 1 ;
    i = i + 1 ;
    j = j + 1 ;
    printf ( "%d %d\n", i, j ) ;
}
```

下面是这个程序的输出。

```
2 2
2 3
2 4
```

不管我们调用 increment() 多少次，i 的值每次都会被初始化为 1，而 j 只在第 1 次调用 increment() 时才被初始化为 1。当控制从 increment() 返回时，i 的值便消亡了，而存储类型为 static 的 j 仍然保留其最近的值。只有当程序执行结束时，j 的值才会消亡。

11.5.4 外部存储类型

外部存储类型的变量（简称外部变量）具有如下特性。

（1）存储位置：内存。

（2）默认值：0。

（3）作用域：全局。

（4）生命周期：只要程序没有执行完，外部变量就不会消亡。

外部变量与我们已经讨论过的其他变量的不同之处在于：外部变量的作用域是全局的而不是局部的。外部变量是在所有函数的外部声明的，因而可以被所有需要它们的函数使用。下面这个程序说明了外部变量的特性。

```
# include <stdio.h>
int i ;
void increment( ) ;
```

```
void decrement( ) ;
int main( )
{
    printf ( "\ni = %d", i ) ;
    increment( ) ;
    increment( ) ;
    decrement( ) ;
    decrement( ) ;
    return 0 ;
}
void increment( )
{
    i = i + 1 ;
    printf ( "on incrementing i = %d\n", i ) ;
}
void decrement( )
{
    i = i - 1 ;
    printf ( "on decrementing i = %d\n", i ) ;
}
```

下面是这个程序的输出。

```
i = 0
on incrementing i = 1
on incrementing i = 2
on decrementing i = 1
on decrementing i = 0
```

从上面的输出可以看到，`i` 的值对于函数 `increment()` 和 `decrement()` 是可用的，因为 `i` 是在所有函数的外部声明的。

观察下面这个程序。

```
# include <stdio.h>
int x = 21 ;
int main( )
{
    extern int y ;
    printf ( "%d %d\n", x, y ) ;
    return 0 ;
}
int y = 31 ;
```

在这里，`x` 和 `y` 都是全局变量。由于它们是在所有函数的外部定义的，因此属于外部存储类型。注意下面两条语句的区别。

```
extern int y ;
int y = 31 ;
```

第 1 条语句是声明语句，第 2 条语句是定义语句。当我们声明一个变量时，编译器并不会为其分配空间。但是，当我们定义一个变量时，编译器会为其分配空间。我们必须声明变量 `y`，因为我们需要在 `printf()` 函数中使用这个变量，但此时还没有出现变量 `y` 的定义。没有必要声明变量 `x`，因为这个变量在使用之前就已经定义好了。注意：变量可以被声明多次，但只能被定义一次。

另外还有一个小问题，下面这个程序的输出是什么？

```
# include <stdio.h>
int x = 10 ;
```

```
void display( ) ;
int main( )
{
    int x = 20 ;
    printf ( "%d\n", x ) ;
    display( ) ;
    return 0 ;
}
void display( )
{
    printf ( "%d\n", x ) ;
}
```

我们在两个地方对变量 x 进行了定义，一次是在 main() 的外部，另一次是在 main() 的内部。当控制到达 main() 中的 printf() 时，哪个 x 会被输出呢？由于局部变量 x 的优先级高于全局变量 x，因此 printf() 输出 20。当 display() 被调用并且控制到达里面的 printf() 时，不会出现冲突，全局变量 x 的值 10 被输出。

11.5.5　一些微妙的问题

下面我们讨论与存储类型有关的一些微妙问题。

（1）对于我们在一个函数中定义的所有自动变量来说，当这个函数被调用时，编译系统会在堆栈中创建这些变量。当程序的控制从这个函数返回时，这些变量都会消亡。但是，如果我们在函数内部定义的变量是静态存储类型的，那么它们并不是在堆栈上创建的，而是在一种被称为“数据段（Data Segment）”的地方创建的。这类变量只有当程序执行结束时才会消亡。

（2）静态变量可以声明在所有函数的外部。从实践的角度看，静态变量会被看成外部变量。但是，这类变量的作用域被限制为它们声明时所在的文件。这意味着这类变量对于定义它们的文件之外的其他文件中定义的任何函数都是不可用的。

（3）如果一个变量是在所有函数的外部定义的，那么这个变量不仅对于当前文件中定义的所有函数是可用的，而且对于其他文件中定义的函数也是可用的。在其他文件中，这个变量的存储类型应该被声明为 extern。下面这个程序展示了这种做法。

```
/* PR1.C */
# include <stdio.h>
# include <functions.c>
int i = 35 ;
int fun1( ) ;
int fun2( ) ;
int main( )
{
    printf ( "%d\n", I ) ;
    fun1( ) ;
    fun2( ) ;
    return 0 ;
}

/* FUNCTIONS.C */
extern int i ;

int fun1( )
{
    i++ ;
```

```
    printf ( "%d\n", i ) ;
    return 0 ;
}
int fun2( )
{
    i-- ;
    printf ( "%d\n", i ) ;
    return 0 ;
}
```

这个程序的输出如下。

```
35
36
35
```

（4）在下面的语句中，前3条语句是定义语句，最后一条语句是声明语句。

```
auto int i ;
static int j ;
register int k ;
extern int l ;
```

11.5.6 何时何地使用存储类型

我们可以根据如下两条原则确定在不同的程序设计场景中使用不同存储类型时的基本规则。

（1）节省变量消耗的内存空间。

（2）提高程序的运行速度。

存储类型的使用规则如下。

（1）只有当我们想要让变量在不同的函数调用期间保留原先的值时才使用静态存储类型。

（2）只有当变量在程序中使用极为频繁时才考虑使用寄存器存储类型，例如循环计数器。

（3）只有当变量应该由程序中的几乎所有函数使用时才考虑使用外部存储类型。这可以避免在进行函数调用时不必要地把这类变量作为参数传递。

（4）如果上述条件均不满足，就使用自动存储类型。

习题

1. 下列程序的输出是什么？

（1）
```
# include <stdio.h>
int i = 0 ;
void val( ) ;
int main( )
{
    printf ( "main's i = %d\n", i ) ;
    i++ ;
    val( ) ;
    printf ( "main's i = %d\n", i ) ;
    val( ) ;
    return 0 ;
```

```
}
void val( )
{
    i = 100 ;
    printf ( "val’ s i = %d\n", i ) ;
    i++ ;
}
```

（2）
```
# include <stdio.h>
int main( )
{
    static int count = 5 ;
    printf ( "count = %d\n", count-- ) ;
    if ( count != 0 )
        main( ) ;
    return 0 ;
}
```

（3）
```
# include <stdio.h>
void func( ) ;
int main( )
{
    func( ) ;
    func( ) ;
    return 0 ;
}
void func( )
{
    auto int i = 0 ;
    register int j = 0 ;
    static int k = 0 ;
    i++ ; j++ ; k++ ;
    printf ( "%d % d %d\n", i, j, k ) ;
}
```

（4）
```
# include <stdio.h>
int x = 10 ;
int main( )
{
    int x = 20 ;
    {
          int x = 30 ;
          printf ( "%d\n", x ) ;
    }
    printf ( "%d\n", x ) ;
    return 0 ;
}
```

2. 指出下列程序中可能存在的错误。

（1）
```
#include <stdio.h>
int main( )
{
    long num = 2 ;
    printf ( "%d\n", num ) ;
    return 0 ;
}
```

（2）
```
#include <stdio.h>
int main( )
{
    char ch = 200 ;
```

```
    printf ( "%d\n", ch ) ;
    return 0 ;
}
```

（3）
```
#include <stdio.h>
int main( )
{
    long float a = 25.345e454 ;
    unsigned double b = 25 ;
    printf ( "%lf %d\n", a, b ) ;
    return 0 ;
}
```

（4）
```
#include <stdio.h>
static int y ;
int main( )
{
    static int z ;
    printf ( "%d %d\n", y, z ) ;
    return 0 ;
}
```

3. 下面这些说法是正确的还是错误的？

（1）自动存储类型的变量的值在函数的不同调用之间能够保留。（　　）

（2）如果 CPU 寄存器不可用，寄存器存储类型的变量就会被当作静态存储类型的变量看待。（　　）

（3）寄存器存储类型的变量无法存储浮点值。（　　）

（4）如果我们对一个浮点类型的变量使用寄存器存储类型，编译器将会报告错误信息。（　　）

（5）自动变量的默认值是0。（　　）

（6）静态变量的生命周期是指当控制停留在声明该静态变量的代码块中时。（　　）

（7）如果需要定义一个全局变量，则需要在这个全局变量的声明中使用 extern 关键字。（　　）

（8）寄存器变量的地址是不可访问的。（　　）

课后笔记

1. 基本数据类型。

（1）整数：short、long、signed、unsigned、int。

（2）字符：signed、unsigned。

（3）实数：float、double、long double。

2. 数据类型的长度可能因编译器不同而异。例如，int 在 Turbo C 中的长度是 2 字节，在 Visual Studio 中的长度是 4 字节。

3. 对于所有的编译器来说，sizeof(short)<=sizeof(int)<=sizeof

(long)。

4. 在有符号数中，最左边的位是0或1，分别表示正或负。在无符号数中，所有的位都用来表示值。

5. 负整数是以二进制补码的形式存储的。

6. 没有小数点的数默认情况下为 int 类型，我们可以通过使用适当的后缀来改变其类型。

```
365 - int, 365u - unsigned int , 365L或365l - long int, 365lu或365ul - long unsigned
```

7. 有小数点的数默认为 double 类型，我们可以通过使用适当的后缀来改变其类型。

```
365 - double, 3.14f - float, 3.14L - long double
```

8. 为了完整地定义一个变量，我们需要提供两方面的信息：①变量的数据类型；②变量的存储类型。

9. 数据类型指定了变量中可以存储的值的类型。

10. 存储类型指定了变量的如下特性。

（1）存储位置：变量被存储在什么地方。

（2）默认值：如果一个变量没有被初始化，那么它的值是什么。

（3）作用域：变量可以在哪里使用。

（4）生命周期：变量可以使用多长时间。

11. 自动存储类型。

（1）存储位置：内存。

（2）默认值：不可预测，通常被称为垃圾值。

（3）作用域：变量声明时所在的代码块。

（4）生命周期：程序的控制未离开变量定义所在的代码块期间。

12. 寄存器存储类型。

（1）存储位置：CPU 寄存器。

（2）默认值：垃圾值。

（3）作用域：变量声明时所在的代码块。

（4）生命周期：程序的控制未离开变量定义所在的代码块期间。

13. 静态存储类型。

（1）存储位置：内存。

（2）默认值：0。

（3）作用域：变量声明时所在的代码块。

（4）生命周期：变量的值在不同的函数调用之间会被保留。

14. 外部存储类型。

（1）存储位置：内存。

（2）默认值：0。

（3）作用域：全局。

（4）生命周期：只要程序没有执行完，外部变量就不会消亡。

15.CPU 寄存器：微处理器的内部内存。

16. 当定义变量时，编译器会为其分配空间；而当声明变量时，编译器不会为其分配空间。

17. 变量可以重新声明，但不能重新定义。

18. `int i ;`→ 定义变量　　　　`extern int i ;`→ 声明变量

19. 如果局部变量和全局变量具有相同的名称，则局部变量具有更高的优先级。

20. 如果多个局部变量具有相同的名称，则最局部的那个变量具有最高的优先级。

21. 存储类型的使用原则。

（1）寄存器存储类型：适合经常使用的变量。

（2）静态存储类型：适合需要在不同的函数调用期间保留原先值的变量。

（3）外部存储类型：适合所有函数都要使用的变量。

（4）自动存储类型：适合所有其他情况。

第12章 C预处理器

“让代码更加整洁”

当一家游戏公司为不同的手机开发一款游戏时，读者会不会觉得这家游戏公司应该为每一种不同的手机维护一个不同的程序呢？这显然是无法做到的，因为我们在一个程序中所做的修改可能会影响所有其他程序。另外，手机的类型众多，想要实现这么多的程序也是非常困难的。这种情况可以使用预处理指令巧妙地应对，本章将讨论这方面的内容。

本章内容

预处理器是一种在程序被传递给编译器之前就对该程序进行处理的独立程序。即使对预处理器的功能一无所知，也不会妨碍我们编写 C 语言程序。但是，预处理器提供了极大的便利。事实上，所有的 C 语言程序员都会依赖于预处理器。本章将对预处理指令进行探索，并讨论在程序中使用预处理器的优缺点。

12.1 C预处理器的特性

我们编写的 C 程序被称为“源代码”。C 预处理器在处理源代码时，会按照源代码中的预处理指令创建“展开的源代码”。每条预处理指令都以符号 # 开头。在源代码中，我们可能会使用下面这些预处理指令。

（1）宏展开指令。

（2）文件包含指令。

（3）条件编译指令。

（4）其他指令。

下面我们逐个对这些预处理指令进行讨论。

12.2 宏展开指令

观察下面这个程序。

```
#include <stdio.h>
#define PI 3.14
int main( )
{
    float r = 6.25, area ;
    area = PI * r * r ;
    printf( "Area of circle = %f\n", area ) ;
    return 0 ;
}
```

在下面这条语句中，`PI` 被称为“宏模板”，而 3.14 被称为“宏展开”。

```
#define PI 3.14
```

在预处理过程中，每个宏模板都会被对应的宏展开替换。宏模板通常是用大写字母表示的，这样程序员在阅读程序时就可以很方便地识别哪些是宏模板。

现在有一个重要的问题：为什么要使用 #define ？假设程序中多次出现了常量 3.14。有朝一日，我们可能想把所有这些值修改为更精确的 3.141592。为此，我们必须仔细检查整个程序并手动修改每个常量。但是，如果我们使用一条 #define 指令定义了 `PI`，就只需要对这条 #define 指令做如下修改。

```
#define PI 3.141592
```

以上修改对于预处理过程中出现的所有 `PI` 都会生效。对于上面这样的小程序，这种便利性可能并不显著。但是对于大型程序，宏定义几乎是不可缺少的。

读者可能觉得用变量 `pi` 代替宏模板 `PI` 也可以实现相同的目的。但是出于 3 个原因，这并不是一种好的做法。

首先，效率不高，这是因为相比变量，编译器能够为常量生成更快速、更紧凑的代码。其次，使用变量表示实际上是常量的事物会助长草率的思维：如果某样东西永远不会被修改，则很难将其看成变量。最后，这样的变量会有在程序中的某个地方被意外修改的风险。

下面是一些其他的使用 #define 指令的例子。

```
#define AND &&
#define ARANGE( a > 25 AND a < 50 )
#define FOUND printf( "The Yankee Doodle Virus\n" ) ;
```

12.2.1 带参数的宏

到目前为止，我们使用的宏被称为简单宏。宏可以像函数一样具有参数。下面这个程序说明了这一点。

```
#include <stdio.h>
#define AREA(x) ( 3.14 * x * x )
int main( )
{
    float r1 = 6.25, r2 = 2.5, a ;
    a = AREA( r1 ) ;
    printf( "Area of circle = %f\n", a ) ;
    a = AREA( r2 ) ;
    printf( "Area of circle = %f\n", a ) ;
    return 0 ;
}
```

这个程序在运行时会产生下面的输出。

```
Area of circle = 122.656250
Area of circle = 19.625000
```

C 预处理器会用 `( 3.14 * x * x )` 替换每个 `AREA(x)`。按照这种做法，x 将被这个宏使用的参数替换。因此，`a=AREA(r1)` 将被替换为 `a=( 3.14 * r1 * r1)`。

下面是带参数的宏的一些其他例子。

```
#define ISDIGIT(y) ( y >= 48 && y <= 57 )
#define ISCAPITAL(ch) ( ch >= 'A' && ch <= 'Z' )
```

在编写带参数的宏时，我们需要记住下面这些要点。

（1）在 #define 指令中，宏模板与其参数之间不要出现空格。例如：在 `AREA(x) (3.14 * x * x)` 这个定义中，AREA 和 `(x)` 之间不能有空格。

（2）在完整的宏展开的两边应该加上括号。

下面这个程序说明了如果在宏展开的两边不加上括号会发生什么情况。

```
#include <stdio.h>
#define SQUARE(n) n * n
int main( )
{
    int j ;
    j = 64 / SQUARE( 4 ) ;
    printf( "j = %d\n", j ) ;
    return 0 ;
}
```

上面这个程序产生的输出是 j=64，但我们期望的结果是 j=4。哪里出了问题？这个宏展开之后会变成下面的样子。

```
j = 64 / 4 * 4 ;
```

于是 j=64。

（3）宏可以分成多行来书写，我们可以在每行的最后使用 \（斜杠）表示换行。下面就是一个多行的宏。

```
#define HLINE for( i = 0 ; i < 79 ; i++ ) \
               printf( "%c", 196 ) ;
```

（4）如果无法对一个宏进行调试，那就应该观察程序的展开代码（观察这个宏是怎么展开的）。如果源代码出现在 PR1.C 文件中，则展开后的源代码应该存储在 PR1.I 中。我们可以在命令行窗口中输入下面的命令以生成这个文件。

```
C:\>cpp PR1.C  - in Turbo C/C++
$ gcc -E -o PR1.I PR1.C  - in gcc
```

这些命令会调用 C 预处理器，后者将生成展开的源代码并将其存储到名为 PR1.O 的文件中。现在我们可以打开这个文件并观察展开后的源代码。

12.2.2　宏与函数的比较

在上面的例子中，宏 AREA 用于计算圆的面积。我们可以编写一个 area() 函数来实现相同的目的。这就带来一个问题：什么时候应该使用函数？什么时候应该使用宏？

如果我们使用了宏，那么宏会在预处理过程中被展开。反之，如果我们使用了函数，那么当程序运行时，半径的值会被传递给 area()，后者将计算圆的面积并返回。

因此，如果我们在一个程序中数百次使用一个宏，那么宏展开（公式）会在上面各个不同的地方进入源代码，这会增加程序的长度；而如果使用函数，那么宏展开（公式）只在函数中出现一次。上百次需要这个公式时就成了函数调用，因此空间需求会少很多。但是，向函数传递参数以及从函数获取返回值需要时间，这会降低程序的运行速度。宏可以避免这个问题，因为它们已经被展开并在编译之前就出现在了源代码中。综上，宏和函数实际上是在内存空间和程序运行时间之间做了利弊权衡。

对于宏和函数，取舍的准则是：如果宏像上面的例子一样简单，宏就可以成为优雅的快捷记法，从而避免与函数调用有关的开销；如果宏非常庞大并且使用相当频繁，那就应该用函数代替宏。

12.3　文件包含指令

文件包含指令的形式如下。

```
#include "filename"
```

filename 文件的完整内容将被插到源代码中这条 #include 语句所在的位置。被包含的文件具有 .h 扩展名较为普遍。这个扩展名表示“头文件”，因为里面的内容在被包含时一般出现在程序的头部。

所有库函数的原型可根据不同的类型进行分组并存储在不同的头文件中。例如：所有与数学有关的函数的原型存储在 math.h 文件中，输入输出函数的原型则存储在 stdio.h 文件中。

#include 语句有两种形式。

```
#include "filename"
#include <filename>
```

下面解释每种形式的含义。

（1）#include "mylib.h"：在当前目录以及预设的包含搜索路径的目录列表中查找 mylib.h 文件。

（2）#include <mylib.h>：仅在指定的目录列表中查找 mylib.h 文件。

不同的 C 语言编译器使用不同的方式设置搜索路径。对于 Turbo C/C++ 编译器，搜索路径可以通过在“Options（选项）”菜单中选择“Directories（目录）”菜单项来设置。当选择这个菜单项时，会出现一个对话框，我们可以在这个对话框的“Include Directories（包含目录）”中指定搜索路径。我们还可以指定多个搜索路径，之间用分号（;）隔开即可，如下所示。

```
c:\tc\lib ; c:\mylib ; d:\libfiles
```

在 Visual Studio 中，项目的搜索路径可以通过在解决方案资源管理器中右击项目名并从弹出的快捷菜单中选择“Properties（属性）”来设置。这将弹出一个对话框，我们可以在“Configuration Properties（配置属性）”选项卡的“Include Directories（包含目录）”中设置搜索路径。

假设我们想要创建自己的函数库并发布给别人。为此，我们的函数应该定义在一个“.c”文件中，它们对应的原型和宏应该声明在一个“.h”文件中。这些定义可以被编译为一个库文件（用机器语言编写）。在发布经过编译的库文件时，还应该提供头文件。想要使用这个函数库的用户必须链接到这个库文件并包含相应的头文件。通过这种方式，“.c”文件中的函数定义就只有作者自己可以看到，而不会暴露给使用这个库文件的其他人。

12.4 条件编译指令

如果有需要，我们可以通过使用预处理指令 #ifdef 和 #endif，让编译器跳过源代码的部分内容。下面是它们的基本形式。

```
#ifdef macroname
    语句1 ;
    语句2 ;
    语句3 ;
#endif
```

如果 macroname 已经被定义，那么代码块将按照通常的方式处理，否则不做处理。

#ifdef 指令的作用是什么？在什么样的情况下，我们才会只想编译程序的一部分呢？下面列出了其中的 3 种情况。

（1）“注释掉”目前尚不需要的几行代码，如下所示。

```
int main( )
{
    #ifdef NOTNOW
    语句1 ;
    语句2 ;
    #endif
    语句3 ;
    语句4 ;
}
```

在这里，语句 1 和语句 2 只有在宏 NOTNOW 已被定义的情况下才会被编译，我们有意省略了这个宏的定义。后面如果我们想让这两条语句也被编译，那么可以删除 #ifdef 和 #endif 语句，或者在程序的开头添加 #define NOTNOW。

（2）#ifdef 指令的一种更为高级的作用与程序的可移植性有关，例如让程序在具有不同配置的计算机上都能工作。我们可以使用 #ifdef 指令关闭那些在每种计算机上都必须不同的代码行，并将它们隔离开来，如下所示。

```
int main( )
{
    #ifdef INTEL
        适用于Intel PC的代码
    #else
        适用于Motorola PC的代码
    #endif
        对以上两种计算机都适用的代码
}
```

当我们编译这个程序时，编译器将只编译那些适用于 Motorola PC 的代码以及通用的代码，因为宏 INTEL 没有被定义。如果我们想要在一台 Intel PC 上运行这个程序，那么在重新编译这个程序之前，可以在程序的开头添加如下语句。

```
#define INTEL
```

有时候，我们还会使用 #ifndef 指令代替 #ifdef 指令。#ifndef（表示“如果未定义”）的工作方式正好与 #ifdef 相反。

（3）理想情况下，我们只应该包含某个文件一次。但是，如果不小心错误地将某个文件包含了两次，那么我们应该想办法让其只被包含一次。这个问题可以像下面这样使用 #ifndef 指令来解决。

```
/* myfile.h */
#ifndef __myfile_h
    #define __myfile_h
    /* 一些声明 */
#endif
```

当 myfile.h 文件第 1 次被包含时，C 预处理器会检查一个名为 __myfile_h 的宏是否已被定义。如果还没有被定义，就定义这个宏并包含剩余的代码。当我们试图再次包含这个文件时，由于宏 __myfile_h 已被定义，因此可以防止这个文件被再次包含。

12.5 #if和#elif指令

#if 指令可用于测试一个表达式的结果是否为非零值。如果这个表达式的结果为非零

值，那么后续直到 #else、#elif 或 #endif 的代码行都会被编译，否则它们会被跳过。下面显示了一个简单的使用 #if 指令的例子。

```
int main( )
{
    #if TEST <= 5
        语句1;
    #else
        语句2 ;
    #endif
}
```

如果表达式 TEST<=5 的结果为真，则语句 1 被编译，否则语句 2 被编译。在表达式 TEST<=5 的位置，也可以使用像 (LEVEL==HIGH||LEVEL==LOW) 或 ADAPTER==SVGA 这样的表达式。如果有需要，我们甚至可以使用嵌套的条件编译指令。

12.6 其他指令

在 C 语言中，还有以下两种预处理指令，尽管它们不是很常用。

（1）#undef 指令。

（2）#pragma 指令。

12.6.1 #undef 指令

在有些场合，我们有可能需要让一个已定义的名称变成“未定义的”名称，这可以像下面这样使用 #undef 指令来实现。

```
#undef PENTIUM
```

这将导致宏 PENTIUM 的定义被移除，后续的所有 #ifdef PENTIUM 语句的结果都会变成假。在实践中，我们很少需要取消一个宏的定义。但是，如果确实需要这样做，那么可以使用这种方法。

12.6.2 #pragma 指令

#pragma 指令用于打开或关闭一些特性。#pragma 指令会因不同的生成工具而异。有些 #pragma 指令负责对源列表进行格式化，并在目标文件中放置注释。还有一些 #pragma 指令允许我们关闭编译器产生的一些警告。下面我们讨论其中一些 #pragma 指令。

（1）#pragma startup 和 #pragma exit：这两条指令允许我们指定在程序启动（在 main() 之前）或退出（在程序终止之后）时调用的函数。下面的程序展示了它们的用法。

```
#include <stdio.h>
void fun1( ) ;
void fun2( ) ;
#pragma startup fun1
#pragma exit fun2
int main( )
{
    printf( "Inside main\n" ) ;
```

```
    return 0 ;
}
void fun1( )
{
    printf( "Inside fun1\n" ) ;
}
void fun2( )
{
    printf( "Inside fun2\n" ) ;
}
```

下面是这个程序的输出。

```
Inside fun1
Inside main
Inside fun2
```

注意，fun1() 和 fun2() 函数不应该返回任何值。如果我们想要在程序启动时执行这两个函数，那么它们的 #pragma 指令应该按照与它们的调用顺序相反的顺序进行定义。

（2）#pragma warn：在编译时，编译器报告程序中可能存在的错误和警告。错误必须被纠正；而警告则向我们提供了一些提示或建议，表示一段特定的代码可能存在问题。下面是显示警告的两种常见情形。

- 我们编写的代码被认为是一种不良的程序设计习惯。例如：一个函数并不返回任何值，但我们却没有将其返回类型声明为 void。
- 我们编写的代码有可能产生运行时错误。例如：把一个值赋给一个未初始化的指针。

#pragma warn 指令用于告诉编译器我们是否想要关闭某个特定的警告。这种 #pragma 指令的用法如下。

```
#include <stdio.h>
#pragma warn -rvl   /* 返回值 */
#pragma warn -par   /* 参数未使用 */
#pragma warn -rch   /* 代码不可达 */
int f1( )
{
    int a = 5 ;
}
void f2( int x )
{
    printf( "Inside f2\n" ) ;
}
int f3( )
{
    int x = 6 ;
    return x ;
    x++ ;
}
int main( )
{
    f1( ) ;
    f2( 7 ) ;
    f3( ) ;
    return 0 ;
}
```

仔细阅读这个程序，我们可以立即发现 3 个问题。

（1）尽管承诺了返回类型，但 f1() 并没有返回任何值。

（2）传递给 `f2()` 的参数 `x` 并没有被使用。

（3）控制不可能到达 `f3()` 中的 `x++`。

如果编译这个程序，那么读者可能期待出现提示上面这些问题的警告。但是，这种情况并没有发生，因为我们已经使用 `#pragma` 指令关闭了警告。

如果把“–”替换为“+”，则这些警告将会在编译程序时闪现。尽管关闭警告是一种不良习惯，但有时候关闭警告是有必要的。例如：在编译一个较大的程序时，我们首先想到的是消除所有的错误，然后才会把注意力转向警告。此时，我们可以从一开始就关闭警告。等到消除所有的错误之后，再打开警告并对它们进行处理。

12.7　构建过程

在将 C 语言程序转换为一种可执行的形式时涉及许多步骤。图 12.1 显示了这些不同的步骤以及在每个阶段创建的文件。许多软件开发工具在我们的面前隐藏了其中一些步骤。但是，如果我们能够理解所有这些步骤，那么无疑可以帮助我们成为更优秀的程序员。

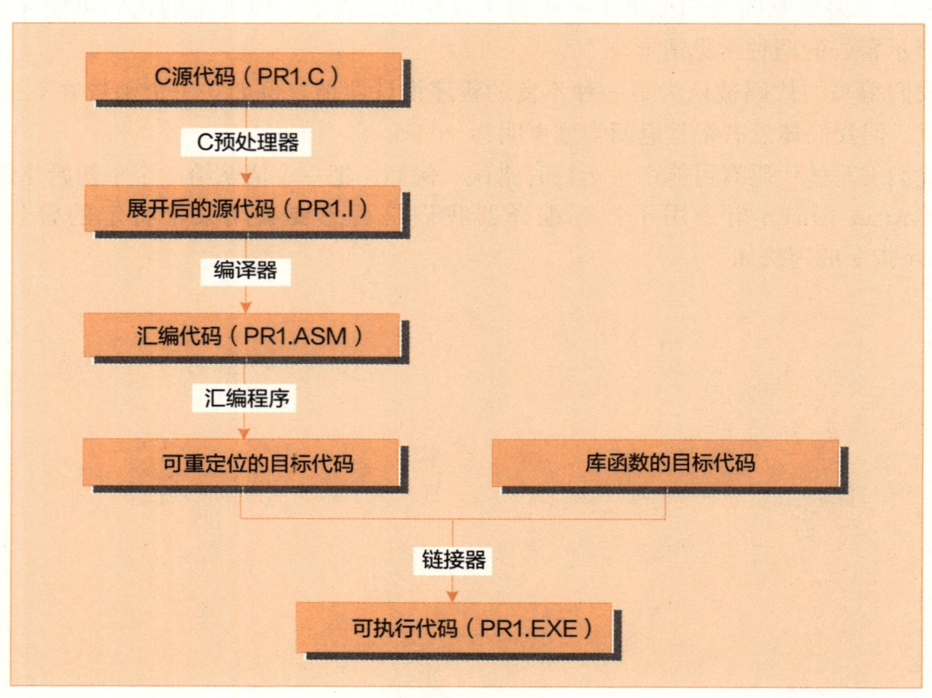

图 12.1

表 12.1 对构建过程中每个工具扮演的角色进行了总结。

表12.1

工具	输入	输出
编辑器	通过键盘输入的程序	包含程序和预处理指令的C源代码
C预处理器	C源代码	使用预处理指令展开后的源代码
编译器	展开后的源代码	汇编代码

续表

工具	输入	输出
汇编程序	汇编代码	使用机器语言编写的可重定位的目标代码
链接器	可重定位的目标代码和库函数的目标代码	使用机器语言编写的可执行代码

12.8 程序

练习12.1

编写宏定义，完成下列任务。

（1）测试一个字符是否为小写字母。

（2）测试一个字符是否为大写字母。

（3）测试一个字符是否为字母，要求使用上面（1）和（2）中定义的宏。

（4）获取两个数中较大的那个数。

程序

```
/* 宏ISUPPER、ISLOWER、ISALPHA、BIG */
#include <stdio.h>
#define ISUPPER(x) ( x >= 65 && x <= 90 ? 1 : 0 )
#define ISLOWER(x) ( x >= 97 && x <= 122 ? 1 : 0 )
#define ISALPHA(x) ( ISUPPER(x) || ISLOWER(x) )
#define BIG(x,y) ( x > y ? x : y )
int main( )
{
    char ch ;
    int d, a, b ;
    printf( "\nEnter any alphabet/character: " ) ;
    scanf( "%c", &ch ) ;
    if( ISUPPER( ch ) == 1 )
        printf( "You entered a capital letter\n" ) ;
    if( ISLOWER( ch ) == 1 )
        printf( "You entered a small case letter\n" ) ;
    if( ISALPHA( ch ) != 1 )
        printf( "You entered character other than an alphabet\n" ) ;
    printf( "Enter any two numbers: " ) ;
    scanf( "%d%d", &a, &b ) ;
    d = BIG( a, b ) ;
    printf( "Bigger number is %d\n", d ) ;
    return 0 ;
}
```

输出

```
Enter any alphabet/character: A
You entered a capital letter
Enter any two numbers: 10 20
Bigger number is 20
```

练习12.2

编写带参数的宏定义，计算三角形、圆和矩形的面积及周长。要求把宏定义存储在一个名为 areaperi.h 的头文件中，在程序中包含这个头文件，并调用宏定义以计算不同矩形、三角形和圆的面积及周长。

程序

```
/* areaperi.h */
/* 在areaperi.h头文件中存储计算圆、三角形和矩形的面积及周长的宏定义 */
#define PI 3.1415
#define PERIC( r )( 2 * PI * r )
#define AREAC( r )( PI * r * r )
#define PERIS( x )( 4 * x )
#define AREAS( x )( x * x )
#define PERIT( x, y, z )( x + y + z )
#define AREAT( b, h )( 0.5 * b * h )

/* 使用头文件areaperi.h中的宏定义 */
#include <stdio.h>
#include "areaperi.h"
int main( )
{
    int d, a, b ;
    float sid1, sid2, sid3, sid, p_tri, p_cir, p_sqr, a_tri, a_cir,a_sqr ;
    float r, base, height ;
    printf( "\nEnter radius of circle: " ) ;
    scanf( "%f", &r ) ;
    p_cir = PERIC( r ) ;
    printf( "Circumference of circle = %f\n", p_cir ) ;
    a_cir = AREAC( r ) ;
    printf( "Area of circle = %f\n", a_cir ) ;
    printf( "Enter side of a square: " ) ;
    scanf( "%f", &sid ) ;
    p_sqr = PERIS( sid ) ;
    printf( "Perimeter of square = %f\n", p_sqr ) ;
    a_sqr = AREAS( sid ) ;
    printf( "Area of square = %f\n", a_sqr ) ;
    printf( "Enter length of 3 sides of triangle: " ) ;
    scanf( "%f %f %f", &sid1, &sid2, &sid3 ) ;
    p_tri = PERIT( sid1, sid2, sid3 ) ;
    printf( "Perimeter of triangle = %f\n", p_tri ) ;
    printf( "Enter base and height of triangle: " ) ;
    scanf( "%f %f", &base, &height ) ;
    a_tri = AREAT( base, height ) ;
    printf( "Area of triangle = %f\n", a_tri ) ;
    return 0 ;
}
```

输出

```
Enter radius of circle: 5
Circumference of circle = 31.415001
Area of circle = 78.537498
Enter side of a square: 6
Perimeter of square = 24.000000
Area of square = 36.000000
Enter length of 3 sides of triangle: 3 4 5
Perimeter of triangle = 12.000000
Enter base and height of triangle: 4 6
Area of triangle = 12.000000
```

习题

1. 回答下列问题。

（1）预处理指令是指什么？

① 编译器发送给程序员的信息。

② 编译器发送给链接器的信息。

③ 程序员发送给预处理器的信息。

④ 程序员发送给微处理器的信息。

（2）下面哪些是格式正确的 #define 语句？

```
① #define INCH PER FEET 12
② #define SQR (X)( X * X )
③ #define SQR(X) X * X
④ #define SQR(X)( X * X )
```

（3）下列说法是正确的还是错误的？

① 宏必须写成大写形式。

② 宏必须出现在一行中。

③ 在预处理之后，当对程序进行编译时，宏会从展开后的源代码中删除。

④ 不允许使用带参数的宏。

⑤ 允许对宏进行嵌套。

⑥ 在宏调用中，控制将被传递给这个宏。

（4）头文件是指什么？

① 包含了标准库函数的文件。

② 包含了定义和宏的文件。

③ 包含了用户定义的函数的文件。

④ 出现在当前工作目录中的文件。

（5）程序中的所有宏替换是在什么时候进行的？

① 在程序编译之前。

② 在程序编译之后。

③ 在程序运行期间。

④ 上述说法都不正确。

2. 下列程序的输出是什么？

（1）
```
#include <stdio.h>
int main( )
{
    int i = 2 ;
    #ifdef DEF
        i *= i ;
    #else
        printf( "%d\n", i ) ;
    #endif
    return 0 ;
}
```

（2）
```
#include <stdio.h>
#define PRODUCT(x)( x * x )
int main( )
{
    int i = 3, j, k, l ;
    j = PRODUCT( i + 1 ) ;
    k = PRODUCT( i++ ) ;
    l = PRODUCT( ++i ) ;
    printf( "%d %d %d %d\n", i, j, k, l ) ;
    return 0 ;
}
```

（3）
```
#include <stdio.h>
#define PI 3.14
#define AREA( x, y, z )( PI * x * x + y * z ) ;
int main( )
{
    float a = AREA( 1, 5, 8 ) ;
    float b = AREA( AREA( 1, 5, 8 ), 4, 5 ) ;
    printf( " a = %f\n", a ) ;
    printf( " b = %f\n", b ) ;
    return 0 ;
}
```

3. 回答下列问题。

（1）如果一个宏展开后不符合预期，请问怎么才能看到它是如何由预处理器展开的？

（2）为下列任务编写宏定义。

① 计算两个数的算术平均值。

② 计算一个数的绝对值。

③ 把一个大写字母转换为小写形式。

④ 在 3 个数中找出最大的那个数。

（3）编写带参数的宏定义，计算存款利息和金额。要求把这些宏定义存储在一个名为 intrest.h 的头文件中。在程序中包含这个头文件，并使用这些宏定义计算存款利息和金额。

课后笔记

1. 当源代码中使用了预处理指令时，预处理指令会对源代码进行展开。

2. 4 种类型的预处理指令：①宏展开指令；②文件包含指令；③条件编译指令；④其他指令。

3. #include "stdio.h"：在包含搜索路径的目录列表和当前目录中查找文件。

#include <stdio.h>：仅在指定的目录列表中查找文件。

4. 宏：每个模板都由展开后的形式替换。

5. 宏具有全局效果。

6. #define PLANK 6.634E-34：简单的宏。

#define AREA(x) PI * x * x：带参数的宏。

7. 宏可以接收多个参数：#define CALC(a, b, c)(a + b * c / 3.14)。

8. 宏可以跨越多行定义，只要在除了最后一行的每一行的末尾添加一个 \ 即可。

9. 宏的优点：相比函数速度更快。
10. 函数的优点：占用的空间更少。
11. 注意带参数的宏的副作用。对于如下宏定义：

```
#define SQUARE(y)y*y
```

z=SQUARE(3+1) 将被展开为 z=3+1*3+1。
12. 条件编译：只有当条件为真时才编译代码。
13. 条件编译是使用 #ifdef、#else、#endif、#ifndef 和 #if 实现的。
    #undef：取消已被定义的一个宏的再次定义。
    #pragma inline：编译使用了汇编语句的程序。
14. 此外还有很多其他的 #pragma 指令。

第13章 数组

"把有序带向混乱"

1 个变量一次只能保存 1 个值。如果我们有 100 个值，那么需要多少个变量呢？答案不是 100 个，而是 1 个。这是一种特殊的变量，它们被称为数组。本章将讨论如何使用数组。

本章内容

C 语言提供了一种功能，以方便程序设计人员处理一组数据类型相似的数据，这种功能就是数组。本章将介绍如何在 C 语言中创建和操作数组。指针和数组具有非常密切的关系，因此本章还将讨论指针和数组的关系。

13.1 什么是数组

假设我们想要按照升序对 100 名学生的百分制成绩进行排列。方法有两种：第 1 种方法是创建 100 个变量，每个变量包含一名学生的分数；第 2 种方法是创建一个能够存储或保存全部 100 个分数的变量。显然第 2 种方法更好，因为处理 1 个变量要比处理 100 个变量容易得多。这样的变量被称为数组。

数组的正式定义：数组是相似元素的集合。这些相似的元素可以是 100 名学生的百分制成绩，也可以是 300 名员工的工资，还可以是 50 名员工的年龄。重要的是，这些元素必须是“相似的”。我们不能创建这样一个包含 10 个数的数组，其中 5 个是 int 类型，另外 5 个是 float 类型。通常，字符数组被称为字符串，整型或浮点型数组则简单地被称为数组。

一个使用数组的简单程序

下面我们编写一个程序，计算一次测验中某个班的 30 名学生的平均成绩。

```
# include <stdio.h>
int main( )
{
    int avg, sum = 0 ;
    int i ;
    int marks[30] ; /* 声明数组 */
    for( i = 0 ; i <= 29 ; i++ )
    {
        printf( "Enter marks " ) ;
        scanf( "%d", &marks[i] ) ; /* 在数组中存储数据 */
    }
    for( i = 0 ; i <= 29 ; i++ )
        sum = sum + marks[i] ;       /* 从数组中读取数据 */
    avg = sum / 30 ;
    printf( "Average marks = %d\n", avg ) ;
    return 0 ;
}
```

这个程序中有大量新的内容，因此我们对它们逐步进行分析。

声明数组

与其他变量相似，数组也需要声明，这样编译器才能知道数组的类型和长度。在这个程序中，我们通过下面这条语句声明了一个数组。

```
int marks[30] ;
```

这里的 [30] 用于告诉编译器这个 int 类型的数组的长度。数组的长度又称数组的大小。

访问数组中的元素

一旦声明了数组 marks[] 之后，就可以使用 marks[0]、marks[1]、marks[2] 等

形式表示数组中单独的元素。方括号中的数字指定了数组中元素的位置。数组元素的下标是从 0 开始编号的。因此，marks[2] 并不表示数组的第 2 个元素，而是表示第 3 个元素。0、1、2 通常被称为下标，数组也常被称为带下标的变量。在这个程序中，我们在如下两条语句中使用这种形式访问数组元素。

```
scanf( "%d", &marks[i] ) ;          /* 在数组中存储数据 */
sum = sum + marks[i] ;              /* 从数组中读取数据 */
```

在第 1 条语句中，我们把 marks[i] 的地址传递给 scanf() 以接收 marks[i] 中的数据。在第 2 条语句中，我们使用 marks[i] 累加学生的分数。由于这两条语句都出现在一个循环中，因此每次执行这个循环时，i 的取值都是不同的。我们每次接收或读取的都是数组的一个新元素。这种在变量中使用下标的功能正是数组非常实用的原因。

当所有的分数都被累加之后，将结果除以学生人数 30，这样就得到了学生的平均成绩。

13.2　关于数组的其他信息

下面我们讨论数组在程序中极为实用的一些特性，我们还将讨论使用数组时的一些潜在陷阱。

13.2.1　数组的初始化

观察下面这些数组声明。

```
int num[6] = { 2, 4, 12, 5, 45, 5 } ;
int n[] = { 2, 4, 12, 5, 45, 5 } ;
float press[] = { 12.3, 34.2, -23.4, -11.3 } ;
long int gdp[10] ;
```

它们说明了数组可以在声明时进行初始化。当我们采用这种做法时，数组的长度是可选的，如第 2 个和第 3 个例子所示。另外，注意数组 gdp[] 为自动存储类型，并且它没有被初始化，因此里面包含了垃圾值。如果我们把它声明为静态数组，则里面所有的元素会被默认初始化为 0。

13.2.2　内存中的数组元素

观察下面这个数组声明。

```
int arr[8] ;
```

编译器会在内存中为这个数组分配 32 字节的空间，8 个整数中的每一个占用 4 字节的空间。这个数组中的值均为垃圾值，数组元素将像图 13.1 那样占据相邻的内存位置。

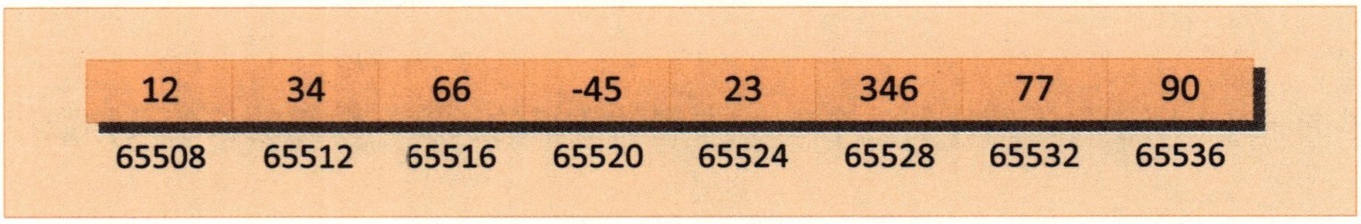

12	34	66	-45	23	346	77	90
65508	65512	65516	65520	65524	65528	65532	65536

图 13.1

13.2.3 边界检查

观察下面这个程序。

```
# include <stdio.h>
int main( )
{
    int num[40], i ;
    for( i = 0 ; i <= 99 ; i++ )
        num[i] = i ;
    return 0 ;
}
```

编译器只为 num[] 分配了 40 个位置，但我们却试图在其中填充 100 个值。当 i 超过 39 时，剩下的值将被简单地放置在数组外部的内存空间中。如果这些位置原先包含的是垃圾值，那就没什么损失。但是，如果这些位置原先包含有用的数据，那就会导致不可预料的结果。在有些情况下，计算机甚至可能就此宕机。

问题在于，当程序越过数组的边界之后，编译器并不会产生任何错误信息。因此，保证程序不超出数组的边界完全是程序员而不是编译器的责任。

13.2.4 向函数传递数组元素

数组元素可以按值或者按引用传递给函数。下面这个程序展示了这两种传递方式。

```
/* 按值或者按引用传递数组元素 */
# include <stdio.h>
void display1( int ) ;
void display2( int * ) ;
int main( )
{
    int i ;
    int marks[] = { 55, 65, 75, 56, 78, 78, 90 } ;
    for( i = 0 ; i <= 6 ; i++ )
        display1( marks[i] ) ;
    for( i = 0 ; i <= 6 ; i++ )
        display2( &marks[i] ) ;
    return 0 ;
}
void display1( int m )
{
    printf( "%d ", m ) ;
}
void display2( int *n )
{
    printf( "%d ", *n ) ;
}
```

下面是这个程序的输出。

```
55 65 75 56 78 78 90
55 65 75 56 78 78 90
```

在这里，我们向 display1() 传递了一个数组元素的值，而向 display2() 传递了一个数组元素的地址。由于一次只有一个元素或元素地址被传递给函数，因此这个元素或元素地址会被保存在整型变量 m 或整型指针 n 中。

由于 n 包含了数组元素的地址，因此为了输出数组元素，我们需要使用取值操作符（*）。

13.3 指针和数组

为了理解指针与数组的关系，我们首先学习一些指针运算。观察下面这个例子。

```
# include <stdio.h>
int main( )
{
    int i = 3, *x ;
    float j = 1.5, *y ;
    char k = 'c', *z ;
    printf( "Value of i = %d\n", i ) ;
    printf( "Value of j = %f\n", j ) ;
    printf( "Value of k = %c\n", k ) ;
    x = &i ; y = &j ; z = &k ;
    printf( "Original address in x = %u\n", x ) ;
    printf( "Original address in y = %u\n", y ) ;
    printf( "Original address in z = %u\n", z ) ;
    x++ ; y++ ; z++ ;
    printf( "New address in x = %u\n", x ) ;
    printf( "New address in y = %u\n", y ) ;
    printf( "New address in z = %u\n", z ) ;
    return 0 ;
}
```

下面是这个程序的输出。

```
Value of i = 3
Value of j = 1.500000
Value of k = c
Original address in x = 65524
Original address in y = 65520
Original address in z = 65519
New address in x = 65528
New address in y = 65524
New address in z = 65520
```

观察以上输出的最后 3 行。65528 等于 x 的原地址加 4，65524 等于 y 的原地址加 4，65520 等于 z 的原地址加 1。这是因为每当一个指针的值加 1 时，就表示移动这个指针以指向对应类型数据的下一个存储位置。因此，当整型指针 x 的值增加 1 时，就表示指向当前位置之后 4 字节的地址，因为 int 数据的长度是 4 字节（在 Turbo C/C++ 中，由于 int 数据的长度是 2 字节，因此 x 的新地址是 65526）。

类似地，y 指向当前位置之后 4 字节的地址，z 指向当前位置之后 1 字节的地址。当我们把整个数组传递给函数时，可以非常有效地利用上述结果。

指针除了可以加上一个整数之外，也可以减去一个整数，从而使其指向当前位置之前的某个位置。因此，对指针可以执行下面这些操作。

（1）对指针加上一个整数。

（2）对指针减去一个整数。

（3）用一个指针减去另一个指针。

（4）对两个指针变量进行比较。

下面这个程序演示了这些操作。

```
# include <stdio.h>
int main( )
```

```
{
    int arr[] = { 10, 20, 30, 45, 67, 56, 74 } ;
    int i = 4, *j, *k, *x, *y ;
    j = &i ;
    j = j + 9 ; /* 对指针加上一个整数 */
    k = &i ;
    k = k - 3 ; /* 对指针减去一个整数 */
    x = &arr[1] ;
    y = &arr[5] ;
    printf( "%d\n", y - x ) ;
    j = &arr[4] ;
    k =( arr + 4 ) ;
    if( j == k )
        printf( "The two pointers point to the same location\n" ) ;
    else
        printf( "The two pointers point to different locations\n" ) ;
    return 0 ;
}
```

我们已经熟悉了对一个指针加上或减去一个整数的操作。接下来我们讨论如何将两个指针相减。

在这个程序中，x 和 y 都被声明为整型指针，它们分别包含 arr[] 数组中第 1 个和第 5 个元素的地址。假设数组 arr[] 的起始地址是 65502，则 arr[1] 和 arr[5] 分别位于地址 65506 和 65522，因为这个数组中的每个整数占据内存中 4 字节的空间。表达式 y-x 的结果是 4，因为 y 和 x 都是指向某个地址的指针，它们之间相隔 4 个整数。

指针变量之间可以进行比较，只要它们指向相同数据类型的对象即可。当两个指针变量都指向同一个数组中的元素时，这种比较往往非常实用。这种比较可以测试相等性或不相等性。另外，指针变量还可以与 0（通常用 NULL 表示）进行比较。

除了上述 4 种运算之外，不要对指针执行任何其他运算，因为其他运算不会产生任何有意义的结果。

13.3.1 使用指针访问数组元素

我们已经理解了下面两个重要的事实。

（1）数组元素总是存储在相邻的内存位置。

（2）当一个指针的值增大 1 时，表示指向对应类型数据的下一个存储位置。

下面我们结合这两个事实并使用指针访问数组元素。

```
# include <stdio.h>
int main( )
{
    int num[] = { 24, 34, 12, 44, 56, 17 } ;
    int i, *j ;
    j = &num[0] ; /* 将第1个数组元素的地址赋给j */
    for( i = 0 ; i <= 5 ; i++ )
    {
        printf( "address = %u element = %d\n", j, *j ) ;
        j++ ; /* 将指针的值加1以指向下一个元素 */
    }
    return 0 ;
}
```

以下是这个程序的输出。

```
address = 65512 element = 24
address = 65516 element = 34
address = 65520 element = 12
address = 65524 element = 44
address = 65528 element = 56
address = 65532 element = 17
```

为了理解这些输出，我们需要观察数组元素在内存中是如何存储的，如图 13.2 所示。

24	34	12	44	56	17
65512	65516	65520	65524	65528	65532

图 13.2

在这个程序中，我们首先使用下面这条语句把数组的起始地址（数组中第 1 个元素的地址）保存到了变量 j 中。

```
j = &num[0] ; /* 把地址65512赋给j */
```

当我们第 1 次进入这个循环时，j 包含的地址是 65512，存储在这个地址的值是 24。我们使用下面这条语句输出了这个值和对应的存储地址。

```
printf( "address = %u element = %d\n", j, *j ) ;
```

在把 j 的值加 1 之后，j 指向 int 类型的下一个位置（地址 65516），但地址 65516 存储了数组的第 2 个元素，因此当第 2 次执行 printf() 时，会输出数组的第 2 个元素及其地址（34 和 65516）。接下来依此类推，直到数组的最后一个元素。

现在，我们知道了如何使用下标和指针访问数组元素。读者此时显然会想到一个问题，到底应该使用哪种方法呢？通过指针访问数组元素总是快于通过下标访问数组元素。但是，站在便于程序设计的角度，我们应该记住下面的原则。

（1）如果数组元素是按一种固定的顺序访问的，例如从头到尾访问，或者从尾到头访问，或者隔位置访问，或者存在某种固定的逻辑，则应该使用指针访问数组元素。

（2）反之，如果在访问数组元素时不存在固定的逻辑，则使用下标访问数组元素会更方便一些。

13.3.2 把数组传递给函数

我们已经学习了如何把单个数组元素或单个数组元素的地址传递给函数。现在我们讨论如何把整个数组传递给函数。观察下面这个程序。

```
/* 演示如何把数组传递给函数 */
# include <stdio.h>
void display1( int *, int ) ;
void display2( int[], int ) ;
int main( )
{
    int num[] = { 24, 34, 12, 44, 56, 17 } ;
    display1( &num[0], 6 ) ;
    display2( &num[0], 6 ) ;
    return 0 ;
}
```

```
void display1( int *j, int n )
{
    int i ;
    for( i = 0 ; i <= n - 1 ; i++ )
    {
        printf( "element = %d\n", *j ) ;
        j++ ;     /* 将指针的值加1以指向下一个元素 */
    }
}
void display2( int j[], int n )
{
    int i ;
    for( i = 0 ; i <= n - 1 ; i++ )
        printf( "element = %d\n", j[i] ) ;
}
```

在这个程序中，数组的第 1 个元素和元素数量被传递给 display1() 函数。for 循环使用指针访问数组元素。注意，传递数组的元素数量是很有必要的，否则 display1() 函数就不知道应该在什么时候终止 for 循环。

传递给 display2() 函数的参数与上面相同，但它们的接收形式存在区别。

```
void display2( int j[], int n )
```

在这里，尽管 j 仍然是一个整型指针，但它所采用的数组记法允许我们通过表达式 j[i] 更方便地访问数组元素，而不需要对 j 执行任何指针运算。

注意，第 1 个数组元素的地址（通常被称为基地址）也可以只通过数组名来传递。因此，下面这两个调用的效果是相同的。

```
display1( &num[0], 6 ) ;
display1( num, 6 ) ;
```

真材实料

读者应该已经理解了如何在内存中存储数组元素以及指针运算的概念，下面是一些值得思考的真材实料。再次观察下面这个数组。

```
int num[] = { 24, 34, 12, 44, 56, 17 } ;
```

我们知道，提供数组名相当于提供数组的基地址。因此，*num 表示的是数组的第 1 个元素，也就是 24。我们可以很轻松地看到 *num 和 *(num+0) 都表示 24。

类似地，*(num+1) 表示数组的第 2 个元素，也就是 34。事实上，C 编译器已在内部完成这些操作。当我们使用 num(i) 时，C 编译器会在内部将其转换为 *(num+i)。这意味着下面这些记法的效果是相同的。

```
num[i]
*( num + i )
*( i + num )
i[num]
```

下面这个程序能够证明以上结论。

```
/* 使用不同的方式访问数组元素 */
# include <stdio.h>
int main( )
```

```
{
    int num[] = { 24, 34, 12, 44, 56, 17 } ;
    int i ;
    for( i = 0 ; i <= 5 ; i++ )
    {
        printf( "address = %u ", &num[i] ) ;
        printf( "element = %d %d ", num[i], *( num + i ) ) ;
        printf( "%d %d\n", *( i + num ), i[num] ) ;
    }
    return 0 ;
}
```

以下是这个程序的输出。

```
address = 65512 element = 24 24 24 24
address = 65516 element = 34 34 34 34
address = 65520 element = 12 12 12 12
address = 65524 element = 44 44 44 44
address = 65528 element = 56 56 56 56
address = 65532 element = 17 17 17 17
```

13.4　可变长数组

在定义数组时，我们必须以正整数的形式指定数组的长度。数组的长度不能使用变量来指定，因此下面的声明是错误的。

```
int max ;
int arr[max] ;
scanf( "%d", &max ) ;
```

在编译时，max 的值还没有通过 scanf() 提供（在运行程序时才有机会得到输入）。因此，编译器无法确定应该为这个数组分配多大的空间，于是拒绝此类声明。但是，下面的声明却是合法的。

```
#define MAX 25
int arr[MAX] ;
```

这是因为在预处理时，MAX 会被 25 替换。因此，编译器明白这个声明实际上相当于 int arr[25]，这是没有问题的。

有时候，我们在编写程序时无法确定一个数组的长度，这项工作必须推迟到运行时才进行。如果我们打算在运行时创建一个数组，则必须借助 malloc() 函数。下面这个程序演示了如何使用这个函数。

```
/* 可变长数组的使用 */
# include <stdio.h>
# include <stdlib.h>
int main( )
{
    int max, i, *p ;
    printf( "Enter array size: " ) ;
    scanf( "%d", &max ) ;
    p =( int * ) malloc( max * sizeof( int ) ) ;
    for( i = 0 ; i <= 5 ; i++ )
    {
        p[i] = i * i ;
        printf( "%d ", p[i] ) ;
```

```
    }
    return 0 ;
}
```

我们必须向 malloc() 函数传递要在内存中分配的字节数。malloc() 函数将以 void 指针的形式返回被分配的内存块的基地址。我们需要把这个 void 指针转换为 int 指针。这种转换是有必要的，因为我们无法对 void 指针执行操作。另外，这种转换是通过类型转换操作来完成的，目标类型应该出现在一对括号中。在把地址分配给 p 之后，p 便可以通过表达式 p[i] 作为常规数组使用。

13.5　程序

练习13.1

编写一个程序，在一个包含 10 个元素的数组中交换奇数位置和偶数位置的元素。

程序

```
/* 交换数组中奇数位置和偶数位置的元素 */
# include <stdio.h>
int main( )
{
    int num[] = { 12, 4, 5, 1, 9, 13, 11, 19, 54, 34 } ;
    int i, t ;
    for( i = 0 ; i <= 9 ; i = i + 2 )
    {
        t = num[i] ;
        num[i] = num[i + 1] ;
        num[i + 1] = t ;
    }
    for( i = 0 ; i <= 9 ; i++ )
        printf( "%d\t", num[i] ) ;
    return 0 ;
}
```

输出

```
4 12 1 5 13 9 19 11 34 54
```

练习13.2

编写一个程序，把一个包含 5 个元素的整型数组的内容按照相反的顺序复制到另一个数组中。

程序

```
/* 以相反的顺序把一个数组的内容复制到另一个数组中 */
# include <stdio.h>
int main( )
{
    int arr1[5], arr2[5], i, j ;
    printf( "\nEnter 5 elements of array:\n" ) ;
    for( i = 0 ; i <= 4 ; i++ )
        scanf( "%d", &arr1[i] ) ;
    for( i = 0, j = 4 ; i <= 4 ; i++, j-- )
        arr2[j] = arr1[i] ;
    printf( "Elements in reverse order:\n" ) ;
    for( i = 0 ; i <= 4 ; i++ )
```

```
        printf( "%d\t", arr2[i] ) ;
    return 0 ;
}
```

输出

```
Enter 5 elements of array:
10 20 30 40 50
Elements in reverse order:
50 40 30 20 10
```

练习13.3

给定一个包含 10 个整数的数组。以输入的形式接收需要在这个数组中搜索的数。编写一个程序，在数组中搜索这个数，并显示这个数在数组中出现的次数。

程序

```
/* 在数组中搜索一个数并显示这个数在数组中出现的次数 */
# include <stdio.h>
int main( )
{
    int num[] = { 7, 3, 5, 4, 6, 7, 2, 4, 6, 7 } ;
    int n, i, count ;
    printf( "\nEnter an element to search: " ) ;
    scanf( "%d", &n ) ;
    count = 0 ;
    for( i = 0 ; i <= 9 ; i++ )
    {
        if( num[i] == n )
            count++ ;
    }
    printf( "Number %d is found %d time(s) in the array\n", n, count ) ;
    return 0 ;
}
```

输出

```
Enter an element to search: 7
Number 7 is found 3 time(s) in the array
```

习题

1. 回答下列问题。

（1）下面的声明是否正确？

```
int a(25) ;
int size = 10, b[size] ;
```

（2）下面这个表达式表示的是数组的第几个元素？

```
num[4]
```

（3）在下面的两个表达式中，5 的含义有什么区别？

```
int num[5] ;
```

```
num[5] = 11 ;
```

（4）如果我们在初始化一个数组时向它提供太多的值，甚至超出数组的长度，则会发生什么情况？

（5）如果我们在初始化一个数组时向它提供太少的值，则会发生什么情况？

（6）如果我们把一个值赋给一个数组元素，但这个元素的下标超出数组的长度，则会发生什么情况？

（7）当我们把一个数组作为参数传递给一个函数时，实际传递的是什么？

（8）一个静态数组如果未初始化，则它的元素会被设置成什么？

（9）假设 `s[5]` 是一个一维整型数组，如果使用指针记法，那么我们应该如何引用这个数组的第 3 个元素？

2. 完成下列任务。

（1）假设通过键盘向一个数组输入 25 个数。编写一个程序，找出其中有多少个是正数，有多少个是负数，有多少个是偶数，有多少个是奇数。

（2）假设一个数组包含 *n* 个元素，编写一个程序，判断这个数组是否满足 `arr[0]=arr[n-1]`、`arr[1]=arr[n-2]`、`arr[2]=arr[n-3]` 等条件。

（3）编写一个程序，使用指针在一个包含 25 个整数的数组中找到其中最小的整数。

（4）实现图 13.3 所示的对一组 25 个数所要执行的插入排序算法。

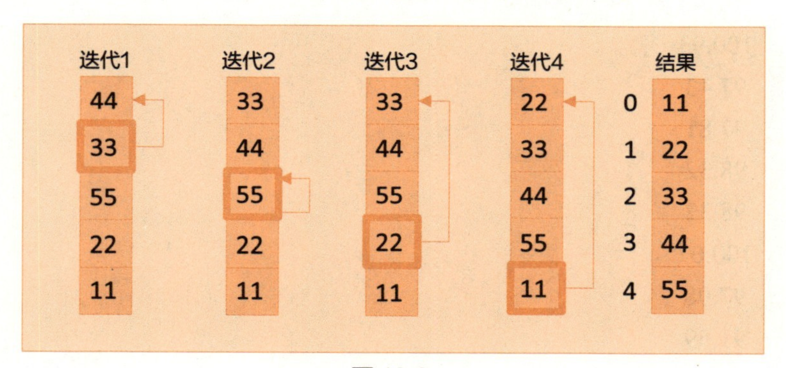

图 13.3

（5）编写一个程序，完成下面这些任务。

- 在 `main()` 函数中初始化一个包含 10 个元素的整型数组。
- 把整个数组传递给 `modify()` 函数。
- 在 `modify()` 函数中，将每个数组元素乘以 3。
- 把控制返回给 `main()` 函数，并在 `main()` 函数中输出新的数组元素。

（6）对于下面这组数据样本，计算它们的标准差和算术平均值。

```
-6, -12, 8, 13, 11, 6, 7, 2, -6, -9, -10, 11, 10, 9, 2
```

标准差的计算公式如下。

$$\frac{\sqrt{\left(x_i-\overline{x}\right)^2}}{n}$$

其中，x_i 是数据项，$\overline{x}$ 是平均值。

（7）当一个三角形的两条边和它们之间的夹角已知时，可以使用正弦定理计算它的面积。

$$三角形的面积 = (1/2)\ ab \sin(角度)$$

下面是6组三角形信息，编写一个程序，计算它们的面积并确定哪个三角形最大。

编号	*a*	*b*	角度
1	137.4	80.9	0.78
2	155.2	92.62	0.89
3	149.3	97.93	1.35
4	160.0	100.25	9.00
5	155.6	68.95	1.25
6	149.7	120.0	1.75

（8）对于下面这组 n 个数据点 (x, y)，编写一个程序，计算关联系数 r，公式如下。

$$r = \frac{\sum xy - \sum x \sum y}{\sqrt{\left[n\sum x^2 - \left(\sum x\right)^2\right]\left[n\sum y^2 - \left(\sum y\right)^2\right]}}$$

x	*y*
34.22	102.43
39.87	100.93
41.85	97.43
43.23	97.81
40.06	98.32
53.29	98.32
53.29	100.07
54.14	97.08
49.12	91.59
40.71	94.85
55.15	94.65

（9）对于下面这组 n 个数据点 (x, y)，确定一条由 $y = a + bx$ 决定的直线，其中：

$$a = \overline{y} - b\overline{x}$$

$$b = \frac{n\sum yx - \sum x \sum y}{\left[n\sum x^2 - \left(\sum x\right)^2\right]}$$

x	*y*
3.0	1.5
4.5	2.0
5.5	3.5
6.5	5.0
7.5	6.0

8.5	7.5
8.0	9.0
9.0	10.5
9.5	12.0
10.0	14.0

（10）假设通过键盘输入 10 个点的 x 和 y 坐标。编写一个程序，计算最后一个点与第一个点之间的距离（连续各点的距离之和）。

（11）双头队列（dequeue）是一种有序的元素集合，可以从任何一端插入或提取元素。使用数组模拟一个字符型的双头队列，实现从左端（头部）提取、从右端（尾部）提取、在左端（头部）插入以及在右端（尾部）插入元素的操作。如果出现双头队列为满或为空这样的极端情况，则予以提示。在实现上述模拟时，我们需要两个指针（分别用于双头队列的左端和右端）。

课后笔记

1. 数组是一种能够同时存储多个类型相同的值的变量。

2. 数组具有两个基本属性。

（1）相似性：所有的数组元素彼此之间相似。

（2）相邻性：所有的数组元素存储在相邻的内存位置。

3. 数组有两种声明形式。

```
int arr[10] ;                    /* 明确指定数组的长度 */
int num[]={23,34,54,22,33};  /* 数组的长度由编译器在为数组分配空间时决定 */
```

4. 数组元素的下标是从 0 开始编号的。因此，arr[9] 表示第 10 个数组元素。

5. 数组具有存储类型，默认的存储类型为 auto。

6. 数组元素可以从键盘输入，也可以通过执行计算来设置。

```
scanf("%d%d%d",&arr[7],&arr[8],&arr[9]);
arr[5]=3+7%2;
```

7. 可以对数组元素执行运算。

```
arr[6]=arr[1]+arr[3]/16;
```

8. 警告：对数组进行边界检查是程序员的责任。

9. 逐个处理数组元素的典型方法如下。

```
int arr[10] ;
for(i=0;i<=9;i++)
    /* 处理 arr[i] */
```

10. 为了获得数组中第 1 个元素的地址，可以执行如下操作。

```
int arr[10];
int *p;
p=arr;     /* 方法 1*/
```

```
p=&arr[0];/* 方法 2*/
```

11. 可以按照升序或降序对数组元素进行排列。

12. 冒泡排序：反复对相邻的元素进行比较。

13. 选择排序：对第 1 个元素与其他所有元素进行比较，然后对第 2 个元素与其他所有元素进行比较，接下来的操作依此类推。

14. 将指针的值加 1 意味着使指针指向对应类型数据的下一个存储位置。

（1）将 float 指针的值加 1 意味着使指针指向内存中 4 字节之后的下一个浮点值的地址。

（2）将 int 指针的值加 1 意味着使指针指向内存中 4 字节之后的下一个整型值的地址。

（3）将 char 指针的值加 1 意味着使指针指向内存中 1 字节之后的下一个字符的地址。

15. 合法的指针操作如下。

（1）指针 + 整数 → 指针。

（2）指针 - 整数 → 指针。

（3）指针 - 指针 → 整数。

（4）可以使用 == 判断两个指针是否相等。

16. 使用指针访问数组元素的方法如下。

（1）把指针设置为指向数组的基地址。

```
int arr[10], *p ;
p = arr ;
```

（2）在 for 循环中使用如下 5 种形式之一。

```
① *p ;  p++ ;
② *(p + i) ;
③ *(i + p) ;
④ p[i] ;
⑤ i[p] ;
```

17. 为了把数组传递给函数，必须传递两项内容：①数组的基地址；②数组的长度。

18. 在执行程序时，数组的长度可以增加或减小。

19. 先使用 int arr[n] 声明数组，再通过键盘输入 n 值的方式是不允许的。

20. 我们可以适当地修改 MAX 的值，从而使数组的长度变得灵活一些。

```
#define MAX 20
int arr[MAX] ;
```

21. 为了创建可变长度的数组，我们可以使用下面的方法。

```
int *p ;
p =( int * ) malloc( n * sizeof( int ) ) ;
```

之后就可以使用 p[i] 访问所有的元素了。

第14章 多维数组

“数组越多，维度越大”

多维的东西总是令人印象深刻，多维数组也是如此，它们允许我们用尽量少的变量完成大量的任务。本章将讨论如何使用二维数组以及多维数组。

本章内容

- 14.1 二维数组
    - 14.1.1 二维数组的初始化
    - 14.1.2 二维数组的内存映射
    - 14.1.3 指针和二维数组
    - 14.1.4 指向数组的指针
    - 14.1.5 把二维数组传递给函数
- 14.2 指针数组
- 14.3 三维数组
- 14.4 程序

在第 13 章中，我们讨论了一维数组，但数组也可以是二维甚至多维的。本章描述如何在 C 语言中创建和操作多维数组（包括二维数组）。

14.1　二维数组

二维数组又称矩阵。如何创建和使用这种数组呢？下面的示例程序展示了如何在一个二维数组中并排存储每一名学生的学号和成绩。

```
# include <stdio.h>
int main( )
{
    int stud[4][2];
    int i, j ;
    for( i = 0 ; i <= 3 ; i++ )
    {
        printf( "Enter roll no. and marks" ) ;
        scanf( "%d %d", &stud[i][0], &stud[i][1]) ;
    }
    for( i = 0 ; i <= 3 ; i++ )
        printf( "%d %d\n", stud[i][0], stud[i][1]) ;
    return 0 ;
}
```

这个程序分为两部分。在第 1 部分，我们通过一个 for 循环读取每一名学生的学号和成绩。在第 2 部分，我们在另一个 for 循环中输出这些数据。

观察我们在第 1 个 for 循环中使用的 scanf( ) 语句。

```
scanf( "%d %d", &stud[i][0], &stud[i][1]) ;
```

在 stud[i][0] 和 stud[i][1] 中，数组 stud 的第 1 个下标表示因学生而异的行号，第 2 个下标表示具体哪一列，第 1 列包含了学号，第 2 列包含了成绩。

记住，行和列的下标是从 0 开始编号的。因此，1234 存储在 stud[0][0] 中，56 存储在 stud[0][1] 中，接下来依此类推。图 14.1 显示了这个数组中的元素是如何排列的。

	第1列	第2列
第1行	1234	56
第2行	1212	33
第3行	1434	80
第4行	1312	78

图 14.1

14.1.1　二维数组的初始化

如何对二维数组进行初始化呢？很简单，就像下面这样。

```
int stud[4][2]= {
```

```
            { 1234, 56 }, { 1212, 33 }, { 1434, 80 }, { 1312, 78 }
        } ;
```

像下面这样也可以。

```
int stud[4][2]= { 1234, 56, 1212, 33, 1434, 80, 1312, 78 } ;
```

当然，后一种方法的可读性相对较差。

在初始化一个二维数组时，必须指定第 2 个维度（列）的长度；但第 1 个维度（行）的长度既可以指定，也可以不指定。因此，下面这些声明是完全可以接受的。

```
int arr[2][3]= { 12, 34, 23, 45, 56, 45 } ;
int arr[][3]= { 12, 34, 23, 45, 56, 45 } ;
```

但是，下面这两个声明却行不通。

```
int arr[2][] = { 12, 34, 23, 45, 56, 45 } ;
int arr[][] = { 12, 34, 23, 45, 56, 45 } ;
```

14.1.2 二维数组的内存映射

图 14.1 显示的数组元素排列形式仅仅在概念上是正确的。这是因为在内存中并没有行和列的概念。在内存中，不管是一维数组还是二维数组，数组元素总是存储为一连串的形式。因此，图 14.2 显示的才是二维数组里的元素在内存中的实际排列形式。为了节省纸面空间，这里把数组名改成了 s。

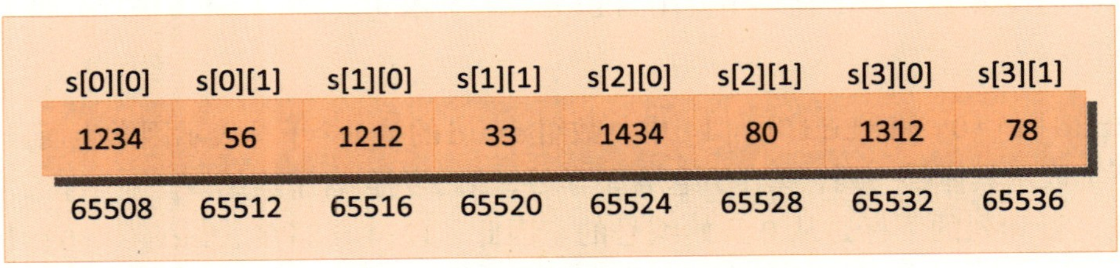

s[0][0]	s[0][1]	s[1][0]	s[1][1]	s[2][0]	s[2][1]	s[3][0]	s[3][1]
1234	56	1212	33	1434	80	1312	78
65508	65512	65516	65520	65524	65528	65532	65536

图 14.2

我们可以使用下标记法方便地获取第 3 名学生的成绩。

```
printf( "Marks of third student = %d", s[2][1]) ;
```

能不能像一维数组那样使用指针记法表示同一个元素呢？答案是肯定的，只不过这个过程稍微有些让人难以理解，因此请仔细阅读下面的内容。

14.1.3 指针和二维数组

C 语言实现了一个非同寻常但又十分强大的功能——可以把数组的一部分当成数组对待。例如，一个二维数组的每一行都可以看成一个一维数组。

因此，对于下面这个声明：

```
int s[5][2];
```

二维数组 s 可以看成一个包含 5 个元素的一维数组，而其中的每个元素又可以看成一个包含两个整数的一维数组。我们可以使用一个下标来表示一维数组中的元素。既然可以把 s 看成一维数组，那我们就可以用 s[0] 表示其中的第 1 个元素，并用 s[1] 表示其中的第 2 个元素，接下来依此类推。换言之，我们可以用 s[0] 表示第 1 个一维数组的地址，用 s[1] 表示第 2 个一维数组的地址，接下来依此类推。下面这个程序说明了以上事实。

```
/* 演示：二维数组是数组的数组 */
# include <stdio.h>
int main( )
{
    int s[4][2]= {
                        { 1234, 56 }, { 1212, 33 }, { 1434, 80 }, { 1312, 78 }
                   } ;
    int i ;
    for( i = 0 ; i <= 3 ; i++ )
        printf( "Address of %d th 1-D array = %u\n", i, s[i]) ;
    return 0 ;
}
```

下面是这个程序的输出。

```
Address of 0 th 1-D array = 65508
Address of 1 th 1-D array = 65516
Address of 2 th 1-D array = 65524
Address of 3 th 1-D array = 65532
```

这些输出与图 14.2 显示的地址一致。每个一维数组的起始地址都是前一个一维数组的地址加 8。因此，s[0] 和 s[1] 表示的地址是 65508 和 65516。

假设我们想使用指针表示元素 s[2][1]。我们知道，s[2] 的地址是 65524，也就是第 3 个一维数组的地址。因此，(s[2]+1) 表示的地址是 65528。存储在这个地址的值可以通过 *(s[2]+1) 来获取。

在学习一维数组时，我们已经知道 num[i] 与 *(num+i) 的效果是相同的。类似地，*(s[2]+ 1) 与 *(*(s+2)+1) 的效果也是相同的。因此，下面这些表达式表示的是同一个元素。

```
s[2][1]
*( s[2]+ 1 )
*( *( s + 2 ) + 1 )
```

下面这个程序演示了如何使用指针记法访问二维数组中的每个元素。

```
/* 使用指针记法访问二维数组中的每个元素 */
# include <stdio.h>
int main( )
{
    int s[4][2]= {
                        { 1234, 56 }, { 1212, 33 }, { 1434, 80 }, { 1312, 78 }
                   } ;
    int i, j ;
    for( i = 0 ; i <= 3 ; i++ )
    {
        for( j = 0 ; j <= 1 ; j++ )
            printf( "%d ", *( *( s + i ) + j ) ) ;
        printf( "\n" ) ;
    }
    return 0 ;
}
```

下面是这个程序的输出。

```
1234 56
1212 33
1434 80
1312 78
```

14.1.4 指向数组的指针

既然可以让一个指针指向一个整数、浮点数和字符，那么能不能让一个指针指向一个数组呢？当然可以。下面这个程序演示了如何创建和使用指向数组的指针。

```
/* 创建和使用指向数组的指针 */
# include <stdio.h>
int main( )
{
    int s[4][2]= {
                    { 1234, 56 }, { 1212, 33 }, { 1434, 80 }, { 1312, 78 }
                 } ;
    int( *p )[2];
    int i, j, *pint ;
    for( i = 0 ; i <= 3 ; i++ )
    {
        p = &s[i];
        pint =( int * ) p ;
        printf( "\n" ) ;
        for( j = 0 ; j <= 1 ; j++ )
            printf( "%d ", *( pint + j ) ) ;
    }
    return 0 ;
}
```

下面是这个程序的输出。

```
1234 56
1212 33
1434 80
1312 78
```

p 是一个指针，它指向一个包含两个整数的数组。注意，在指针 p 的声明中，括号是必需的。如果没有这对括号，p 就成了包含两个整型指针的数组。我们将在 14.2 节讨论指针数组。

在外层的 for 循环中，每迭代一次就存储一个新的一维数组的地址。

因此，当第 1 次进入这个循环时，p 将包含第 1 个一维数组的地址，然后这个地址被赋予整型指针 pint。最后在使用了 pint 的内层 for 循环中，我们输出 p 指向的一维数组中每个单独的元素。

但是，我们为什么应该使用一个指向数组的指针来输出二维数组中的元素呢？是不是在某些场合更能显现这种用法的出色之处呢？当我们需要把一个二维数组传递给函数时，指向数组的指针是极为实用的。我们将在 14.1.5 小节讨论这个内容。

14.1.5 把二维数组传递给函数

下面这个程序说明了如何把一个二维数组传递给函数。

```
/* 把一个二维数组传递给函数 */
# include <stdio.h>
void display( int q[][4], int , int ) ;
```

```
int main( )
{
    int a[3][4]= {
                       1, 2, 3, 4,
                       5, 6, 7, 8,
                       9, 0, 1, 6
                  } ;
    display( a, 3, 4 ) ;
    return 0 ;
}
void display( int q[][4], int row, int col )
{
    int i, j ;
    for( i = 0 ; i < row ; i++ )
    {
        for( j = 0 ; j < col ; j++ )
            printf( "%d ", q[i][j]) ;
        printf( "\n" ) ;
    }
    printf( "\n" ) ;
}
```

下面是这个程序的输出。

```
1 2 3 4
5 6 7 8
9 0 1 6
```

在 display() 函数中，我们已经在 q 中收集了传递给该函数的二维数组的基地址，q 是一个指向包含 4 个整数的数组的指针。

q 的声明应该像下面这样。

```
int q[][4];
```

以上声明的效果与 int(*q)[4] 相同。q[][4] 这种形式的唯一优点在于可以使用我们更为熟悉的表达式 q[i][j] 来访问数组元素。

14.2　指针数组

就像整型数组和浮点型数组一样，也存在指针数组。指针数组是一些地址的集合。指针数组中的地址既可以是不同变量的地址，也可以是数组元素的地址，甚至可以是其他任何地址。适用于普通数组的所有规则也同样适用于指针数组。下面这个程序清晰地说明了指针数组的概念。

```
# include <stdio.h>
int main( )
{
    int *arr[4]; /* 整型指针的数组 */
    int i = 31, j = 5, k = 19, l = 71, m ;
    arr[0]= &i ;
    arr[1]= &j ;
    arr[2]= &k ;
    arr[3]= &l ;
    for( m = 0 ; m <= 3 ; m++ )
        printf( "%d\n", *( arr[m]) ) ;
    return 0 ;
}
```

图 14.3 显示了这个指针数组的内容以及它们在内存中是如何排列的。注意，指针数组 arr 包含了不同整型变量（i、j、k 和 l）的地址。这个程序中的 for 循环能够提取 arr 中的地址并输出存储在这些地址的值。

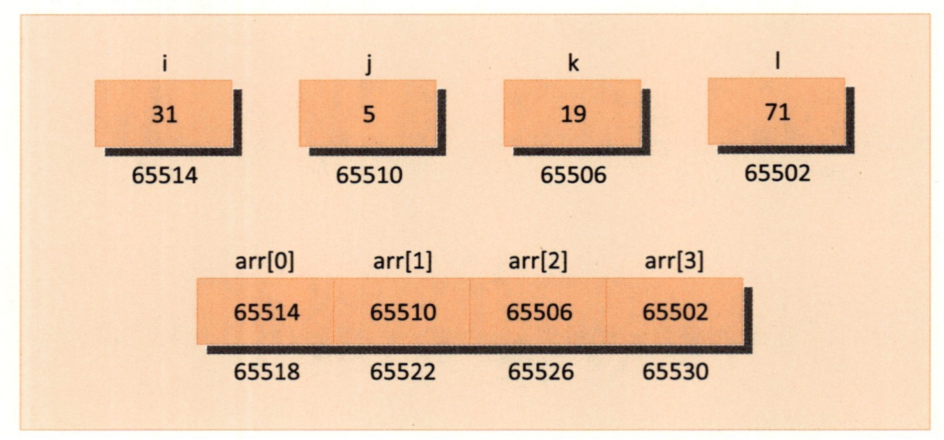

图 14.3

指针数组甚至可以包含其他数组元素的地址。下面这个程序证明了这一点。

```
# include <stdio.h>
int main( )
{
    static int a[] = { 0, 1, 2, 3, 4 } ;
    int *p[] = { a, a + 1, a + 2, a + 3, a + 4 } ;
    printf( "%u %u %d\n", p, *p, *( *p ) ) ;
    return 0 ;
}
```

请读者自行推测这个程序的输出。

14.3　三维数组

我们并不打算通过示例程序来说明三维数组的用法。但是下面这个对三维数组进行初始化的例子可以帮助读者巩固对数组的理解。

```
int arr[3][4][2]= {
                        {
                            { 2, 4 }, { 7, 8 }, { 3, 4 }, { 5, 6 }
                        },
                        {
                            { 7, 6 }, { 3, 4 }, { 5, 3 }, { 2, 3 }
                        },
                        {
                            { 8, 9 }, { 7, 2 }, { 3, 4 }, { 5, 1 }
                        }
                    } ;
```

三维数组可以看成二维数组的数组。在上面的例子中，外层数组有 3 个元素，其中的每个元素是一个二维数组，这 3 个二维数组又分别包含 4 个一维数组，而每个一维数组则包含两个整数。图 14.4 能够帮助读者理解三维数组的布局。

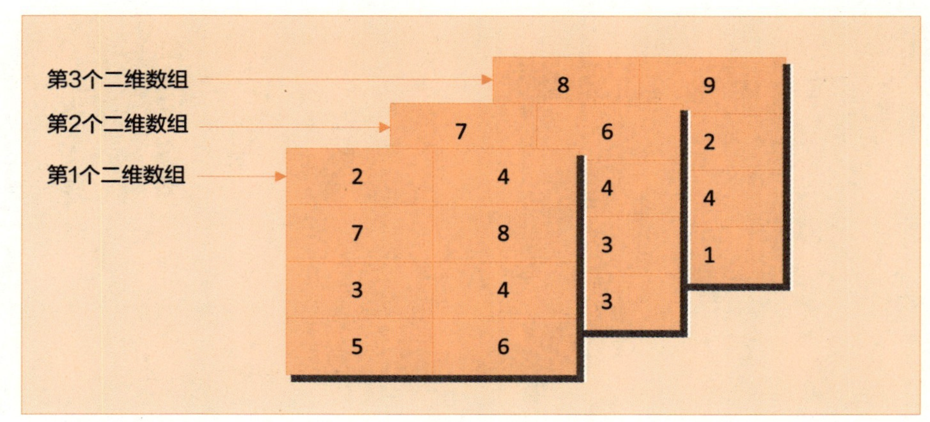

图 14.4

同样，图 14.4 所示的布局仅仅在概念上是正确的。在内存中，数组元素实际上是像图 14.5 那样按照线性方式存储的。

图 14.5

如何表示上面这个数组中值为 1 的那个元素呢？第 1 个下标应该是 [2]，因为这个元素位于第 3 个二维数组中。第 2 个下标应该是 [3]，因为这个元素位于第 3 个二维数组的第 4 行。第 3 个下标应该是 [1]，因为这个元素位于第 4 行的第 2 列。综上，我们可以使用 arr[2][3][1] 来表示这个三维数组中值为 1 的那个元素。

值得注意的是，三维数组中的元素也是从 0 开始编号的。我们还可以像下面这样使用指针记法来表示这个三维数组中值为 1 的那个元素。

```
*( *( *( arr + 2 ) + 3 ) + 1 )
```

14.4　程序

练习14.1

编写一个程序，在一个 5 行 5 列的矩阵中找出最大的数。

程序

```
/* 在一个5行5列的矩阵中找出最大的数 */
# include <stdio.h>
int main( )
{
    int a[5][5]= {
                        { 11, 1, 7, 9, 7 },
                        { 13, 54, 56, 2, 5 },
                        { 23, 43, 89, 22, 13 },
                        { 14, 15, 17, 16, 19 },
```

```
                    { 45, 3, 6, 8, 10 }
                };
    int i, j, big ;
    big = a[0][0];
    for( i = 0 ; i <= 4 ; i++ )
    {
        for( j = 0 ; j <= 4 ; j++ )
        {
            if( a[i][j]> big )
               big = a[i][j];
        }
    }
    printf( "\nLargest number in the matrix is %d\n", big ) ;
    return 0 ;
}
```

输出

```
Largest number in the matrix is 89
```

练习14.2

编写一个程序，获取一个 4×4 矩阵的转置矩阵。转置矩阵可以通过对原始矩阵中每一行的元素与相应列的元素进行交换得到。

程序

```
/* 获取一个4×4矩阵的转置矩阵 */
# include <stdio.h>
int main( )
{
    int arr1[5], arr2[5], i, j ;
    printf( "\nOrignal matrix:\n" ) ;
    for( i = 0 ; i <= 4 ; i++ )
        scanf( "%d", &arr1[i]) ;
    for( i = 0, j = 4 ; i <= 4 ; i++, j-- )
        arr2[j]= arr1[i];
    printf( " Transpose of the matrix is:\n" ) ;
    for( i = 0 ; i <= 4 ; i++ )
        printf( "%d\t", arr2[i]) ;
    return 0 ;
}
```

输出

```
Orignal matrix:
1 2 2 1
7 5 4 1
2 4 4 7
6 8 9 0
Transpose of the matrix is:
1 7 2 6
2 5 4 8
2 4 4 9
1 1 7 0
```

习题

1. 下列程序的输出是什么？

(1)
```
# include <stdio.h>
int main( )
{
    int n[3][3]= {
                       { 2, 4, 3 }, { 6, 8, 5 }, { 3, 5, 1 }
                   } ;
    printf( "%d %d %d\n", *n, n[1][1], n[2][2]) ;
    return 0 ;
}
```

(2)
```
# include <stdio.h>
int main( )
{
    int n[3][3]= {
                       { 2, 4, 3 }, { 6, 8, 5 }, { 3, 5, 1 }
                   } ;
    int i, *ptr ;
    ptr = &n[0][0];
    for( i = 0 ; i <= 8 ; i++ )
        printf( "%d\n", *( ptr + i ) ) ;
    return 0 ;
}
```

(3)
```
# include <stdio.h>
int main( )
{
    int n[3][3]= {
                       2, 4, 3, 6, 8, 5, 3, 5, 1
                   } ;
    int i, j ;
    for( i = 0 ; i <= 2 ; i++ )
        for( j = 0 ; j <= 2 ; j++ )
            printf( "%d %d\n", n[i][j], *( *( n + i ) + j ) ) ;
    return 0 ;
}
```

2. 指出下列程序中可能存在的错误。

(1)
```
# include <stdio.h>
int main( )
{
    int twod[][] = {
                         2, 4, 6, 8
                     } ;
    printf( "%d\n", twod ) ;
    return 0 ;
}
```

(2)
```
# include <stdio.h>
int main( )
{
    int three[3][] = {
```

```
                    { 2, 4, 3 }, { 6, 8, 2 }, { 2, 3, 1 }
                  } ;
    printf( "%d\n", three[1][1]) ;
    return 0 ;
}
```

3. 回答下列问题。

（1）如何对一个三维数组 threed[3][2][3] 进行初始化？如何表示这个数组的第一个和最后一个元素？

（2）根据下面的程序片段进行匹配。

```
int i, j, = 25 ;
int *pi, *pj = & j ;
/* 程序中的一些其他代码行 */
*pj = j + 5 ;
j = *pj + 5 ;
pj = pj ;
*pi = i + j ;
```

每个整数占据 2 字节的内存。赋给 i 的值是从（十六进制）地址 F9C 开始的，赋给 j 的值是从（十六进制）地址 F9E 开始的。对下面的左右两列进行配对。

① &i	（a）30
② &j	（b）F9E
③ pj	（c）35
④ *pj	（d）FA2
⑤ i	（e）F9C
⑥ pi	（f）67
⑦ *pi	（g）未指定
⑧ (pi+2)	（h）65
⑨ (*pi+2)	（i）F9E
⑩ *(pi+2)	（j）F9E
	（k）FAO
	（l）F9D

（3）根据下面的程序片段进行匹配。

```
int x[3][5]= {
                { 1, 2, 3, 4, 5 },
                { 6, 7, 8, 9, 10 },
                { 11, 12, 13, 14, 15 }
             }, *n = &x ;
```

① *(*(x + 2) + 1)	（a）9
② *(*x + 2) + 5	（b）13
③ *(*(x + 1))	（c）4
④ *(*(x) + 2) + 1	（d）3
⑤ *(*(x + 1) + 3)	（e）2
⑥ *n	（f）12
⑦ *(n +2)	（g）14
⑧ *(n + 3) + 1	（h）7
⑨ *(n + 5)+1	（i）1
⑩ ++*n	（j）8
	（k）5
	（l）10
	（m）6

（4）根据下面的程序片段进行匹配。

```
unsigned int arr[3][3]= {
                           { 2, 4, 6 }, { 9, 1, 10 }, { 16, 64, 5 }
                       } ;
```

① `**arr`	(a) 64
② `**arr < *(*arr + 2)`	(b) 18
③ `*(arr+2)/(*(*arr + 1)>**arr)`	(c) 6
④ `*(arr[1]+1)|arr[1][2]`	(d) 3
⑤ `*(arr[0])|*(arr[2])`	(e) 0
⑥ `arr[1][1]< arr[0][1]`	(f) 16
⑦ `arr[2][[1] & arr[2][0]`	(g) 1
⑧ `arr[2][2]| arr[0][1]`	(h) 11
⑨ `arr[0][1]^ arr[0][2]`	(i) 20
⑩ `++**arr + --arr[1][1]`	(j) 2
	(k) 5
	(l) 4

（5）编写一个程序，判断一个矩阵是否对称。

（6）编写一个程序，把两个 6 × 6 的矩阵相加。

（7）编写一个程序，把任意两个 3 × 3 的矩阵相乘。

（8）假设有一个数组 p[5]，编写一个函数，将它向左循环移动两个位置。因此，如果原先的数组是 { 15, 30, 28, 19, 61 }，那么移位之后将变成 { 28, 19, 61, 15, 30 }。对一个 4 × 5 的矩阵调用这个函数，把这个矩阵的行向左移位。

课后笔记

1. 二维数组是一维数组的集合。

2. 如果一个二维数组在声明的时候就进行了初始化，那么这个二维数组的行数既可以选择指定，也可以选择不指定。

3. 二维数组在内存中是以行为主序线性排列的，也就是一行接一行地排列。

4. 对于二维数组 int a[4][5] 来说：

```
a[2][3]== * a[2]+ 3 == *( *( a + 2 ) + 3 )
```

5. 对于 int *p[4] 来说，p 是一个包含 4 个整型指针的数组，p 的长度为 16 字节。

6. 对于 int(*p)[4] 来说，p 是一个指向包含 4 个整数的数组的指针，p 的长度为 4 字节。

7. 二维数组的典型应用：所有的矩阵操作和行列式操作。

8. 二维数组在游戏中的应用：国际象棋、掷骰子、蛇梯棋、BrainVita（一款益智游戏）以及其他所有棋盘类游戏。

9. 三维数组是二维数组的集合。

10. 三维数组的长度是其中所有元素长度之和。

11. 下面这些表达式都表示三维数组 a 的第 3 个二维数组中第 4 行第 2 列的元素。

```
a[2][1][3]
```

```
*( a[2][1]+ 3 )
*( *( a[2]+ 1 ) + 3 )
*( *( *( a + 2 ) + 1 ) + 3 )
```

12. 对于三维数组 a 来说：

（1）a、*a、**a 的结果是地址。

（2）***a 的结果是元素 a[0][0][0] 的值。

第15章 字符串

"提线木偶"

就像整型数组是整数的集合一样，字符数组是字符的集合。但它们之间还是存在区别，字符数组最后的 0 使它变得有所不同。这个 0 有什么重要意义呢？它为什么是不可缺少的？它提供了哪些便利？本章将讨论这些问题。

本章内容

在第 14 章中，我们学习了如何定义各种长度和维度的数组、如何对它们进行初始化、如何把它们传递给函数等。在掌握了这些知识之后，我们接下来学习如何处理字符串。简要地说，字符串是一种特殊类型的数组。

15.1 什么是字符串

就像一组整数可以存储在一个整型数组中一样，一组字符则可以存储在一个字符数组中。字符串是一维的字符数组，并以 null（'\0'）结尾。例如：

```
char name[ ] = {'H','A','E','S','L','E','R','\0'} ;
```

'\0' 被称为 null 字符。注意，'\0' 和 '0' 并不相同。'\0' 的 ASCII 码值是 0，而 '0' 的 ASCII 码值是 48。图 15.1 显示了字符串在内存中的存储方式。注意，字符串中的元素是在连续的内存位置存储的。

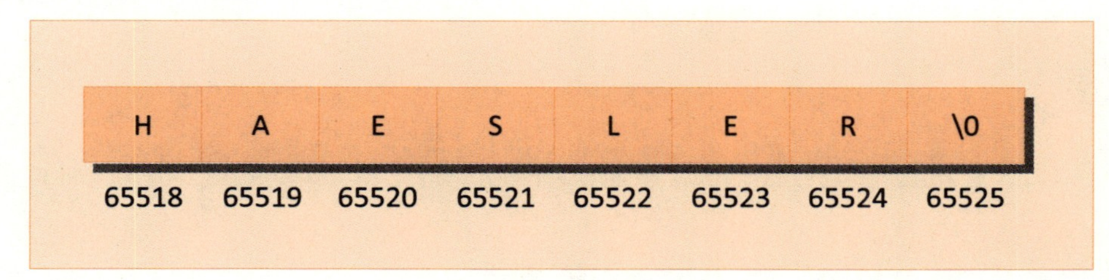

图 15.1

终止符 '\0' 非常重要，因为对字符串进行操作的函数需要通过它来判断字符串是否已经结束。事实上，不以 '\0' 结尾的字符串不是真正的字符串，而只不过是一些字符的集合而已。

字符串的使用是极为频繁的，C 语言为此提供了一种对字符串进行初始化的快捷方式。例如，上面这个字符串可以按下面的方式进行初始化。

```
char name[ ] = "HAESLER" ;
```

注意，在字符串的声明中，'\0' 并不是必需的。C 语言会自动在字符串的末尾插入这个终止符。

15.2 关于字符串的其他说明

我们可以利用字符串末尾的 '\0' 来方便地对字符串中的元素进行访问，如下所示。

```
/* 演示字符串的输出 */
# include <stdio.h>
int main( )
{
    char name[ ] = "Klinsman" ;
    i = 0 ;
    while( name[ i ] != ‘\0’ )
    {
       printf( "%c", name[ i ] ) ;
       i++ ;
    }
```

```
    printf( "\n" ) ;
    return 0 ;
}
```

下面是这个程序的输出。

```
Klinsman
```

没有问题。我们初始化了一个字符串，然后在一个 `while` 循环中将其输出。但我们在迭代时并不是让 `i` 从 0 变化到 7，而是在遇到终止符 `'\0'` 之前一直输出这个字符串中的字符。

下面是上一个程序的另一版本，这一次我们使用指针来访问数组元素。

```
# include <stdio.h>
int main( )
{
    char name[ ] = "Klinsman" ;
    char *ptr ;
    ptr = name ; /* 存储字符串的基地址 */
    while( *ptr != '\0' )
    {
        printf( "%c", *ptr ) ;
        ptr++ ;
    }
    printf( "\n" ) ;
    return 0 ;
}
```

和整型数组一样，指定数组名相当于指定数组的基地址（第 1 个元素的地址）。这个基地址存储在变量 `ptr` 中。在通过 `ptr` 获取这个基地址后，`*ptr` 就表示这个基地址的值，可以将其通过下面的语句输出。

```
printf( "%c", *ptr ) ;
```

然后，将 `ptr` 的值加 1 以指向字符串中的下一个字符。这证明了两件事情：数组元素存储于内存中连续的位置；当一个指针的值增加 1 时，这个指针将指向对应类型数据的下一个存储位置。不断重复这个过程，直到 `ptr` 指向这个字符串中的最后一个字符 `'\0'` 为止。

事实上，字符数组中的元素也可以使用与整型数组一样的方式进行访问。因此，下面这些记法表示相同的元素。

```
name[ i ]
*( name + i )
*( i + name )
i[ name ]
```

尽管存在多种表示字符数组中的元素的方式，但它们通常很少使用。这是因为 `printf()` 函数可以通过一种非常简便的方法来完成输出字符串的任务，如下所示。注意，`printf()` 函数不会输出 `'\0'`。

```
char name[ ] = "Klinsman" ;
printf( "%s", name ) ;
```

我们在 `printf()` 中使用的 `%s` 是输出字符串时的格式指示符。`%s` 也可以用于从键盘接收一个字符串，如下所示。

```
char name[ 25 ] ;
printf( "Enter your name" ) ;
scanf( "%s", name ) ;
```

使用 scanf() 接收从键盘输入的字符串时，必须注意下面两件事情。

（1）字符串的长度不应超过字符数组的长度。这是因为 C 语言编译器并不会对数组进行边界检查。因此，如果不小心超出数组的边界，就存在改写其他重要数据的风险。

（2）scanf() 无法接收包含多个单词的字符串。因此，像“Debashish Roy”这样的名称是无法被接收的。解决方法是使用 gets() 函数。下面这个程序演示了 gets() 函数以及对应的 puts() 函数的用法。

```
# include <stdio.h>
int main( )
{
    char name[ 25 ] ;
    printf( "Enter your full name: " ) ;
    gets( name ) ;
    puts( "Hello!" ) ;
    puts( name ) ;
    return 0 ;
}
```

下面是这个程序的输出。

```
Enter your full name: Debashish Roy
Hello!
Debashish Roy
```

这个程序及其输出很容易看懂，但需要注意 puts() 一次只能显示一个字符串（因此，上面这个程序使用了两个 puts() 调用）。另外，在显示字符串时，与 printf() 不同的是，puts() 会把光标放在下一行。尽管 gets() 一次只能接收一个字符串，但它的优点在于能够接收包含多个单词的字符串。

如果不嫌麻烦的话，也可以使用 scanf() 接收包含多个单词的字符串，方法如下。

```
char name[ 25 ] ;
printf( "Enter your full name " ) ;
scanf( "%[ ^\n ]s", name ) ;
```

在这里，[^\n] 表示 scanf() 将持续地把字符接收至 name[]，直至遇到 \n。尽管这种方法是可行的，但它显然不是调用函数的最佳方法。

15.3　指针和字符串

假设我们想要存储“Hello”。我们可以把它存储到一个字符串中；或者请求 C 语言编译器把它存储到内存中的某个地址，然后把这个字符串的地址赋值给一个字符型指针。下面展示了这两种做法。

```
char str1[ ] = "Hello", str2[ 20 ] = "Hi" ;
char *p = "Hello", *s = "Hi" ;
```

这里的 str1 是一个指向字符串的常量指针，而 p 是一个指向常量字符串的指针。我们可以观察哪些操作对它们是允许的，而哪些操作对它们是不允许的。

```
str1 = "Adieu" ;   /* 错误，常量指针无法被修改 */
str1 = str2 ;      /* 错误，常量指针无法被修改*/
str1++ ;           /* 错误，常量指针无法被修改*/
*str1 = 'Z';       /* 正确，因为这个字符串并不是常量 */
p = "Adieu" ;      /* 正确，因为这个指针并不是常量 */
p = s ;            /* 正确，因为这个指针并不是常量 */
p++ ;              /* 正确，因为这个指针并不是常量 */
*p = 'M' ;         /* 错误，因为这个字符串是常量 */
```

const 关键字也可以用于 int、float 等类型的普通变量，如下所示。

```
const float pi = 3.14 ;
```

15.4　字符串处理函数

C 语言编译器提供了很多用于处理字符串的实用库函数。表 15.1 列出了其中较为常用的一些字符串处理函数。

表15.1

函数	作用
strlen()	计算一个字符串的长度
strlwr()	把一个字符串转换为小写形式
strupr()	把一个字符串转换为大写形式
strcat()	把一个字符串追加到另一个字符串的末尾
strncat()	把一个字符串的前*n*个字符追加到另一个字符串的末尾
strcpy()	把一个字符串复制到另一个字符串中
strncpy()	把一个字符串的前*n*个字符复制到另一个字符串中
strcmp()	对两个字符串进行比较
strncmp()	对两个字符串的前*n*个字符进行比较
strcmpi()	在忽略大小写的情况下对两个字符串进行比较
stricmp()	在忽略大小写的情况下对两个字符串进行比较（与strcmpi()函数相同）
strnicmp()	在忽略大小写的情况下对两个字符串的前*n*个字符进行比较
strdup()	复制一个字符串
strchr()	查找某个特定字符在一个字符串中第一次出现的位置
strrchr()	查找某个特定字符在一个字符串中最后一次出现的位置
strstr()	查找一个字符串在另一个字符串中第一次出现的位置
strset()	把一个字符串的所有字符设置为某个特定的字符
strnset()	把一个字符串的前*n*个字符设置为某个特定的字符
strrev()	反转一个字符串

接下来我们将详细讨论 strlen()、strcpy()、strcat() 和 strcmp() 函数，因为它们不仅使用频繁，而且有助于我们理解库函数处理字符串的方式。

15.4.1 strlen()

这个函数用于对一个字符串中字符的数量进行计数，下面这个程序展示了其用法。

```
# include <stdio.h>
# include <string.h>
int main( )
{
    char arr[ ] = "Bamboozled" ;
    int len1, len2 ;
    len1 = strlen( arr ) ;
    len2 = strlen( "Humpty Dumpty" ) ;
    printf( "string = %s length = %d\n", arr, len1 ) ;
    printf( "string = %s length = %d\n", "Humpty Dumpty", len2 ) ;
    return 0 ;
}
```

下面是输出。

```
string = Bamboozled length = 10
string = Humpty Dumpty length = 13
```

注意，在调用 strlen() 函数时，我们传递的是字符串的基地址。这个函数返回的是字符串的长度，这个长度在计算时并不包括字符串末尾的 '\0'。

能否编写一个 xstrlen() 函数来模拟标准库函数 strlen() 呢？下面我们来试一试。

```
/* 一个与strlen( )相似的函数 */
# include <stdio.h>
int xstrlen( char * ) ;
int main( )
{
    char arr[ ] = "Bamboozled" ;
    int len1, len2 ;
    len1 = xstrlen( arr ) ;
    len2 = xstrlen( "Humpty Dumpty" ) ;
    printf( "string = %s length = %d\n", arr, len1 ) ;
    printf( "string = %s length = %d\n", "Humpty Dumpty", len2 ) ;
    return 0 ;
}
int xstrlen( char *s )
{
    int length = 0 ;
    while( *s != '\0' )
    {
        length++ ;
        s++ ;
    }
    return( length ) ;
}
```

下面是输出。

```
string = Bamboozled length = 10
string = Humpty Dumpty length = 13
```

xstrlen() 函数相当简单，它要做的事情就是对字符进行计数，直至字符串的末尾，也就是遇到 '\0'。

15.4.2 strcpy()

这个函数要做的事情是把一个字符串的内容复制到另一个字符串中。我们需要为这个函数提供的参数是目标字符串和源字符串的基地址。下面这个程序展示了 strcpy() 函数的用法。

```
# include <stdio.h>
# include <string.h>
int main( )
{
    char source[ ] = "Sayonara", target[ 20 ] ;
    strcpy( target, source ) ;
    printf( "source string = %s\n", source ) ;
    printf( "target string = %s\n", target ) ;
    return 0 ;
}
```

下面是输出。

```
source string = Sayonara
target string = Sayonara
```

在提供了基地址后，strcpy() 就会持续地把源字符串中的字符复制到目标字符串中，直至源字符串的末尾（'\0'）。目标字符串是否有足够的空间容纳源字符串是程序员的责任。

一个字符串只能逐字符复制到另一个字符串中，此外别无他途。下面我们编写一个字符串函数 xstrcpy() 来模仿 strcpy()。

```
# include <stdio.h>
void xstrcpy( char *, char * ) ;
int main( )
{
    char source[ ] = "Saycnara", target[ 20 ] ;
    xstrcpy( target, source ) ;
    printf( "source string = %s\n", source ) ;
    printf( "target string = %s\n", target ) ;
    return 0 ;
}
void xstrcpy( char *t, char *s )
{
    while( *s != '\0' )
    {
        *t = *s ; s++ ; t++ ;
    }
    *t = '\0' ;
}
```

下面是输出。

```
source string = Sayonara
target string = Sayonara
```

注意，在把整个源字符串复制到目标字符串之后，有必要在目标字符串的最后添加 '\0' 以表示复制操作结束。

观察库函数 strcpy() 的原型，大概是下面这个样子。

```
strcpy( char *t, const char *s ) ;
```

尽管我们在自己编写的 xstrcpy() 函数中并没有使用 const 关键字，但这个函数仍然能够正常地工作。那么 const 限定符有什么作用呢？

如果把下面这行代码添加到 xstrcpy() 中的 while 循环之前，会发生什么情况？

```
*s = 'K' ;
```

源字符串将变成 "Kayonara"。为了保证源字符串不被修改，我们可以对 xstrcpy() 函数的定义做如下修改。

```
void xstrcpy( char *t, const char *s )
{
    /* 用于复制字符的代码 */
}
```

在把 char *s 声明为 const 之后，源字符串将保持为常量（因而不会被修改）。

15.4.3 strcat()

这个函数要做的事情是把源字符串追加到目标字符串的末尾，也就是连接两个字符串。例如，在将 "Bombay" 和 "Nagpur" 连接之后，产生的结果是 "BombayNagpur"。下面这个程序展示了 strcat() 函数的用法。

```
# include <stdio.h>
# include <string.h>
int main( )
{
    char source[ ] = "Folks!", target[ 30 ] = "Hello" ;
    strcat( target, source ) ;
    printf( "source string = %s\n", source ) ;
    printf( "target string = %s\n", target ) ;
    return 0 ;
}
```

下面是输出。

```
source string = Folks!
target string = HelloFolks!
```

注意，目标字符串必须足够大以容纳最终的字符串。读者可以参考 xstrlen() 和 xstrcpy() 函数的代码以自行开发 xstrcat() 函数。

15.4.4 strcmp()

这个函数用于对两个字符串进行比较并判断它们是否相同。比较是逐字符进行的，直至发现一处不匹配或者两个字符串都到达末尾。如果两个字符串相同，strcmp() 就返回 0。如果它们不相同，strcmp() 就返回第一对不匹配的字符的 ASCII 码值之差。下面这个程序展示了 strcmp() 函数的用法。

```
# include <stdio.h>
# include <string.h>
int main( )
{
    char string1[ ] = "Jerry", string2[ ] = "Ferry" ;
    int i, j, k ;
    i = strcmp( string1, "Jerry" ) ;
    j = strcmp( string1, string2 ) ;
    k = strcmp( string1, "Jerry boy" ) ;
```

```
    printf( "%d %d %d\n", i, j, k ) ;
    return 0 ;
}
```

下面是输出。

```
0 4 -32
```

在第 1 个 strcmp() 调用中，要比较的两个字符串是相同的，strcmp() 的返回值是 0。在第 2 个 strcmp() 调用中，"Jerry" 的第 1 个字符和 "Ferry" 的第 1 个字符并不匹配，strcmp() 的返回值是 4，也就是 'J' 和 'F' 的 ASCII 码值之差。在第 3 个 strcmp() 调用中，"Jerry" 与 "Jerry boy" 并不匹配，因为 "Jerry" 字符串末尾的 null 字符与 "Jerry boy" 字符串中对应位置的空格字符并不匹配，strcmp() 的返回值是 -32，也就是 null 字符的 ASCII 码值减去空格字符的 ASCII 码值的结果。

在比较两个字符串时，我们通常只需要知道第 1 个字符串按照字母顺序是否早于第 2 个字符串。如果早于，就返回一个负值；如果不早于，就返回一个正值。读者可以尝试在自己编写的 xstrcmp() 函数中实现这种逻辑。

15.5　程序

练习15.1

编写一个程序，从一个给定的字符串的特定索引位置开始提取其中的一部分（又称子字符串）。例如：如果给定的字符串是 "Working with strings is fun" 并且要求从索引位置 3 开始提取 4 个字符，那么这个程序应该返回字符串 "king"。（注意：字符串中的索引位置是从 0 开始编号的。）

程序

```
/* 从字符串中提取子字符串 */
# include <stdio.h>
# include <stdlib.h>
# include <string.h>
int main( )
{
    char str[ 20 ], news[ 20 ] ;
    char *s, *t ;
    int pos, n, i ;
    printf( "\nEnter a string: " ) ;
    scanf( "%s", str ) ;
    printf( "Enter position and no. of characters to extract: " ) ;
    scanf( "%d %d", &pos, &n ) ;
    s = str ;
    t = news ;
    if( pos < 0 || pos > strlen( str ) )
    {
        printf( "Improper position value" ) ;
        exit( 1 ) ;
    }
    if( n < 0 )
        n = 0 ;
    if( n > strlen( str ) )
        n = n - strlen( str ) - 1 ;
    s = s + pos ;
```

```
    for( i = 0 ; i < n ; i++ )
    {
        *t = *s ;
        s++ ;
        t++ ;
    }
    *t = '\0' ;
    printf( "The substring is: %s\n", news ) ;
    return 0 ;
}
```

输出

```
Enter a string: Nagpur
Enter position and no. of characters to extract: 3 10
The substring is: pur
```

练习15.2

编写一个程序，把类似 "124" 的字符串转换为整数 124。

程序

```
/* 把字符串转换为整数 */
# include <stdio.h>
int main( )
{
    char str[ 6 ] ;
    int num = 0, i ;
    printf( "Enter a string containing a number: " ) ;
    scanf( "%s", str ) ;
    for( i = 0 ; str [ i ] != '\0' ; i++ )
    {
        if( str[ i ] >= 48 && str[ i ] <= 57 )
            num = num * 10 +( str[ i ] - 48 ) ;
        else
        {
            printf( "Not a valid string\n" ) ;
            return 1 ;
        }
    }
    printf( "The number is: %d\n", num ) ;
    return 0 ;
}
```

输出

```
Enter a string containing a number: 237
The number is: 237
```

练习15.3

编写一个程序，生成并输出斐波那契单词序列的前 5 项。斐波那契单词序列的定义与斐波那契数列的定义相似，如果 f(0)="a"、f(1)= "b"，则 f(2)="ba"、f(3)="bab"、f(4)="babba"，等等。

程序

```
/* 生成斐波那契单词序列的前5项 */
#include <stdio.h>
#include <string.h>
```

```
int main( )
{
    char str[ 50 ] ;
    char lastbutoneterm[ 50 ] = "A" ;
    char lastterm[ 50 ] = "B" ;
    int i ;
    for( i = 1 ; i <= 5 ; i++ )
    {
        strcpy( str, lastterm ) ;
        strcat( str, lastbutoneterm ) ;
        printf( "%s\n", str ) ;
        strcpy( lastbutoneterm, lastterm );
        strcpy( lastterm, str ) ;
    }
    return 0 ;
}
```

输出

```
BA
BAB
BABBA
BABBABAB
BABBABABBABBA
```

习题

1. 下列程序的输出是什么？

(1)
```
# include <stdio.h>
int main( )
{
    char c[2] = "A" ;
    printf( "%c\n", c[0] ) ;
    printf( "%s\n", c ) ;
    return 0 ;
}
```

(2)
```
# include <stdio.h>
int main( )
{
    char s[] = "Get organized! Learn C!!" ;
    printf( "%s\n", &s[2] ) ;
    printf( "%s\n", s ) ;
    printf( "%s\n", &s ) ;
    printf( "%c\n", s[2] ) ;
    return 0 ;
}
```

(3)
```
# include <stdio.h>
int main( )
{
    char s[] = "No two viruses work similarly" ;
    int i = 0 ;
    while( s[i] != 0 )
    {
        printf( "%c %c\n", s[i], *( s + i ) ) ;
```

```
        printf( "%c %c\n", i[s], *( i + s ) ) ;
        i++ ;
    }
    return 0 ;
}
```

(4)
```
# include <stdio.h>
int main( )
{
    char str1[ ] = { 'H', 'e', 'l', 'l', 'o', 0 } ;
    char str2[ ] = "Hello" ;
    printf( "%s\n", str1 ) ;
    printf( "%s\n", str2 ) ;
    return 0 ;
}
```

(5)
```
# include <stdio.h>
int main( )
{
    printf( 5 + "Good Morning " ) ;
    printf( "%c\n", "abcdefgh"[4] ) ;
    return 0 ;
}
```

(6)
```
# include <stdio.h>
int main( )
{
   printf( "%d%d%d\n", sizeof('3'), sizeof("3"), sizeof(3) );
   return 0 ;
}
```

2. 填空。

(1)"A" 是 ___________，而 'A' 是 ___________。

(2)字符串是以 ______ 字符结尾的，可以写成 _______。

(3)字符数组 name[10] 最多可以由 ______ 个字符组成。

(4)数组元素总是存储于 _________ 内存位置。

3. 回答下列问题。

(1)如果把字符串 "Alice in wonder land" 输入下面这条 scanf() 语句中，数组 str1、str2、str3 和 str4 的内容将分别是什么？

```
scanf( "%s%s%s%s", str1, str2, str3, str4 ) ;
```

(2)为了唯一地标识一本书，图书行业使用了 10 位数的 ISBN（国际标准书号）。ISBN 最右边的数字是一个检验和数字，这个数字是使用 $d_1+2d_2+3d_3+\cdots+10d_{10}$ 这个条件根据其他 9 位数字决定的（d_i 表示从 ISBN 最右边数起的第 i 位）。这个条件的结果必须是 11 的倍数。检验和数字 d_1 可以是 0 和 10 之间的任何值：ISBN 采用的约定是用 X 表示 10。编写一个程序，接收一个包含 10 位数字的整数，计算它的检验和并报告这个 ISBN 是否正确。

(3)信用卡号通常是 16 位的数字。合法的信用卡号都满足下面这条规则。我们以信用卡号 4567 1234 5678 9129 为例解释这条规则：从最右边向左 1 位的那个数字开始，将其乘以 2，以后每隔 1 个数字执行相同的操作。

```
4 5 6 7 1 2 3 4 5 6 7 8 9 1 2 9
8   12  2   6   10  14  18  4
```

然后将所有大于10的数字减去9，于是得到如下结果。

```
8 3 2 6 15 9 4
```

接下来把上面的数字加起来，得到38。

最后把所有其他数字（5、7、2、4、6、8、1、9）加起来，得到42。

38和42的和是80。由于80可以被10整除，因此这个信用卡号是合法的。

编写一个程序，接收一个信用卡号并使用上面的规则检查这个信用卡号是否正确。

课后笔记

1. 字符串就是以'\0'结尾的字符数组。'\0'被称为字符串终止符。
2. 除了字符数组以外，其他数组都不以'\0'结尾。
3. ASCII码值：'0'的ASCII码值是48，'\0'的ASCII码值是0。
4. 输出字符串的方法。

```
char name[ ] = "Sanjay" ;
printf( "%s\n", name ) ;
puts( name ) ;
```

5. 输入字符串的方法。

```
char name[ 30 ] ;
scanf( "%s", name ) ;
gets( name ) ;
```

6. 接收包含多个单词的字符串。

```
scanf( "%[^\n]s", name ) ; /* ^表示开始, \n表示结束 */
gets( name ) ;
```

7. scanf()适合接收类似城市名的字符串（中间没有空格），gets()适合接收类似姓名的字符串（中间有空格）。
8. 3是整型值，3.0是浮点值，'3'是字符，"3"是以'\0'结尾的字符串。
9. 字符串的标准处理方式。

```
char str[ ] = "Blah blah blah" ;
char *p ;
p = str ;
while( *p != '\0' )
{
    /* 处理指针p当前指向的字符 */
    p++ ;
}
```

10. printf("Hello") ; /* 把字符串的基地址传递给printf()函数 */
11. 常用的字符串处理函数。

```
int l = strlen( str ) ;     /* 返回字符串str的长度 */
strcpy( target, source ) ; /* 把源字符串复制到目标字符串中 */
strcat( target, source ) ; /* 在目标字符串的末尾追加源字符串 */
```

```
int l = strcmp( str1, str2 ) ; /*  如果两个字符串相同，返回 0，否则返回非零值 */
strupr( str ) ;                /*  把字符串 str 转换为大写形式 */
strlwr( str ) ;                /*  把字符串 str 转换为小写形式 */
toupper( ch ) ;                /*  把字符 ch 转换为大写形式 */
tolower( ch ) ;                /*  把字符 ch 转换为小写形式 */
```

12. 可通过在程序的开头添加`#include <string.h>`来提供字符串处理函数的原型。

13. `char p[ ] = "Nagpur";`

（1）p 是一个指向字符串的常量指针。

（2）p 无法被修改。

（3）字符串 "Nagpur" 可以被修改。

14. `char *p = "Nagpur";`

（1）p 是一个指向常量字符串的指针。

（2）p 可以被修改。

（3）字符串 "Nagpur" 不能被修改。

第16章 处理多个字符串

“木偶越多，需要的线也就越多”

当需要多个整型数组时，我们选择创建一个二维的整型数组。那么当需要多个字符数组时，我们是不是也可以创建一个二维的字符数组呢？答案是否定的，为什么？本章将给出原因。

本章内容

在第 15 章中，我们学习了如何处理单个的字符串。但是在实际工作中，我们常常需要处理一组字符串而不是单个的字符串。本章将讨论如何有效地应对这种情况。

16.1 二维字符数组

在第 14 章中，我们看到了二维整型数组的一些例子。现在我们观察一个类似的例子，但它用于处理字符。这个例子要求用户输入自己的名字。当用户输入自己的名字之后，程序将根据一个主列表检查用户的名字，并判断用户是否有资格进入宫殿。程序如下：

```
# include <stdio.h>
# include <string.h>
int main( )
{
    char masterlist[6][20] = {
                                    "akshay", "parag", "raman",
                                    "srinivas", "gopal", "rajesh"
                                } ;
    int i ;
    char yourname[20] ;
    printf( "Enter your name " ) ;
    scanf( "%s", yourname ) ;
    for( i = 0 ; i <= 5 ; i++ )
    {
        if( strcmp( &masterlist[i][0], yourname ) == 0 )
        {
            printf( "Welcome, you can enter the palace\n" ) ;
            return 0 ;
        }
    }
    printf( "Sorry, you are a trespasser" ) ;
    return 0 ;
}
```

下面是这个程序的两次运行结果。

```
Enter your name dinesh
Sorry, you are a trespasser
Enter your name raman
Welcome, you can enter the palace
```

请注意这个二维字符数组是如何初始化的。第 1 个下标表示数组中名字的数量，第 2 个下标表示数组中每个名字的长度。

如果这些名字不是直接初始化，而是通过键盘输入的，那么对应的程序片段将变成下面的样子。

```
for( i = 0 ; i <= 5 ; i++ )
    scanf( "%s", &masterlist[i][0] ) ;
```

当使用 `strcmp()` 比较两个字符串时，我们需要向它传递这两个字符串的地址。如果这两个字符串是匹配的，那么 `strcmp()` 返回 0，否则返回一个非零值。

这些名字将被存储在内存中，如图 16.1 所示。注意，每个字符串都以 `'\0'` 结尾。这个字符数组的内容排列与二维整型数组比较相似。

这里的 65454、65474 等是各个名字的基地址。如图 16.1 所示，有些名字并没有占用编译器为它们分配的所有空间。例如：尽管编译器为名字 `"akshay"` 分配的空间多达 20

字节，但这个名字实际只占用 7 字节，因此有 13 字节被浪费了。类似地，每个名字都存在一定程度的空间浪费。我们可以使用“字符串指针数组”来避免这种情况发生。

65454	a	k	s	h	a	y	\0			
65474	p	a	r	a	g	\0				
65494	r	a	m	a	n	\0				
65514	s	r	i	n	i	v	a	s	\0	
65534	g	o	p	a	l	\0				
65554	r	a	j	e	s	h	\0			

65573

图 16.1

16.2 字符串指针数组

一个指针变量总是包含一个地址。因此，如果我们创建一个指针数组，那么其中将包含一些地址。下面的代码片段显示了如何使用一个指针数组来存储名字。

```
char *names[] = {
                    "akshay", "parag", "raman",
                    "srinivas", "gopal", "rajesh"
                } ;
```

names[] 是一个指针数组，其中包含不同名字的基地址，图 16.2 描述了这种情况。在二维字符数组中，这些字符串占用 120 字节的空间；而在指针数组中，这些字符串占用 41 字节，数组本身占用 24 字节，因而总共占用 65 字节的空间。后者总共节省了 55 字节，节省幅度是相当大的。

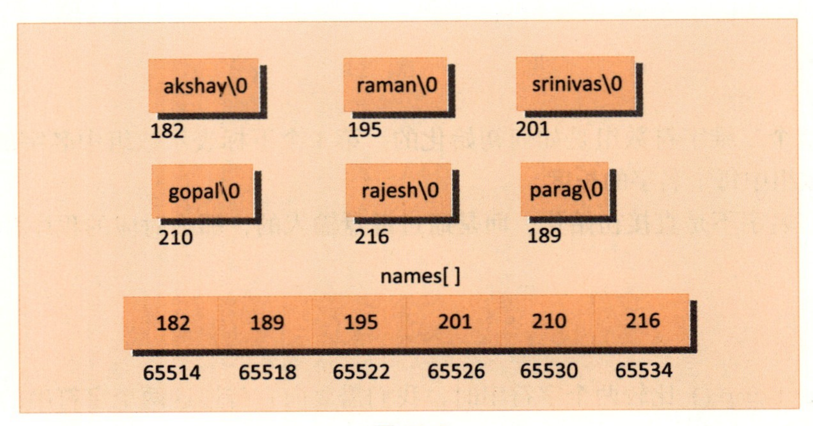

图 16.2

使用指针数组存储字符串的另一个优点在于允许对字符串方便地进行操作。下面的两个程序说明了这一点。第 1 个程序使用一个二维字符数组存储名字，第 2 个程序则使用一个字符串指针数组存储名字。这两个程序的目的都非常简单：交换名字 "raman" 和 "srinivas" 的位置。

第 1 个程序如下：

```
/* 使用二维字符数组交换名字的位置 */
# include <stdio.h>
int main( )
{
    char names[][20] = {
                          "akshay", "parag", "raman",
                          "srinivas", "gopal", "rajesh"
                        } ;
    int i ;
    char t ;
    printf( "Original: %s %s\n", &names[2][0], &names[3][0] ) ;
    for( i = 0 ; i <= 19 ; i++ )
    {
        t = names[2][i] ;
        names[2][i] = names[3][i] ;
        names[3][i] = t ;
    }
    printf( "New: %s %s\n", &names[2][0], &names[3][0] ) ;
    return 0 ;
}
```

下面是这个程序的输出。

```
Original: raman srinivas
New: srinivas raman
```

注意，在这个程序中，为了交换名字，我们需要交换名字中对应的字符。实际上，为了交换两个名字，我们总共需要执行 20 次交换。

下面我们观察是否可以使用字符串指针数组来减少交换次数。第 2 个程序如下：

```
# include <stdio.h>
int main( )
{
    char *names[] = {
                        "akshay", "parag", "raman",
                        "srinivas", "gopal", "rajesh"
                    } ;
    char *temp ;
    printf( "Original: %s %s\n", names[2], names[3] ) ;
    temp = names[2] ;
    names[2] = names[3] ;
    names[3] = temp ;
    printf( "New: %s %s\n", names[2], names[3] ) ;
    return 0 ;
}
```

下面是这个程序的输出。

```
Original: raman srinivas
New: srinivas raman
```

上面两个程序的输出是相同的。但在第 2 个程序中，为了交换两个名字，我们只需要交换它们存储在指针数组中的地址即可。因此，只需要一次交换，我们就可以实现两个名字的交换，这使得字符串的操作变得非常方便。

综上，从内存使用效率和方便程序设计的角度出发，字符串指针数组显然优于二维字符数组。

16.3 字符串指针数组的限制

为了设置二维字符数组中的字符串，我们既可以在声明的时候对其进行初始化，也可以使用 scanf() 函数接收它们。但是，在使用字符串指针数组时，我们只能在声明时对它们进行初始化，因此下面的代码是不可行的。

```
char *names[6] ;
scanf( "%s", names[0] ) ;
```

在声明这个字符串指针数组时，其中包含的是垃圾地址，把这些垃圾地址之一发送给 scanf() 是不正确的。

为了克服这个困难，我们首先应该使用 scanf() 在字符数组 n[] 中接收一个名字，然后使用 malloc() 分配足以容纳这个名字的空间，最后把这个名字复制到分配的空间中。下面展示了这种做法。

```
char *names[6], n[50] ;
int len, i ;
char *p ;
scanf( "%s", n ) ;
len = strlen( n ) ;
p =( char * ) malloc( len + 1 ) ; /* 将长度加1以容纳\0终止符 */
strcpy( p, n ) ;
names[0] = p ;
```

malloc() 标准库函数用于在内存中分配空间，我们可以把需要分配的字节数传递给 malloc()。malloc() 会返回分配的内存块的基地址，类型为 void *。void * 表示指针指向的地址是合法的，但由于不是 char、int 或其他任何数据类型的地址，因此必须使用 C 语言的强制类型转换功能转换为 char *。我们将在第 22 章详细讨论强制类型转换。malloc() 函数的原型是在头文件 stdlib.h 中声明的。

但是，为什么不使用数组分配内存呢？这是因为数组的长度在编写程序的时候就必须确定，另外在程序运行时，我们没有办法增加或减少数组的长度。换句话说，当使用数组时，编译器会进行静态内存分配；反之，如果使用 malloc()，就可以在程序运行时动态分配内存。我们传递给 malloc() 的参数是在程序运行过程中值可以改变的变量。

这种解决方案的性能要差一些，因为我们需要分配内存，然后复制从键盘接收的每个名字。

16.4 程序

练习16.1

编写一个程序，使用一个字符串指针数组存储一些字符串，然后通过键盘接收一个字符串并检查它是否在这个字符串指针数组中。

程序

```
/* 在数组中搜索字符串 */
# include <stdio.h>
# include <string.h>
int main( )
```

```
{
    char *str[] =  {
                        "We will teach you how to...",
                        "Move a mountain", "Level a building",
                        "Erase the past", "Make a million",
                        "...all through C!"
                    } ;
    char str1[20], *p ;
    int i ;
    printf( "\nEnter string to be searched: " ) ;
    scanf( "%s", str1 ) ;
    p = NULL ;
    for( i = 0 ; i < 6 ; i++ )
    {
        p = strstr( str[i], str1 ) ;
        if( p != NULL )
        {
            printf( "%s found in the array", str1 ) ;
            return 0 ;
        }
    }
    printf( "%s not found in the array", str1 ) ;
    return 0 ;
}
```

输出

```
Enter string to be searched: Million
Million not found in the array
```

练习 16.2

编写一个程序，对使用字符串指针数组存储的一组名字按字母顺序进行排序。

程序

```
/* 按字母顺序对字符串进行排序 */
# include <stdio.h>
# include <string.h>
int main( )
{
    char *str[] = {
                        "Rajesh", "Ashish", "Milind",
                        "Pushkar", "Akash"
                    } ;
    char *t ;
    int i, j ;
    for( i = 0 ; i < 5 ; i++ )
    {
        for( j = i + 1 ; j < 5 ; j++ )
        {
            if(( strcmp( str[i], str[j] ) ) > 0 )
            {
                t = str[i] ; str[i] = str[j] ; str[j] = t ;
            }
        }
    }
    for( i = 0 ; i < 5 ; i++ )
        printf( "%s\t", str[i] ) ;
    return 0 ;
}
```

输出

```
Akash Ashish Milind Pushkar Rajesh
```

练习16.3

编写一个程序，反转存储在一个字符串指针数组中的字符串。

程序

```
/* 反转存储在一个字符串指针数组中的字符串 */
# include <stdio.h>
# include <string.h>
void xstrrev( char *ss ) ;
int main( )
{
    char str[][35] = {
                        "To ere is human...",
                        "But to really mess things up...",
                        "One needs to know C !!"
                     } ;
    int i ;
    for( i = 0 ; i <= 2 ; i++ )
    {
        xstrrev( str[i] ) ;
        printf( "%s\n", str[i] ) ;
    }
    return 0 ;
}
void xstrrev( char *s )
{
    int l, i ;
    char *t, temp ;
    l = strlen( s ) ;
    t = s + l - 1 ;
    for( i = 1 ; i <= l / 2 ; i++ )
    {
        temp = *s ; *s = *t ; *t = temp ;
        s++ ; t-- ;
    }
}
```

输出

```
...namuh si ere oT
...pu sgniht ssem yllaer ot tuB
!! C wonk ot sdeen enO
```

习题

回答下列问题。

（1）下面这个字符串指针数组在内存中将占用多少字节的空间？如果将其存储在一个二维字符数组中，那么需要占用多少字节的空间？

```
char *mess[] = {
                  "Hammer and tongs", "Tooth and nail",
                  "Spit and polish", "You and C"
               } ;
```

（2）编写一个程序，删除一句话中所有的元音字母。假设这句话的长度不超过 80 个字符。

（3）编写一个程序，读取一行文本并从中删除所有的单词“the”。

（4）编写一个程序，接收一组英文人名并将每个人名中的名和中间名用首字母来代表。

（5）编写一个程序，在一行文本中计算任意两个连续元音出现的次数。例如：在下面这条句子“Please read this application and give me gratuity”中，符合要求的是 ea、ea、ui。

（6）编写一个程序，接收一个整数（长度小于或等于 9 位），并输出这个数的英文单词表示形式。例如：如果输入的整数是 12342，则输出应该是 Twelve Thousand Three Hundred Forty Two。

课后笔记

1. 处理多个相关字符串的两种方式：

（1）使用二维字符串数组。

（2）使用字符串指针数组。

2. 二维字符串数组的优缺点。

（1）优点：

- 容易使用两个 for 循环和表达式 str[i][j] 进行处理。

（2）缺点：

- 浪费宝贵的内存空间。
- 处理数组元素时比较麻烦。

3. 字符串指针数组的优缺点。

（1）优点：

- 容易处理。
- 节省空间。

（2）缺点：

- 无法修改字符串，但字符串在字符串指针数组中的相关位置可以修改。
- 无法方便地从键盘接收字符串，但我们可以使用 malloc() 为每个字符串分配空间，然后将 malloc() 返回的地址赋值给数组元素。

第17章 结构体

“应对异质世界”

火车票预订系统中存储的数据（如姓名、年龄、性别、地址、旅程、出发站点和到达站点）都是不同的，这些不同的数据怎样才能存储在一起呢？本章将讨论这个问题的答案。

本章内容

C 语言提供了数组和字符串来让我们处理相似的数据，但现实世界中的数据往往是不同的。例如："图书"是书名、价格、作者、出版商、页数、出版日期等数据项的集合。为了处理这类数据，C 语言提供了一种被称为"结构体"的数据类型。

17.1　为什么要使用结构体

假设我们想在内存中存储 3 本图书的书名（字符串）、价格（浮点型）和页数（整型）。为此，我们可以采取以下两种方法。

（1）创建 3 个数组，分别存储书名、价格和页数。

（2）使用一个结构体变量。

下面我们分别讨论这两种方法。为了方便程序设计，我们假设书名中只有一个字符。下面这个程序使用了数组的方法。

```
# include <stdio.h>
int main( )
{
    char name[3] ;
    float price[3] ;
    int pages[3], i ;
    printf ( "Enter names, prices and no. of pages of 3 books\n" ) ;
    for ( i = 0 ; i <= 2 ; i++ )
        scanf ( "%c %f %d", &name[i], &price[i], &pages[i] ) ;
        printf ( "And this is what you entered\n" ) ;
    for ( i = 0 ; i <= 2 ; i++ )
        printf ( "%c %f %d\n", name[i], price[i], pages[i] ) ;
    return 0 ;
}
```

下面是这个程序的一次运行结果。

```
Enter names, prices and no. of pages of 3 books
A 100.00 354
C 256.50 682
F 233.70 512
And this is what you entered
A 100.000000 354
C 256.500000 682
F 233.700000 512
```

尽管这种方法是可行的，但它存在如下两个限制。

（1）它模糊了我们所要处理的是与图书这个实体相关的特征。

（2）如果我们想要存储与图书有关的其他数据项（如出版商、出版日期等），就需要创建更多的数组。

为了克服以上限制，我们可以采取另一种方法，也就是使用一种特殊的数据类型——结构体。结构体允许我们把一些相似或不相似的数据类型聚合在一起。下面这个程序展示了这种数据类型的用法。

```
# include <stdio.h>
int main( )
{
    struct book
    {
```

```
        char name ; float price ; int pages ;
    } ;
    struct book b1, b2, b3 ;
    printf ( "Enter names, prices and no. of pages of 3 books\n" ) ;
    scanf ( "%c %f %d", &b1.name, &b1.price, &b1.pages ) ;
    scanf ( "%c %f %d", &b2.name, &b2.price, &b2.pages ) ;
    scanf ( "%c %f %d", &b3.name, &b3.price, &b3.pages ) ;
    printf ( "And this is what you entered\n" ) ;
    printf ( "%c %f %d\n", b1.name, b1.price, b1.pages ) ;
    printf ( "%c %f %d\n", b2.name, b2.price, b2.pages ) ;
    printf ( "%c %f %d\n", b3.name, b3.price, b3.pages ) ;
    return 0 ;
}
```

下面是这个程序的输出。

```
Enter names, prices and no. of pages of 3 books
A 100.00 354
C 256.50 682
F 233.70 512
And this is what you entered
A 100.000000 354
C 256.500000 682
F 233.700000 512
```

在这个程序中，我们首先声明了一种用户定义的数据类型，名为 struct book，其中包含 3 个元素：name、price 和 pages。接下来，我们声明了 3 个 struct book 类型的变量 b1、b2 和 b3，其中的每个变量都由一个字符型变量 name、一个浮点型变量 price 和一个整型变量 pages 组成。

最后，我们使用 scanf() 把图书的信息输入这些变量中，并使用 printf() 将它们输出。注意，在访问这种变量（称为结构体变量）的每个元素时，我们使用了点（.）操作符，如 b1.name、b1.price 和 b1.pages。

显然，第 2 种方法要优于使用数组的方法，因为前者能够把一本图书的不同特征（书名、价格、页数）聚合在一起。

17.2 结构体数组

在上面所使用的第 2 种方法中，如果图书的数量增加，我们将不再创建像 b4、b5 和 b6 这样的变量，而是创建一个结构体数组，如下面这个程序所示。

```
/* 结构体数组的用法 */
# include <stdio.h>
void linkfloat( ) ;
int main( )
{
    struct book
    {
        char name ; float price ; int pages ;
    } ;
    struct book b[10] ;
    int i ; int dh;
    for ( i = 0 ; i <= 9 ; i++ )
    {
        printf ( "Enter name, price and pages\n" ) ;
        scanf ( "%c %f %d", &b[i].name, &b[i].price, &b[i].pages ) ;
```

```
        while ((dh = getchar( )) != '\n')
            ;
    }
    for ( i = 0 ; i <= 9 ; i++ )
        printf ( "%c %f %d\n", b[i].name, b[i].price, b[i].pages ) ;
    return 0 ;
}
void linkfloat( )
{
    float a = 0, *b ;
    b = &a ;
    a = *b ;
}
```

注意结构体数组的声明方式。

```
struct book b[10] ;
```

这个数组会为 10 个 struct book 类型的结构体提供内存空间。因此，只需要使用一个数组，我们就可以处理各自具有很多数据项的多本图书。

b[0].price 表示第 1 本图书的价格，b[1].price 表示第 2 本图书的价格，接下来依此类推。

在向 scanf() 提供第 1 条记录后，我们通过键盘输入的图书信息将被赋值给不同的结构体元素，但我们按下的 Enter 键仍然保留在输入缓冲区中。因而当下一次调用 scanf() 时，程序将首先接收这个 Enter 键，然后接收其他输入。为了防止发生这种情况，我们必须清空输入缓冲区。在这个程序中，这是通过 scanf() 后面的 while 循环实现的，有些文本也可以通过使用 fflush(stdin) 代替 while 循环实现相同的效果。但这种清空输入缓冲区的方式缺乏可移植性，因而并不适用于所有的编译器。

如果没有定义 linkfloat() 函数，那么有些 C 语言编译器可能会报告错误“Floating-Point Formats Not Linked（浮点格式未链接）”。怎样才能强制进行格式链接呢？这就是 linkfloat() 函数的作用。它能够强制把浮点数模拟器链接到应用程序中。我们不需要调用这个函数，仅仅在程序中定义它即可。

17.3　结构体的细节

现在，我们知道了如何声明结构体、如何创建结构体变量、如何创建结构体数组以及如何访问结构体元素。接下来，我们将探索结构体的细节。

17.3.1　结构体的声明

当我们声明一个结构体时，编译器并不会在内存中为其分配任何空间。我们只是定义了这个结构体的“形式”。

我们可以在一条语句中组合结构体的声明和结构体变量的定义，当采用这种做法时，结构体的名称是可选的。

```
struct
{
    char name ; float price ; int pages ;
} b1, b2, b3 ;
```

与基本变量、指针、数组和字符串一样，结构体变量也可以在声明时进行初始化。结构体变量的初始化形式与数组相似。

```
struct book
{
    char name[10] ; float price ; int pages ;
} ;
struct book b1 = { "Basic", 130.00, 550 } ;
struct book b2 = { "Physics", 150.80, 800 } ;
struct book b3 = { 0 } ;
```

如果对一个结构体变量使用一个值 `{0}` 进行初始化，那么这个结构体变量的所有元素都会被设置为 0，比如上面的 `b3`。这是一种对结构体变量进行初始化的简便方式。如果没有这种方式，我们就必须把每个单独的结构体元素都初始化为 0。

结构体的声明通常出现在源代码文件的顶部，位于任何变量或函数的定义之前。在非常大的程序中，它们通常被放在一个单独的头文件中，这个头文件可通过 `#include` 指令包含到需要使用这些结构体的程序中。

17.3.2 结构体元素的存储

结构体元素总是存储在连续的内存位置。下面这个程序说明了这一点。

```
/* 结构体元素的内存映射 */
# include <stdio.h>
int main( )
{
    struct book
    {
        char name ; float price ; int pages ;
    } ;
    struct book b1 = { 'B', 130.00, 550 } ;
    printf ( "Address of name = %u\n", &b1.name ) ;
    printf ( "Address of price = %u\n", &b1.price ) ;
    printf ( "Address of pages = %u\n", &b1.pages ) ;
    return 0 ;
}
```

下面是这个程序的输出。

```
Address of name = 65518
Address of price = 65519
Address of pages = 65523
```

实际上，结构体元素是按照图 17.1 的方式存储在内存中的。

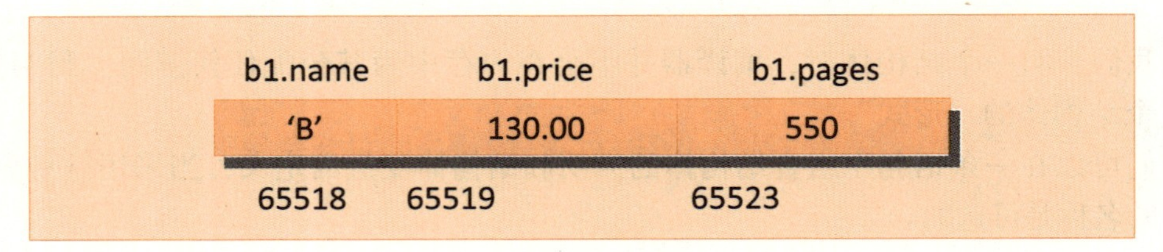

图 17.1

在结构体数组中，所有元素都存储在相邻的内存位置。

17.3.3　复制结构体元素

结构体元素可以逐个复制，也可以一次性复制。下面这个程序展示了这两种方法。

```
# include <stdio.h>
# include <string.h>
int main( )
{
    struct employee
    {
        char name[10] ; int age ; float salary ;
    } ;
    struct employee e1 = { "Sanjay", 30, 5500.50 } ;
    struct employee e2, e3 ;
    /* 逐个复制 */
    strcpy ( e2.name, e1.name ) ; /* e2.name = e1. name 是错误的 */
    e2.age = e1.age ;
    e2.salary = e1.salary ;
    /* 一次性复制 */
    e3 = e2 ;
    printf ( "%s %d %f\n", e1.name, e1.age, e1.salary ) ;
    printf ( "%s %d %f\n", e2.name, e2.age, e2.salary ) ;
    printf ( "%s %d %f\n", e3.name, e3.age, e3.salary ) ;
    return 0 ;
}
```

下面是这个程序的输出。

```
Sanjay 30 5500.500000
Sanjay 30 5500.500000
Sanjay 30 5500.500000
```

如果所有的元素都需要复制，那么一次性复制的方法是首选。如果只需要复制一部分元素，那么可以采用逐个复制的方法。

17.3.4　嵌套的结构体

一个结构体可以嵌套在另一个结构体中。通过这种方式，我们可以创建复杂的数据类型。下面这个程序展示了嵌套的结构体是如何工作的。

```
# include <stdio.h>
int main( )
{
    struct address
    {
        char phone[15] ; char city[25] ; int pin ;
    } ;
    struct emp
    {
        char name[25] ; struct address a ;
    } ;
    struct emp e = { "jeru", "531046", "nagpur", 10 };
    printf ( "name = %s phone = %s\n", e.name, e.a.phone ) ;
    printf ( "city = %s pin = %d\n", e.a.city, e.a.pin ) ;
    return 0 ;
}
```

下面是这个程序的输出。

```
name = jeru phone = 531046
city = nagpur pin = 10
```

注意，当访问作为结构体组成部分的结构体元素时，需要使用两次点操作符，就像表达式 e.a.pin 或 e.a.city 一样。

嵌套结构体的这种语法非常容易理解，例如：

```
maruti.engine.bolt.large.qty
```

上述语法表示的是适用于 maruti 汽车引擎的大尺寸螺钉的数量。

17.3.5 传递结构体元素 / 结构体变量

我们可以把单独的结构体元素或整个结构体变量传递给函数，如下面的程序所示。

```
/* 传递单独的结构体元素 */
# include <stdio.h>
struct book
{
    char name[25] ; char author[25] ; int pages ;
} ;
void display1 ( char *, char *, int ) ;
void display2 ( struct bcok ) ;
void display3 ( struct bcok * ) ;
int main( )
{
    struct book b1 = { "Let us C", "YPK", 643 } ;
    display1 ( b1.name, b1.author, b1.pages ) ;
    display2 ( b1 ) ;
    display3 ( &b1 ) ;
    return 0 ;
}
void display1 ( char *n, char *a, int pg )
{
    printf ( "%s %s %d\n", n, a, pg ) ;
}
void display2 ( struct book b )
{
    printf ( "%s %s %d\n", b.name, b.author, b.pages ) ;
}
void display3 ( struct book *pb )
{
    printf ( "%s %s %d\n", pb->name, pb->author, pb->pages ) ;
}
```

下面是这个程序的输出。

```
Let us C YPK 101
Let us C YPK 101
Let us C YPK 101
```

注意，在这个结构体的声明中，name 和 author 都是数组。因此，当我们使用下面的语句调用 display1() 函数时，我们传递的是数组 name 和 author 的基地址，但 pages 是按值传递的。这是一个混合调用，也就是说，既存在传引用调用，也存在传值调用。

```
display1 ( b1.name, b1.author, b1.pages ) ;
```

结构体变量 b1 被按值传递给 display2()，然后被按引用传递给 display3()。传递给 display2() 的 b1 被保存到 struct book 类型的变量 b 中，类似地，传递给 display3() 的 b1 的地址被保存到“结构体指针”或“指向结构体的指针”pb 中，如

图 17.2 所示。

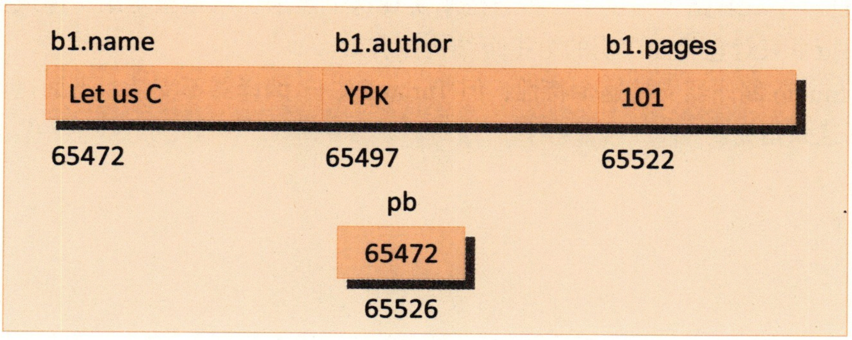

b1.name　b1.author　b1.pages
Let us C　YPK　101
65472　65497　65522
pb
65472
65526

图 17.2

由于 display2() 和 display3() 都需要 struct book 类型，因此这种类型是按照全局的方式声明的。display2() 使用点操作符访问并输出 b 中的元素。

仔细观察 display3() 是如何使用 printf() 输出结构体元素的。我们不能使用 pb.name 或 pb.pages，因为 pb 不是结构体变量，而是指向结构体的指针。在这种情况下，C 语言为我们提供了操作符 -> 来引用结构体元素。记住，“->”的左端必须是一个指向结构体的指针。

17.3.6　结构体元素的对齐

观察下面的代码。

```
struct emp
{
int a ; char ch ; float s ;
} ;
struct emp e ;
printf ( "%u %u %u\n", &e.a, &e.ch, &e.s ) ;
```

如果我们使用 Turbo C/C++ 编译器执行上述代码，就会得到下面这样的地址。

```
65518 65520 65521
```

与我们预料的一样，char 元素紧随 int 元素之后，float 元素则紧随 char 元素之后。

但是，如果我们使用 Visual Studio 编译器执行上述代码，得到的输出就会变成下面这样。

```
1245044 1245048 1245052
```

我们从中可以观察到，float 元素并不是紧随 char 元素存储的。事实上，char 元素的后面有 3 字节是空闲的。下面我们解释其中的原因。

Visual Studio 是 32 位编译器，其目标是为 32 位微处理器生成代码。这种微处理器架构在提取一个地址的数据时，如果这个地址是 4 的倍数，那么提取速度就会比其他地址快得多。为此，这种编译器在存储结构体中的每个元素时进行了对齐，以使它们的地址都是 4 的倍数。正因为如此，char 元素和 float 元素之间才出现 3 字节的空闲空间。

但是，有些程序需要对存储数据的内存区域施加精确的控制。例如：假设我们想把磁盘引导区（磁盘的第 1 个扇区）的内容读取到一个结构体中。在这种情况下，结构体元素的字节排列就必须与磁盘引导区的各种字段的实际排列精确匹配才行。

#pragma pack 指令提供了一种方法来实现这个需求，就是指定结构体成员的对齐方式，但这条指令只对它后面声明的第 1 个结构体有效。

Visual Studio 编译器支持这个特性，但 Turbo C/C++ 编译器不支持。下面这段代码展示了如何使用这条指令。

```
# pragma pack(1)
struct emp
{
int a ; char ch ; float s ;
} ;
# pragma pack( )
struct emp e ;
printf ( "%u %u %u\n", &e.a, &e.ch, &e.s ) ;
```

在这里，#pragma pack(1) 表示将每个结构体元素的边界都调整为 1 字节，如下面的程序输出所示。

```
1245044 1245048 1245049
```

17.4 结构体的应用

结构体在数据库管理中非常实用，比如维护组织机构中的员工、图书馆中的书籍、商店中的商品、公司的金融账户交易等。结构体的其他应用还包括：

（1）改变光标的大小。

（2）清除屏幕上的内容。

（3）把光标放在屏幕中适当的位置。

（4）在屏幕上绘制任何图形。

（5）从键盘接收按键。

（6）检查计算机的内存容量。

（7）查找计算机上配备的设备列表。

（8）对磁盘进行格式化。

（9）在目录中隐藏一个文件。

（10）显示一个磁盘的目录。

（11）把输出发送到打印机。

（12）与鼠标进行交互。

17.5 程序

练习 17.1

堆栈是一种数据类型，添加新元素或者删除现有元素的操作总是发生在同一端，也就是堆栈的“顶部”。编写一个程序，使用链表实现堆栈。

程序

```
/* 使用链表实现堆栈 */
```

```
# include <stdlib.h>
# include <stdio.h>
struct node
{
    int data ; struct node *link ;
} ;
void push ( struct node **s, int item ) ;
int pop ( struct node **s ) ;
int main( )
{
    struct node *top ;
    int t, i, item ;
    top = NULL ;
    push ( &top, 45 ) ; push ( &top, 28 ) ;
    push ( &top, 63 ) ; push ( &top, 55 ) ;
    item = pop ( &top ) ;
    printf ( "Popped : %d\n", item ) ;
    item = pop ( &top ) ;
    printf ( "Popped : %d\n", item ) ;
    return 0 ;
}
void push ( struct node **s, int item )
{
    struct node *q ;
    q = ( struct node * ) malloc ( sizeof ( struct node ) ) ;
    q -> data = item ;
    q -> link = *s ;
    *s = q ;
}
int pop ( struct node **s )
{
    int item ;
    struct node *q ;
    if ( *s == NULL )
        printf ( "Stack is empty\n" ) ;
    else
    {
        q = *s ;
        item = q -> data ;
        *s = q -> link ;
        free ( q ) ;
        return ( item ) ;
    }
}
```

输出

```
Popped : 55
Popped : 63
```

练习17.2

在一种被称为队列的数据结构中，添加新元素的操作发生在其中一端（被称为“队尾”），删除现有元素的操作则发生在另一端（被称为“队头”）。编写一个程序，使用链表实现队列。

程序

```
/* 使用链表实现队列 */
```

```
# include <stdio.h>
# include <stdlib.h>
struct queue
{
    int item ; struct queue *link ;
} ;
struct queue *rear, *front ;
void add ( int item ) ;
int del_queue( ) ;
int main( )
{
    int item ;
    rear = front = NULL ;
    add ( 10 ) ; add ( 20 ) ; add ( 30 ) ;
    add ( 40 ) ; add ( 50 ) ; add ( 60 ) ;
    item = del_queue( ) ;
    printf ( "Deleted Item = %d\n", item ) ;
    item = del_queue( ) ;
    printf ( "Deleted Item = %d\n", item ) ;
    return 0 ;
}
void add ( int item )
{
    struct queue *q = ( struct queue * ) malloc ( sizeof ( struct queue ) ) ;
    q -> item = item ;
    q -> link = NULL ;
    if ( rear == NULL )
    {
        rear = q ; front = q ;
    }
    else
    {
        q -> link = rear ; rear = q ;
    }
}
int del_queue( )
{
    int item ;
    struct queue *q = rear ;
    if ( front == NULL )
    {
        printf ( "Queue is empty\n" ) ;
        return -1;
    }
    else
    {
        if ( front == rear )
        {
            item = q -> item ; front = rear = NULL ;
            free( q ) ;
        }
        else
        {
           while( q -> link -> link != NULL )
           q = q -> link ;
           item = q -> link -> item ;
           free( q -> link ) ;
           front = q ;
           q -> link = NULL ;
    }
}
    return item ;
}
```

输出

```
Deleted Item = 10
Deleted Item = 20
```

习题

1. 回答下列问题。

（1）根据下面这条语句：

```
maruti.engine.bolts = 25 ;
```

下面哪种说法是正确的？

① 结构体 bolts 嵌套于结构体 engine 中。

② 结构体 engine 嵌套于结构体 bolts 中。

③ 结构体 maruti 嵌套于结构体 engine 中。

④ 结构体 maruti 嵌套于结构体 bolts 中。

（2）

```
struct time
{
  int hours ; int minutes ; int seconds ;
} t ;
struct time *pt ;
pt = &t ;
```

根据上面的声明，下面哪种引用 seconds 的方法是正确的？

① pt.seconds。

② pt -> seconds。

③ time.seconds。

④ time->seconds。

2. 完成下列任务。

（1）创建一个名为 student 的结构体，其中包含下面这些数据：Roll Number（学号）、Name（姓名）、Department（系）、Course（课程）、Year of Joining（入学年份）。

假设学生人数不超过 450。

① 编写一个函数，输出在某特定年份入学的所有学生的姓名。

② 编写一个函数，输出与其接收的学号对应的那名学生的所有数据。

（2）创建一个结构体，存储一家银行的顾客数据。账户中的数据存储在账号、姓名、余额中。假设这家银行的顾客人数最多为 200。

① 编写一个函数，输出所有余额小于 100 元的每位顾客的账户和姓名。

② 如果一位顾客要求取款或存款，那么其填写的表单应包括下列字段：账号、金额、代码（1 表示存款，0 表示取款）。编写一个函数，如果取款时账户余额低于 100 元，就输出信息“The balance is insufficient for the specified withdrawal（余额不足，无法取出指定的金额）”。

（3）一家汽车公司的引擎部件的序列号为 AA0 ～ FF9，引擎部件的其他特征还包括生产年份、材料和生产数量。

① 创建一个结构体，存储引擎部件的特征信息。

② 编写一个程序，提取序列号在 BB1 和 CC6 之间的所有引擎部件的特征信息。

（4）假设一条板球运动员记录中包含了板球运动员的姓名、年龄、已参加的实验比赛次数以及每次实验比赛的平均跑动得分。创建一个结构体数组，在其中存储 20 条板球运动员记录，然后编写一个程序，读取这些板球运动员记录，并按照平均跑动得分对它们进行升序排列。这里需要使用标准库中的 qsort() 函数。

（5）假设一个名为 employee 的结构体中存储了像员工代码、姓名和入职日期这样的信息。编写一个程序，创建一个结构体数组并在其中输入一些数据，要求在用户输入当前日期后，输出显示那些工龄大于或等于 3 年的员工的姓名。

（6）创建一个名为 library 的结构体，在其中存储图书编号、书名、作者、定价和是否借出等信息。编写一个菜单驱动的程序，实现类似图书馆的图书管理功能，其中的菜单项包括：

① Add book information（添加图书信息）；

② Display book information（显示图书信息）；

③ List all books of given author（列出特定作者的所有图书）；

④ List the title of specified book（列出指定图书的书名）；

⑤ List the count of books in the library（列出图书馆中图书的数量）；

⑥ List the books in the order of accession number（按照图书编号排序并列出所有图书）；

⑦ Exit（退出）。

（7）编写一个函数，对两个特定的日期进行比较。为了存储日期，需要使用一个结构体，其中包含 3 个成员：day、month 和 year。如果日期相等，那么这个函数应该返回 0，否则返回 1。

课后笔记

1. 结构体（通常）是不相似元素的集合，这些元素存储在相邻的内存位置。结构体又称用户定义的数据类型、辅助数据类型、聚合数据类型或派生数据类型。

2. 和结构体有关的术语。

```
struct employee { char name ; int age ; float salary ; } ;
struct employee e1, e2, e[10] ;
```

- struct：关键字。
- employee：结构体的名称 / 标签。
- name、age 和 salary：结构体元素 / 结构体成员。
- e1 和 e2：结构体变量。
- e[]：结构体数组。

3. 结构体元素存储在相邻的内存位置。

4. 结构体变量的长度等于所有结构体元素的长度之和。

5. 复制结构体元素的两种方法。

```
struct emp e1 = { "Rahul", 23, 4000.50 } ;
struct emp e2, e3 ;
e2.n = e1.n ; e2.a = e1.a ; e2.s = e1.s ; → 逐个复制
e3 = e1 ;  → 一次性复制
```

6. 结构体可以嵌套。

```
struct address { char city[20] ; long int pin ; } ;
struct emp { char n[20] ; int age ; struct address a ; float s ; } ;
struct emp e ;
```

为了访问 city 和 pin，我们应该使用 e.a.city 和 e.a.pin。

7. 为了通过结构体变量访问结构体元素，我们可以使用点（.）操作符，例如：

```
struct emp e ; printf ( "%s %d %f", e.name, e.age, e.sal ) ;
```

8. 为了通过结构体指针访问结构体元素，我们可以使用 -> 操作符，例如：

```
struct emp e ; struct emp *p ;
p = &e ;
printf ( "%s %d %f", p->name, p->age, p->sal ) ;
```

9. 结构体的应用：

- 数据库管理；
- 显示字符；
- 通过打印机进行输出；
- 图形程序设计；
- 所有的磁盘操作。

第18章 控制台输入输出

“从键盘输入，输出到屏幕上”

假设我们想要在屏幕上输出 5 个人的姓名、年龄和工资。姓名和年龄应该左对齐并且上下对齐。工资应该按小数点对齐，并且小数点后应该只显示两位数字。为了实现以上目的，我们需要使用格式化的输出函数。本章将讨论这方面的内容。

本章内容

C 语言并未规定如何从任何输入设备（如键盘、磁盘等）提取数据，也未规定如何把数据发送到输出设备（如显示器、磁盘等）。那么，我们应该如何管理 I/O 呢？这正是本章将要探讨的内容。

18.1　I/O的类型

尽管 C 语言并未提供任何关键字用于执行 I/O，但它肯定会在某些场合处理 I/O 操作。一个程序如果自始至终都不与外部设备交互，那么它的作用也将极其有限。

每种操作系统都提供了把数据输入或输出到文件和设备的功能。一些实现 I/O 操作的函数在定义时也会利用特定操作系统的 I/O 功能。这些函数在经过编译后，以库函数的形式供用户使用。

由于 I/O 功能因操作系统而异，因此一种操作系统的 I/O 函数与另一种操作系统的 I/O 函数可能并不相同，尽管它们的行为是相同的。

在 C 语言中，有很多库函数用于实现 I/O 功能，它们大致可以分为两类。

① 控制台 I/O 函数：这类函数从键盘接收输入并把输出写到屏幕上。

② 文件 I/O 函数：这类函数在磁盘上执行 I/O 操作。

在本章中，我们只讨论控制台 I/O 函数。第 19 章将讨论文件 I/O 函数。

18.2　控制台I/O函数

屏幕和键盘被合称为控制台。控制台 I/O 函数可以进一步分为两类：格式化的控制台 I/O 函数和未格式化的控制台 I/O 函数。

它们之间的基本区别在于：格式化的控制台 I/O 函数允许对通过键盘读取的输入或者显示在屏幕上的输出根据需要进行格式化。例如：如果平均成绩和百分制成绩的值需要显示在屏幕上，那么一些相关的细节（如输出应该出现在屏幕上的什么位置、两个值之间应该间隔多大、小数点的后面应该有几位等）就可以使用格式化的控制台 I/O 函数进行控制。图 18.1 列出了常用的控制台 I/O 函数。

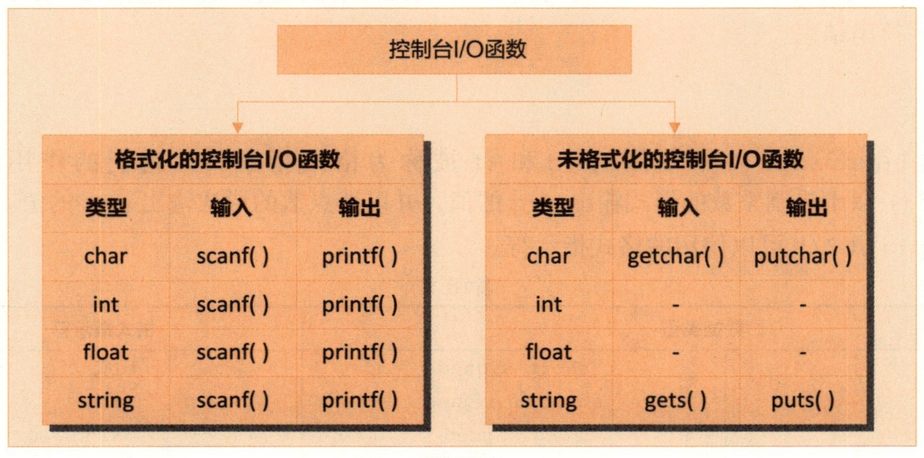

控制台I/O函数

格式化的控制台I/O函数

类型	输入	输出
char	scanf( )	printf( )
int	scanf( )	printf( )
float	scanf( )	printf( )
string	scanf( )	printf( )

未格式化的控制台I/O函数

类型	输入	输出
char	getchar( )	putchar( )
int	-	-
float	-	-
string	gets( )	puts( )

图 18.1

下面我们详细讨论这些控制台 I/O 函数。

18.2.1 格式化的控制台 I/O 函数

我们从图 18.1 中可以看到，printf() 和 scanf() 属于格式化的控制台 I/O 函数。它们允许我们按照固定的格式提供输入或者按照指定的格式产生输出。下面我们分别讨论这两个函数。

printf() 的基本形式如下。

```
printf( "格式字符串", 变量列表 ) ;
```

格式字符串可以包含如下内容。

① 简单地按原样输出的字符。

② 以 % 开头的格式指示符。

③ 以 \ 开头的转义序列。

例如，观察下面这个程序。

```
# include <stdio.h>
int main( )
{
    int avg = 346 ;
    float per = 69.2 ;
    printf( "Average = %d\nPercentage = %f\n", avg, per ) ;
    return 0 ;
}
```

下面是这个程序的输出。

```
Average = 346
Percentage = 69.200000
```

printf() 在执行时会从左到右检查格式字符串。在遇到 % 或 \ 之前，printf() 会在屏幕上显示它所遇到的所有字符。在这个例子中，Average = 被显示在屏幕上。当遇到一个格式指示符时，printf() 就会选取变量列表中的第 1 个变量，并按照指定的格式输出这个变量的值。在这个例子中，当遇到 %d 时，printf() 选取了变量 avg 并输出它的值。类似地，当遇到一个转义序列时，printf() 也会采取适当的操作。在这个例子中，当遇到 \n 时，printf() 将光标定位到了下一行的起始位置。这个过程将不断持续，直到格式字符串结束。

格式指示符

我们在 printf() 中使用的 %d 和 %f 被称为格式指示符。它们的作用是告诉 printf() 以十进制整数的形式输出 avg 的值，并以浮点数的形式输出 per 的值。表 18.1 列出了 printf() 可以使用的格式指示符。

表18.1

数据类型		格式指示符
整数	short signed	%d或%l
	short unsigned	%hu
	long signed	%ld
	long unsigned	%lu
	unsigned hexadecimal	%x
	unsigned octal	%o

续表

数据类型		格式指示符
浮点数	float	%f
	double	%lf
	long double	%Lf
字符	signed char	%c
	unsigned char	%c
字符串		%s

我们可以在格式字符串中使用表 18.2 所示的可选指示符。

表18.2

可选指示符	描述
w	数字，用于指定字段宽度
.	小数点，可以根据精度分隔字段宽度（精度表示小数点后面的位数）
d	数字，用于指定精度
-	减号，用于将指定字段的输出左对齐

字段宽度指示符的作用是告诉 printf() 在输出一个值时应该在屏幕上使用多少列。例如，%10d 表示“以十进制整数的形式在 10 列宽的字段中输出这个值”。如果想要输出的值无法填满整个字段，就将这个值靠右对齐，左边用空白填充。

如果格式指示符中包含了减号（如 %-10d），就表示输出的值应该靠左对齐，右边用空白填充。

如果使用的字段宽度小于输出这个值所需的字段宽度，字段宽度将被忽略并输出完整的值。下面这个程序说明了上述所有特性。

```
# include <stdio.h>
int main( )
{
    int weight = 63 ;
    printf( "weight is %d kg\n", weight ) ;
    printf( "weight is %2d kg\n", weight ) ;
    printf( "weight is %4d kg\n", weight ) ;
    printf( "weight is %6d kg\n", weight ) ;
    printf( "weight is %-6d kg\n", weight ) ;
    printf( "weight is %1d kg\n", weight ) ;
    return 0 ;
}
```

下面是这个程序的输出。

```
Columns    0123456789012345678901234567890
           weight is 63 kg
           weight is 63 kg
           weight is   63 kg
           weight is     63 kg
           weight is 63     kg
           weight is 63 kg
```

在创建数值表时，指定字段宽度是非常实用的，因为这样可以使数值适当地对齐，如下面的程序所示。

```
# include <stdio.h>
int main( )
{
    printf( "%10.1f %10.1f %10.1f\n", 5.0, 13.5, 133.9 ) ;
    printf( "%10.1f %10.1f %10.1f\n", 305.0, 1200.9, 3005.3 );
    return 0 ;
}
```

以上程序产生的输出具有更好的视觉效果。

```
01234567890123456789012345678901
       5.0       13.5      133.9
     305.0     1200.9     3005.3
```

注意，格式指示符 %10.1f 表示在一个10列宽的字段中按右对齐形式输出一个浮点数，同时小数点的右边保留1位数字。

在显示字符串或字符时也可以使用格式指示符。下面这个程序说明了这一点。

```
# include <stdio.h>
int main( )
{
    char firstname1[] = "Sandy" ;
    char surname1[] = "Malya" ;
    char firstname2[] = "AjayKumar" ;
    char surname2[] = "Gurubaxani" ;
    printf( "%20s%20s\n", firstname1, surname1 ) ;
    printf( "%20s%20s\n", firstname2, surname2 ) ;
    return 0 ;
}
```

下面是这个程序的输出。

```
01234567890123456789012345678901234567890123456789
               Sandy               Malya
           AjayKumar          Gurubaxani
```

格式指示符 %20s 表示在一个宽度为20列的字段中按右对齐形式输出这个字符串，这样就可以对不同长度的姓名进行适当的对齐。显然，格式指示符 %-20s 表示按左对齐形式输出这个字符串。如果我们使用了 %20.10s，则表示在宽度为20列的字段中以右对齐形式输出这个字符串的前10个字符。

转义序列

当 printf() 的格式字符串中包含换行符 \n 时，光标将被定位到下一行的起始位置。换行符就是“转义序列”，这个名称的由来如下：反斜杠（\）被认为是“转义”字符，由于它能够改变一个字符串的正常解释，因此它后面的那个字符被认为具有特殊的含义。

下面这个例子说明了 \n 和另一个新的转义序列 \t（被称为制表符）的用途。80列宽的屏幕被划分成10个宽度为8列的输出区域。我们可以使用 \t 把光标定位到下一个输出区域的起始位置。例如：如果光标在第5列，那么通过使用 \t 就可以把光标定位到第8列。下面这个程序显示了 \t 的使用效果。

```
# include <stdio.h>
int main( )
```

```
{
    printf( "You\tmust\tbe\tcrazy\nto\thate\tthis\tbook\n" ) ;
    return 0 ;
}
```

下面是这个程序的输出。

```
01234567890123456789012345678901234567890
You     must    be      crazy
to      hate    this    book
```

\n 使得字符串 "crazy" 输出在下一行的起始位置。制表符和换行符很可能是最为常用的两个转义序列，但转义序列不止这两个。图 18.2 显示了转义序列的完整列表。

转义序列	用途	转义序列	用途
\n	换行	\t	制表
\b	退格	\r	回车
\f	换页	\a	警告
\'	单引号	\"	双引号
\\	反斜杠		

图 18.2

\b 的作用是把光标定位到当前位置左边的那个位置。\r 的作用是把光标定位到当前所在行的起始位置。\a 的作用是通过计算机内部的扬声器向用户发出警告。\f 的作用是把光标移到下一页的开头。为了输出作为分隔符使用的字符（如单引号、双引号和反斜杠等），我们可以在它们的前面加一个反斜杠。因此，下面的语句

```
printf( "He said, \"Let's do it!\"" ) ;
```

将输出

```
He said, "Let's do it!"
```

忽略字符

有时候，我们可能想忽略输入中的一些字符。例如：在接收日期时，我们可能想要忽略像'.'、'/'或'-'这样的分隔符。这个任务可以使用 %*c 来完成。“%*c” 表示如果遇到'.'、'/'或'-'，就对其进行匹配并忽略。“*” 保证了输入的字符不会被赋值给变量列表中的任何变量。

```
printf( "Enter date in dd/mm/yy or dd.mm.yy or dd-mm-yy format\n") ;
scanf( "%d%*c%d%*c%d", &dd, &mm, &yy ) ;
printf( "%d/%d%/%d\n", dd, mm, yy ) ;
```

处理不匹配问题

假设我们使用的格式指示符与需要输出的值的类型之间存在不匹配的情况。当这种情况发生时，printf() 将尝试进行指定的转换，并尽量产生最合适的结果。有时候，转换结果是合理的，比如当我们使用 %d 输出一个字符的 ASCII 码值时；但有时候，转换结果却是不合理的，比如当我们使用 %d 输出一个字符串时；甚至有时候，转换结果是灾难性的，并进而导致整个程序崩溃。

下面这个程序展示了几个这样的转换，有些是合理的，有些则显得有些怪异。

```
# include <stdio.h>
int main( )
{
    char ch = 'z' ;
    int i = 125 ;
    float a = 12.55 ;
    char s[] = "hello there !" ;
    printf( "%c %d %f\n", ch, ch, ch ) ;
    printf( "%s %d %f\n", s, s, s ) ;
    printf( "%c %d %f\n",i ,i, i ) ;
    printf( "%f %d\n", a, a ) ;
    return 0 ;
}
```

下面是这个程序的输出。

```
z 122 -9362831782501783000000000000000000000000000.000000
hello there ! 3280 -
9362831782501783000000000000000000000000000.000000
} 125 -9362831782501783000000000000000000000000000.000000
12.550000 0
```

读者可以对这些输出结果进行分析。其中有些转换是相当合理的。

现在我们把注意力转向 scanf()。scanf() 允许我们按照某种固定的格式从键盘接收数据。

scanf() 的基本形式如下。

```
scanf( "格式字符串", 变量地址列表 ) ;
```

例如:

```
scanf( "%d %f %c", &c, &a, &ch ) ;
```

注意，我们向 scanf() 发送的是变量的地址。这是必要的，因为从键盘接收的数据必须存放在与这些地址对应的变量中。我们通过键盘提供的数据必须由空格、制表符或换行符分隔。不要在格式字符串中包含这些转义序列。我们从 printf() 函数中学到的格式指示符同样适用于 scanf() 函数。

18.2.2 sprintf() 和 sscanf() 函数

sprintf() 的工作方式与 printf() 相似，它们之间仅仅存在一个十分微小的区别：sprintf() 不像 printf() 那样把输出发送到屏幕，而是把输出写入一个字符数组。下面这个程序说明了这一点。

```
# include <stdio.h>
int main( )
{
    int i = 10 ;
    char ch = 'A' ;
    float a = 3.14 ;
    char str[20] ;
    printf( "%d %c %f\n", i, ch, a ) ;
    sprintf( str, "%d %c %f", i, ch, a ) ;
    printf( "%s\n", str ) ;
    return 0 ;
}
```

在这个程序中，printf() 会在屏幕上输出 i、ch 和 a 的值，而 sprintf() 则把这些值存储在字符数组 str 中。由于字符数组 str 保存在内存中，因此使用 sprintf() 写入 str 的值并不会显示在屏幕上。str 在构建之后，其中的内容才可以显示在屏幕上。在这个程序中，这个任务是由第 2 条 printf() 语句完成的。

与 sprintf() 函数对应的是 sscanf() 函数。sscanf() 允许我们从一个字符串中读取字符并按指定的格式把它们存储在 C 语言变量中。sscanf() 非常适用于在内存中把字符转换为值。从一个文件中读取字符串并使用 sscanf() 从读取的字符串中提取值是非常方便的。sscanf() 的用法与 scanf() 相同，区别仅仅在于前者的第 1 个参数表示从哪里进行读取。

18.2.3 未格式化的控制台 I/O 函数

未格式化的控制台 I/O 函数也有好几个，分别用于处理单个字符或处理字符串。为了方便初学者学习，我们首先讨论一次处理一个字符的函数。

getchar()和putchar()

getchar() 允许我们读取从键盘输入的单个字符，这个字符的后面必须是 Enter 键。与 getchar() 对应的函数是 putchar()，后者用于把一个字符显示在屏幕上。下面这个程序说明了它们的用法。

```
# include <stdio.h>
int main( )
{
    char ch ;
    printf( "\nType any alphabet" ) ;
    ch = getchar( ) ; /* 后面必须是Enter键 */
    printf( "You typed " ) ;
    putchar( ch ) ;
    return 0 ;
}
```

对于 getchar()，我们需要按 Enter 键，然后这个函数才能接收我们输入的字符。但是，我们可能希望函数在用户输入字符的时候就立即读取字符而不是等待用户按 Enter 键。没有标准函数能够完成这个任务，不同的操作系统提供的解决方案也各不相同。

基于 MS-DOS 的编译器（如 Turbo C）和基于 Windows 的编译器（如 Visual Studio）提供了 getch() 函数来实现这个目的，它的原型位于 conio.h 头文件中。这个函数能够从键盘读取单个字符。但由于没有使用任何缓冲区，因此输入的字符会立即返回，而不是等待用户按 Enter 键。在基于 Linux 的编译器中，可以通过使用 stty 命令进行一些终端设置来实现相同的效果。

gets()和puts()

gets() 允许我们从键盘读取一个字符串。当用户按 Enter 键时，表示这个字符串输入结束。因此，空格和制表符完全可以成为输入字符串的组成部分。更确切地说，gets() 会从键盘获取一个换行符（\n）作为字符串的终止符，并将 \n 替换为 \0。

puts() 的工作方式正好与 gets() 相反，前者用于把一个字符串输出到屏幕上。

下面这个程序说明了这两个函数的用法。

```
# include <stdio.h>
int main( )
{
    char footballer[40] ;
    puts( "Enter name" ) ;
    gets(footballer ) ; /* 发送数组的基地址 */
    puts( "Happy footballing!" ) ;
    puts(footballer ) ;
    return 0 ;
}
```

下面是一些示例输出。

```
Enter name
Jonty Rhodes
Happy footballing!
Jonty Rhodes
```

为什么要使用两个puts()来输出"Happy footballing!"和"Jonty Rhodes"呢？因为puts()与printf()不同，前者一次只能输出一个字符串。如果我们试图使用puts()输出两个字符串，那么只有第一个字符串会被输出。类似地，与scanf()不同，gets()一次只能读取一个字符串。

警告：在使用gets()时，如果输入的字符串的长度大于传递给gets()的字符串的长度，就可能发生字符串越界错误，这是非常危险的。我们可以像下面这样使用fgets()来避免这种情况发生。

```
char str[20] ;
puts( "Enter a string: " ) ;
fgets( str, 20, stdin ) ;
puts( str ) ;
```

下面是上述代码的一次运行结果。

```
Enter a string:
It is safe to use fgets than gets
It is safe to use f
```

注意，只有19个字符存储在字符数组str中，这个字符数组中的最后一个字符是'\0'，因此我们并没有超出字符串的边界。这里的stdin表示标准输入设备，即键盘。

习题

1. 下列程序的输出是什么？

(1)
```
# include <stdio.h>
# include <ctype.h>
int main( )
{
    char ch ;
    ch = getchar( ) ;
    if(islower( ch ) )
```

```
            putchar(toupper( ch ) ) ;
        else
            putchar(tolower( ch ) ) ;
        return 0 ;
    }
```

（2）
```
# include <stdio.h>
int main( )
{
    int i = 2 ;
    float f = 2.5367 ;
    char str[] = "Life is like that" ;
    printf( "%4d\t%3.3f\t%4s\n", i, f, str ) ;
    return 0 ;
}
```

（3）
```
# include <stdio.h>
int main( )
{
    printf( "More often than \b\b not \rthe person who \
                wins is the one who thinks he can!\n" ) ;
    return 0 ;
}
```

（4）
```
# include <conio.h>
char p[] = "The sixth sick sheikh's sixth ship is sick" ;
int main( )
{
    int i = 0 ;
    while( p[i] != '\0' )
    {
        putchar( p[i] ) ;
        i++ ;
    }
    return 0 ;
}
```

2. 指出下列程序中可能存在的错误。

（1）
```
# include <stdio.h>
int main( )
{
    int i ;
    char a[] = "Hello" ;
    while( a != '\0' )
    {
        printf( "%c", *a ) ;
        a++ ;
    }
    return 0 ;
}
```

（2）
```
# include <stdio.h>
int main( )
{
    doubledval ;
    scanf( "%f", &dval ) ;
```

```
    printf( "Double Value = %lf\n", dval ) ;
    return 0 ;
}
```

（3）
```
# include <stdio.h>
int main( )
{
    int ival ;
    scanf( "%d\n", &n ) ;
    printf( "Integer Value = %d\n", ival ) ;
    return 0 ;
}
```

（4）
```
# include <stdio.h>
int main( )
{
    int dd, mm, yy ;
    printf( "Enter date in dd/mm/yy or dd-mm-yy format\n" ) ;
    scanf( "%d%*c%d%*c%d", &dd, &mm, &yy ) ;
    printf( "The date is: %d - %d - %d\n", dd, mm, yy ) ;
    return 0 ;
}
```

（5）
```
# include <stdio.h>
int main( )
{
    char text ;
    sprintf( text, "%4d\t%2.2f\n%s", 12, 3.452, "Merry Go Round" ) ;
    printf( "%s\n", text ) ;
    return 0 ;
}
```

（6）
```
# include <stdio.h>
int main( )
{
    char buffer[50] ;
    int no = 97;
    doubleval = 2.34174 ;
    char name[10] = "Shweta" ;
    sprintf( buffer, "%d %lf %s", no, val, name ) ;
    printf( "%s\n", buffer ) ;
    sscanf( buffer, "%4d %2.2lf %s", &no, &val, name ) ;
    printf( "%s\n", buffer ) ;
    printf( "%d %lf %s\n", no, val, name ) ;
    return 0 ;
}
```

3. 回答下列问题。

（1）为了在数组 `char str[100]` 中接收字符串 "We have got the guts, you get the glory!!"，应该使用下面哪个函数？

① `scanf( "%s", str )`
② `gets( str )`
③ `getchar( str )`
④ `fgetchar( str )`

（2）如果需要通过键盘输入一个整数，则应该使用下面哪个函数？

① scanf()
② gets()
③ getche()
④ getchar()

（3）下面哪一项是 printf() 函数可以包含的格式字符串？

① 字符、格式指示符和转义序列
② 字符、整数和浮点数
③ 字符串、整数和转义序列
④ 单引号、百分比符号和反斜杠字符

（4）在 printf() 函数中，字段宽度指示符的用途是什么？

① 控制程序清单的边距
② 指定一个数的最大值
③ 控制用于输出数字的字体大小
④ 指定输出一个数字时使用的字段宽度

（5）如果想要适当地对齐下面的输出，则应该使用哪些格式指示符？

```
Discovery of India            Jawaharlal Nehru          425.50
My Experiments with Truth     Mahatma Gandhi            375.50
Sunny Days                    SunilGavaskar             95.50
One More Over                 ErapalliPrasanna          85.00
```

课后笔记

1. C 语言程序中的 I/O 总是使用函数而不是关键字完成的。

2. I/O 函数可以大致分为两种类型。

（1）控制台 I/O 函数：① 格式化的控制台 I/O 函数；② 未格式化的控制台 I/O 函数。

（2）磁盘 I/O 函数。

3. 格式化的控制台 I/O 函数要求以固定的格式接收输入和显示输出。

4. 所有格式化的控制台 I/O 都是使用 printf() 和 scanf() 完成的。

5. 格式化的例子。

（1）%20s：表示将字符串在一个 20 列宽的字段中右对齐。

（2）%-10d：表示将整数在一个 10 列宽的字段中左对齐。

（3）%12.4f：表示将浮点数在一个 12 列宽的字段中右对齐，并且小数点的后面保留 4 位。

6. 转义序列。

（1）\n：把光标定位到下一行。

（2）\r：把光标定位到当前所在行的起始位置。当我们按下 Enter 键时，生成的 \r 将被转换为 \r\n 这个组合。

（3）\t：把光标定位到下一个输出区域的起始位置。输出区域的宽度为 8 列。

（4）\'、\"、\\：在输出中生成'、"、\。

7. scanf() 也可以包含像 %10.2f 这样的格式指示符，但由于受到的限制太多，因此我们极少这样使用。

8. 未格式化的控制台 I/O 函数。

（1）char：getchar()，等待用户输入。

（2）int / float：不存在对应的此类函数。

（3）string：gets() 和 puts()。

第19章 文件输入输出

“保存到文件中，以备将来之需”

一旦掌握了如何从文件中读取数据以及把数据写入文件，我们就跨越了一个主要障碍。在掌握了这方面的知识之后，我们就能够编写许多实用的程序。本章将探索这方面的内容。

本章内容

- 19.1 文件操作
  - 19.1.1 打开文件
  - 19.1.2 读取文件
  - 19.1.3 关闭文件
- 19.2 对字符、制表符、空格等进行计数
- 19.3 一个文件复制程序
- 19.4 文件打开模式
- 19.5 文件中的字符串（行）I/O
- 19.6 文本文件和二进制文件
- 19.7 文件中的记录 I/O
- 19.8 低层文件 I/O
- 19.9 程序

数据往往都比较多，因此无法全部存储在内存中，并且屏幕上能够显示的数据也是非常有限的。另外，内存是不稳定的，一旦程序终止，相关的内容就会丢失。在这种情况下，把数据存储在磁盘上的“文件”中是很有必要的。这样以后就可以读取文件中的内容，并使用或显示文件的部分或全部内容。本章将讨论如何执行文件输入输出（Input/Output，I/O）操作。

19.1 文件操作

我们可以对文件执行很多不同的操作，包括：

- 创建新文件；
- 打开现有文件；
- 读取文件；
- 写入文件；
- 移动到文件中的某个特定位置（搜索）；
- 关闭文件。

下面我们编写一个程序，读取一个文件并在屏幕上显示其中的内容。我们将首先列出这个程序并显示它所完成的任务，然后对其中的代码进行讨论。下面是这个程序的代码。

```
/* 在屏幕上显示一个文件的内容 */
# include <stdio.h>
int main( )
{
    FILE *fp ;
    char ch ;
    fp = fopen( "PR1.C", "r" );
    while( 1 )
    {
        ch = fgetc( fp );
        if( ch == EOF )
            break ;
        printf( "%c", ch );
    }
    printf( "\n" );
    fclose( fp );
    return 0 ;
}
```

当执行这个程序时，屏幕上将显示文件 PR1.C 中的内容。下面我们讨论程序是如何完成这个任务的。

19.1.1 打开文件

这个程序的基本逻辑如下。

（1）从文件中读取一个字符。

（2）把读取的这个字符显示在屏幕上。

（3）对于文件中的所有字符，重复执行步骤（1）和步骤（2）。

当我们每一次想要从磁盘上读取一个字符时就访问磁盘是相当低效的做法。在打开文件时就将其中的所有内容读取到一个缓冲区，然后从这个缓冲区读取字符才是更加合理的做法。图 19.1 展示了这种做法。

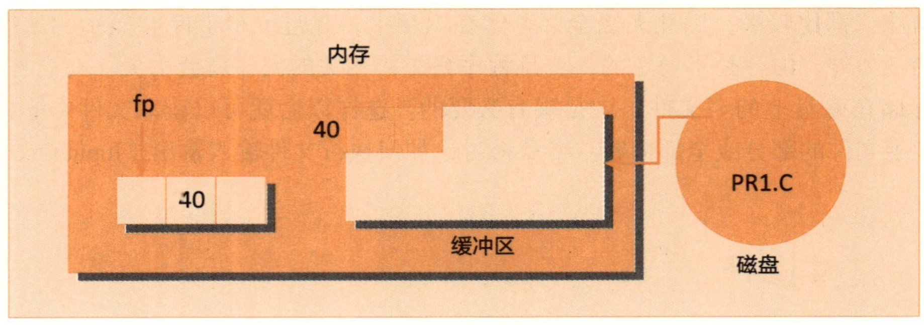

图 19.1

这个思路同样适用于把信息写入磁盘。我们并不是一次把一个字符写入磁盘，而是把字符写入一个缓冲区，最后才把这个缓冲区中的内容转移到磁盘上。

在从文件中读取信息或者把信息写入磁盘上的文件之前，我们首先必须打开文件。为了打开文件，我们需要调用 fopen() 函数。

PR1.C 文件是以 "r" 模式打开的，这表示需要从这个文件中读取一些内容。事实上，当以 "r" 模式打开这个文件时，fopen() 函数需要完成 4 个重要的任务。

（1）首先，在磁盘上搜索需要打开的文件。

（2）其次，把这个文件从磁盘加载到一个缓冲区中。

（3）接下来，设置一个字符指针并使其指向这个缓冲区中的第 1 个字符。

（4）最后，设置一个名为 FILE 的结构体并返回其地址。

下面我们讲一讲 FILE 结构体的用途。为了成功地对一个文件进行读取，我们必须维护诸如打开模式、文件大小、下一次读取操作将从文件中的什么地方开始等信息。由于所有这些信息都是内部相关的，因此 fopen() 在一个名为 FILE 的结构体中设置所有这些信息。fopen() 将返回这个结构体的地址，我们可以使用一个名为 fp 的结构体指针来进行访问。fp 的声明语句如下。

```
FILE *fp ;
```

FILE 结构体是在头文件 stdio.h（标准输入输出头文件）中定义的。

19.1.2　读取文件

调用 fopen() 函数会产生一个指向缓冲区中第 1 个字符的指针。这个指针是 fp 指向的结构体的第 1 个元素（参见图 19.1）。

为了从缓冲区读取这个文件的内容，我们可以像下面这样调用 fgetc() 函数。

```
ch = fgetc( fp );
```

fgetc() 从当前的指针位置读取字符，并推进指针位置，使之指向下一个字符，然后返回读取的字符，我们将其保存在了变量 ch 中。

注意，一旦打开这个文件，就不再需要通过文件名，而是可以通过文件指针 fp 来表示这个文件。

我们在一个无限的 while 循环中使用了 fgetc() 函数。当这个文件的所有字符都被读取时，我们就跳出这个循环。但是我们怎么才能知道这种情况呢？当这个文件的所有字符都已经被读取并且我们试图继续进行读取时，fgetc() 就会返回一个名为 EOF（End Of File，表示到达文件末尾）的宏。EOF 宏是在头文件 stdio.h 中定义的。

19.1.3 关闭文件

当我们完成对一个文件的读取之后，就需要关闭这个文件。文件的关闭是通过使用 fclose() 函数完成的。

```
fclose( fp );
```

一旦关闭了文件，我们就不能再使用 fgetc() 从中读取内容了。注意，为了关闭文件，我们并没有使用文件名，而是使用文件指针 fp。

在关闭文件时，与文件关联的缓冲区也将从内存中删除。

在这个程序中，我们打开文件是为了读取其中的内容。假设我们打开一个文件是为了向其写入字符，此时仍需要一个缓冲区与其关联。当我们试图使用 fputc() 把字符写入这个文件时，字符将会被写入这个缓冲区。

当我们使用 fclose() 关闭这个文件时，将会执行如下两个操作。

（1）缓冲区中的字符将被写入磁盘上的文件。

（2）缓冲区将从内存中删除。

我们需要考虑一种可能性，就是在关闭文件之前，缓冲区可能已满。在这种情况下，缓冲区中的内容将被写入磁盘。缓冲区的管理是通过库函数完成的。

19.2 对字符、制表符、空格等进行计数

在理解了第 1 个文件 I/O 程序之后，我们可以编写一个程序来读取一个文件，并对其中的字符、空格、制表符和换行符进行计数。下面就是这个程序。

```
/* 对一个文件中的字符、空格、制表符和换行符进行计数 */
# include <stdio.h>
int main( )
{
    FILE *fp ;
    char ch ;
    int nol = 0, not = 0, nob = 0, noc = 0 ;
    fp = fopen( "PR1.C", "r" );
    while( 1 )
    {
        ch = fgetc( fp );
        if( ch == EOF )
            break ;
        noc++ ;
        if( ch == ' ' )
            nob++ ;
        if( ch == '\n' )
            nol++ ;
        if( ch == '\t' )
            not++ ;
    }
    fclose( fp );
    printf( "Number of characters = %d\n", noc);
    printf( "Number of blanks = %d\n", nob );
```

```
printf( "Number of tabs = %d\n", not );
printf( "Number of lines = %d\n", nol );
return 0 ;
}
```

下面是这个程序的一次运行结果。

```
Number of characters = 125
Number of blanks = 25
Number of tabs = 13
Number of lines = 22
```

这个程序简单易懂。在这个程序中，我们以 "r" 模式打开一个文件并逐字符读取其中的内容。下面我们尝试编写一个需要以 "w" 模式打开文件的程序。

19.3　一个文件复制程序

我们已经掌握了从文件中读取字符的 fgetc() 函数，与之对应的函数是 fputc()，后者用于把字符写入一个文件。字符 I/O 函数的常见用途是把一个文件的内容复制到另一个文件中，如下面的程序所示。

```
# include <stdio.h>
# include <stdlib.h>
int main( )
{
    FILE *fs, *ft ;
    char ch ;
    fs = fopen( "pr1.c", "r" );
    if( fs == NULL )
    {
        puts( "Cannot open source file" ); exit( 1 );
    }
    ft = fopen( "pr2.c", "w" );
    if( ft == NULL )
    {
        puts( "Cannot open target file" );
        fclose( fs ); exit( 2 );
    }
    while( 1 )
    {
        ch = fgetc( fs );
        if( ch == EOF )
            break ;
        else
            fputc( ch, ft );
    }
    fclose( fs ); fclose( ft );
    return 0 ;
}
```

当我们尝试使用 fopen() 打开一个文件时，这个文件可能无法打开。当我们使用 "r" 模式打开一个文件时，发生这种情况有可能是因为这个需要打开的文件在磁盘上根本不存在。显然，我们无法读取一个不存在的文件。

类似地，当打开一个文件用于写入时，fopen() 也可能由于一些原因而失败，如磁盘空间不足、无法创建一个新文件、磁盘被写保护、磁盘已损坏等。

如果文件无法打开，fopen()就返回NULL(定义在stdio.h中：#define NULL 0)。在这个程序中，我们通过检查fs和ft是否被设置为NULL来判断这种可能性。只要其中有任何一个被设置为NULL，我们就调用exit()函数以终止这个程序的运行。

通常，如果一个程序是正常终止的，就把0传递给exit()。非零值表示程序是异常终止的。如果程序中存在多个退出点，那么传递给exit()的值可以帮助确定程序是在什么地方终止的。

fputc()函数用于把一个字符写入ft指向的文件。写入过程会一直持续，直到源文件中的所有字符都被写入目标文件。

注意，这个文件复制程序只能复制文本文件。为了复制扩展名为exe或jpg的二进制文件，我们需要以二进制模式打开这些文件，稍后我们将详细讨论这方面的内容。

19.4 文件打开模式

下面是文件打开模式列表，包括当文件被打开时fopen()需要完成的任务。

- "r"：搜索文件。如果文件打开成功，fopen()就将其加载到内存中，并设置一个指针指向其中的第1个字符。如果文件无法打开，fopen()就返回NULL。
  可能的操作：读取文件。
- "w"：搜索文件。如果文件存在，就覆盖其中的内容。如果文件不存在，就创建一个新文件。如果文件无法打开，就返回NULL。
  可能的操作：写入文件。
- "a"：搜索文件。如果文件打开成功，fopen()就将其加载到内存中，并设置一个指针指向其中的最后一个字符。如果文件不存在，就创建一个新文件。如果文件无法打开，就返回NULL。
  可能的操作：把新内容添加到文件的末尾。
- "r+"：搜索文件。如果文件打开成功，fopen()就将其加载到内存中，并设置一个指针指向其中的第1个字符。如果文件无法打开，就返回NULL。
  可能的操作：读取文件中现有的内容、向文件写入新内容以及修改文件中现有的内容。
- "w+"：搜索文件。如果文件存在，就覆盖其中的内容。如果文件不存在，就创建一个新文件。如果文件无法打开，就返回NULL。
  可能的操作：在文件中写入新内容、读回文件的新内容以及修改文件中现有的内容。
- "a+"：搜索文件。如果文件打开成功，fopen()就将其加载到内存中，并设置一个指针指向其中的第1个字符。如果文件不存在，就创建一个新文件。如果文件无法打开，就返回NULL。
  可能的操作：读取文件中现有的内容、在文件的末尾追加新内容，但无法修改文件中现有的内容。

19.5 文件中的字符串（行）I/O

在大多数情况下，字符I/O就可以满足需要。但是，在有些特殊情况下，使用读取或写入整个字符串的函数可能效率更高。下面这个程序首先使用fputs()把字符串写入一个文件，然后使用 `fgets()` 将它们读回。

```
/* 从键盘接收字符串并将其写入文件 */
# include <stdio.h>
# include <stdlib.h>
# include <string.h>
int main( )
{
    FILE *fp ;
    char s[80];
    fp = fopen( "POEM.TXT", "w" );
    if( fp == NULL )
    {
        puts( "Cannot open file" ); exit( 1 );
    }
    printf( "\nEnter a few lines of text:\n" );
    while(strlen( gets( s ))> 0 )
    {
        fputs( s, fp ); fputs( "\n", fp );
    }
    fclose( fp );
    /* 读回文件 */
    printf( "\nFile contents are being read now...\n" , s );
    fp = fopen( "POEM.TXT", "r" );
    if( fp == NULL )
    {
        puts( "Cannot open file" ); exit( 2 );
    }
    while( fgets( s, 79, fp )!= NULL )
        printf( "%s" , s );
    fclose( fp );
    return 0 ;
}
```

下面是这个程序的一次运行结果。

```
Enter a few lines of text:
Shining and bright, they are forever,
so true about diamonds,
more so of memories,
especially yours!
File contents are being read now...
Shining and bright, they are forever,
so true about diamonds,
more so of memories,
especially yours!
```

在程序运行过程中，用户需要在输入每个字符串之后按 Enter 键。为了终止循环，用户可以在一行的起始位置按 Enter 键，这会创建一个长度为 0 的字符串，程序会将其识别为循环的终止标志。

我们设置了一个字符数组来接收字符串。`fputs()` 将把这个字符数组的内容写入 POEM.TXT 文件。由于 `fputs()` 并不会在字符串的末尾自动添加换行符，因此我们必须自己执行这个操作，以便稍后从文件中读回这个字符串。

在读取文件时，`fgets()` 接收 3 个参数。第 1 个参数是存储字符串的地址；第 2 个参数是字符串的最大长度，这个参数能够防止由于 `fgets()` 读取的字符串太长而溢出数组；第 3 个参数是指向 `FILE` 结构体的指针。当我们从文件中读取一行文本时，字符串 `s` 将包含这行文本的内容，并自动在 `'\n'` 的后面加上一个 `'\0'`。因此，这个字符串会由

fgets() 结束，我们无须再执行其他特殊操作。当这个文件的所有文本行都被读取之后，如果继续读取的话，fgets() 就会返回 NULL。

19.6 文本文件和二进制文件

到目前为止，我们编写的程序都是对文本文件进行操作。文本文件只包含像字母、数字和特殊符号这样的文本信息。所有的 C 语言程序（如 PR1.C）都是文本文件。

与此不同的是，二进制文件是字节的集合。这种集合可以是 C 语言程序的编译版本（如 PR1.EXE），也可以是存储在 MP4 文件中的音乐数据，还可以是存储在 JPG 文件中的图片。

为了判断一个文件是文本文件还是二进制文件，一种非常简单的方法就是用记事本程序将其打开。如果这个文件打开后，我们能够看懂里面的内容，那么它就是文本文件，否则就是二进制文件。

站在程序设计的角度，文本文件和二进制文件在换行以及数值的存储两方面存在区别。

文本文件和二进制文件的区别：换行

在文本文件中，换行符在被写入文件之前需要转换为回车符和换行符的组合。类似地，文本文件中的回车符和换行符的组合在读取时也需要转换为换行符。但是，如果一个文件是以二进制模式打开的，则不发生这些转换。

文本文件和二进制文件的区别：数值的存储

在使用 fprintf() 时，数值是以字符串的形式存储的。因此，整数 12579 在内存中占据 4 字节，但是这个整数在使用 fprintf() 写入文件时，将占据 5 字节——每个字符占据 1 字节。类似地，浮点数 1234.56 将在二进制文件中占据 7 字节。因此，位数更多的数值在二进制文件中需要更多的存储空间。

综上，如果有大量的数值需要存储在一个文件中，那么使用文本文件可能效率不高。解决方案是使用二进制模式打开这个文件，并使用 fread() 和 fwrite() 以二进制模式读取和写入这些数值，这样每个数值在文件中占据的空间就会与在内存中占据的空间相同。

19.7 文件中的记录I/O

假设我们想要对员工数据执行文件 I/O 操作。为此，我们必须创建结构体 employee，然后使用下面的函数从文件中读取员工数据或者把它们写入文件。

- 以文本模式打开的文件：fscanf()/fprintf()。
- 以二进制模式打开的文件：fread()/fwrite()。

下面的代码段说明了如何使用这些函数。读者可以把其中的注释替换为实际的代码，从而使其成为一个功能完整的程序。

```
/* 以文本模式/二进制模式从文件中读取员工数据或者将它们写入文件 */
# include <stdio.h>
int main( )
{
    FILE *fp ;
    struct emp
    {
        char name[40]; int age ; float bs ;
    } ;
    struct emp e ;
    fp = fopen( "EMPLOYEE.DAT", "w" );
    /* 通过一个循环重复执行下面的语句 */
    /* 从键盘读取一条记录到e中*/
    /* 把记录写入文件 */
    fprintf( fp, "%s %d %f\n", e.name, e.age, e.bs );
    fclose( fp );
    fp = fopen( "EMPLOYEE.DAT", "r" );
    /* 读取记录 */
    while(fscanf( fp, "%s %d %f", e.name, &e.age, &e.bs )!= EOF )
    printf( "%s %d %f\n", e.name, e.age, e.bs );
    fclose( fp );
    fp = fopen( "EMP.DAT", "wb" );
    /* 通过一个循环重复执行下面的语句*/
    /* 从键盘读取一条记录到e中*/
    /* 把记录写入文件 */
    fwrite(&e, sizeof( e ), 1, fp );
    fclose( fp );
    fp = fopen( "EMP.DAT", "rb" );
    while(fread(&e, sizeof( e ), 1, fp )== 1 )
        printf( "%s %d %f\n", e.name, e.age, e.bs );
    fclose( fp );
    return 0 ;
}
```

注意，我们以"rb"和"wb"模式打开了二进制文件EMP.DAT。当以文本模式打开文件时，我们可以使用"r"或"rt"，由于文本模式是默认模式，因此我们通常省略其中的t。

为了在文本模式的文件中读取和写入一条记录，我们可以使用fscanf()和fprintf()。它们的工作方式与scanf()和printf()相似，区别仅仅在于前面的两个函数增加了第1个参数fp，这个参数表示它们将要操作的文件。

为了在二进制模式的文件中读取和写入一条记录，我们可以使用fread()和fwrite()。观察下面这个调用。

```
fwrite(&e, sizeof(e), 1, fp );
```

假设e的地址是400、长度是48字节。因此，上面这个调用表示从地址400开始，把接下来的48字节一次性写入fp指向的文件。

类似地，下面这个调用表示从fp指向的文件中一次性读取48字节，并把它们存储到内存中从400开始的地址。

```
fread( &e, sizeof( e ), 1, fp );
```

基于文本文件的记录I/O有以下两个缺点。

（1）数值将占据更多的字节，因为每个数值都是以字符串的形式存储的。

（2）如果结构体中字段的数量增加了（比如增加了地址、房租津贴等），那么使用fprintf()写入结构体或者使用fscanf()读取它们的操作就会变得比较冗长且乏味。

修改记录

我们已经掌握了如何从二进制模式的文件中读取或写入记录。但是，如果我们想要修改一条现有的记录，该怎么办呢？当我们打开一个文件时，fopen() 会返回一个指向结构体的指针。这个结构体包含一个指针，指向文件中的第 1 条记录。fread() 总是读取这个指针当前指向的记录。类似地，fwrite() 总是把记录写入这个指针当前指向的位置。在使用 fread() 或 fwrite() 时，这个指针会被定位到下一条记录的起始位置；而在关闭文件时，这个指针会被销毁。

rewind() 允许把这个指针定位到文件的起始位置，而不管它当前指向何处。fseek() 允许把指针从一条记录转移到另一条记录。下面这段代码使用这两个函数修改了一个文件中现有的一条记录。

```
printf( "\nEntername of employee to modify: " );
scanf( "%s", empname );
rewind( fp );
while( fread( &e, recsize, 1, fp )== 1 )
{
    if( strcmp( e.name, empname )== 0 )
    {
        printf( "\nEnter new name, age & bs " );
        scanf( "%s %d %f", e.name, &e.age, &e.bs );
        fseek( fp, -recsize, SEEK_CUR );
        fwrite( &e, recsize, 1, fp );
        break ;
    }
}
```

为了把指针定位到当前位置之前的那条记录，我们可以使用下面这条语句。

```
fseek( fp, -recsize, SEEK_CUR );
```

-recsize 可以使指针从当前位置后退 recsize 字节。SEEK_CUR 是一个定义在 stdio.h 头文件中的宏。

类似地，如果我们想把指针定位到文件中最后一条记录的后面，可以使用下面这条语句。

```
fseek( fp, 0, SEEK_END );
```

事实上，-recsize 或 0 是偏移量，用于告诉编译器应该从某个参考位置（reference position）移动多少字节。参考位置可以是 SEEK_END、SEEK_CUR 或 SEEK_SET。SEEK_END 表示从文件末尾开始移动指针，SEEK_CUR 表示从指针的当前位置开始移动指针，SEEK_SET 表示从文件的起始位置开始移动指针。

在对指针进行适当的定位之后，我们便可以写入一条新记录，同时这条新记录将覆盖一条原有的记录。

如果想要知道指针当前指向哪里，那么可以使用 ftell() 函数。这个函数会返回一个 long int 值来表示从文件起始位置开始的偏移量。下面是 ftell() 函数的一个调用示例。

```
position = ftell( fp );
```

其中，position 是 long int 类型。

19.8 低层文件I/O

在低层文件 I/O 中，数据无法以单独的字符、字符串或格式化数据的形式写入。低层文件 I/O 函数只支持一种形式的数据读取或写入，也就是以字节缓冲区的形式读取或写入数据。

写入填满数据的缓冲区就像调用 fwrite() 函数一样。但是，与调用 fwrite() 函数不同的是，程序员必须自己设置数据的缓冲区，此外在写入之前还需要在其中设置适当的值，并在写入之后将它们取出。因此，低层文件 I/O 函数中的缓冲区也是程序的一部分，而不像高层文件 I/O 函数那样对程序员是不可见的。

低层文件 I/O 函数具有如下两个优点。

（1）由于这些函数与操作系统使用的磁盘写入方法是并行的，因此它们相比高层文件 I/O 函数具有更高的效率。

（2）由于低层文件 I/O 函数所需的中间层更少，因此它们的操作速度快于对应的高层文件 I/O 函数。

下面我们编写一个程序，演示如何使用低层文件 I/O 函数。

一个低层文件复制程序

我们之前编写了一个程序，目的是以逐字符的形式把一个文件的内容复制到另一个文件中。我们可以对这个程序进行改写，从源文件读取一块字节，并把这块字节写入目标文件。在执行这个操作时，这块字节将被读取到缓冲区，然后从缓冲区写入文件。我们可以自己对缓冲区进行管理，而不是依赖库函数完成这些任务。下面这个程序显示了这些操作是如何完成的。

```
/* 复制.txt、.com和.exe文件 */
# include <fcntl.h>
# include <sys\types.h>
# include <sys\stat.h>
# include <stdlib.h>
# include <stdio.h>
int main( )
{
    char buffer[512], source [128], target[128];
    int in, out, bytes ;
    printf( "\nEnter source filename: " );
    gets( source );
    in = open( source, O_RDONLY | O_BINARY );
    if( in == -1 )
    {
        puts( "Cannot open file" ); exit( 1 );
    }
    printf( "\nEnter target filename: " );
    gets( target );
    out = open( target, O_CREAT | O_BINARY | O_WRONLY, S_IWRITE);
    if( out == -1 )
    {
        puts( "Cannot open file" );
        close( in ); exit( 2 );
    }
    while( 1 )
```

```
    {
        bytes = read( in, buffer, 512);
        if( bytes > 0 )
            write( out, buffer, bytes );
        else
            break ;
    }
    close( in ); close( out );
    return 0 ;
}
```

声明缓冲区

改写后的程序声明了一个字符缓冲区。

```
char buffer[512];
```

这个字符缓冲区用于放置从文件中读取的数据。为了高效地进行操作，这个字符缓冲区的长度是非常重要的。取决于操作系统，有些长度的字符缓冲区相比其他长度的字符缓冲区具有更高的处理效率。

打开文件

我们在改写后的程序中打开了两个文件：一个是用于读取信息的源文件；另一个是目标文件，用于写入从源文件读取的信息。

和高层文件I/O一样，在访问一个文件之前，必须先将其打开。这是使用下面的语句完成的。

```
in = open( source, O_RDONLY | O_BINARY );
```

同样，我们必须向open()函数提供文件名和文件打开模式。可用的文件打开标志如下。

- O_APPEND：打开一个文件用于追加。
- O_CREAT：创建一个新文件用于写入。
- O_RDONLY：打开一个新文件只用于读取。
- O_RDWR：创建一个文件，既用于读取也用于写入。
- O_WRONLY：创建一个文件只用于写入。
- O_BINARY：以二进制模式打开文件。
- O_TEXT：以文本模式打开文件。

这些O_标志是在fcntl.h头文件中定义的。因此，在使用低层文件I/O函数时，我们必须在程序中包含这个头文件。如果想要联合使用两个或多个O_标志，则必须通过使用位或操作符（|）对它们进行组合。第21章将详细讨论位操作符。

这个程序中用于打开文件的另一条语句如下。

```
out = open( target, O_CREAT | O_BINARY | O_WRONLY, S_IWRITE );
```

注意，由于目标文件在打开的时候并不存在，因此我们必须使用O_CREAT标志。另外，由于我们想要写入这个文件，因此需要使用O_WRONLY标志。最后，由于我们想要以二进制模式打开这个文件，因此还需要使用O_BINARY标志。

在使用O_CREAT标志时，我们必须向open()函数提供另一个参数以指定被创建文

件的读 / 写状态。这个参数被称为“权限参数”，取值如下。

- S_IWRITE：允许写入文件。
- S_IREAD：允许读取文件。

为了使用以上权限，除了 fcntl.h 头文件之外，sys 文件夹中的 types.h 和 stat.h 头文件也必须包含在程序中。

文件句柄

与返回 FILE 指针的 fopen() 函数不同，低层文件 I/O 函数 open() 返回一个被称为文件句柄（file handle）的整型值。这个整型值是专门分配给某个特定文件的，以后便可用于表示这个文件。

如果 open() 函数返回 -1，则表示文件没有被成功打开。

缓冲区和文件之间的交互

可以使用下面这条语句把文件读取到缓冲区（读取的长度不超过缓冲区的大小）。

```
bytes = read( inhandle, buffer, 512 );
```

第 1 个参数是文件句柄，第 2 个参数是缓冲区的地址，第 3 个参数是缓冲区的大小。

为了复制文件，我们必须在一个 while 循环中同时使用 read() 和 write() 函数。read() 函数返回实际读取的字节数，将其赋值给变量 bytes。这个变量的作用是告诉 write() 函数应该把缓冲区中的多少字节写入目标文件。

19.9 程序

练习 19.1

编写一个程序，读取一个文件并显示其中的内容，要求为每一行标上行号。

程序

```
/* 显示一个文件中的内容并为每一行标上行号 */
# include <stdio.h>
# include <stdlib.h>
int main( )
{
    FILE *fp ;
    char ch, source[67];
    int count = 1 ;
    printf( "\nEnterfilename: " );
    scanf( "%s", source );
    fp = fopen( source, "r" );
    if( fp == NULL )
    {
        puts( "Unable to open thefile." ); exit( 0 );
    }
    printf( "\n%3d: ", count );
    while(( ch = getc( fp ))!= EOF )
    {
        if( ch == '\n' )
    {
        count++ ;
```

```
        printf( "\n%3d: ", count );
    }
    else
        printf( "%c", ch );
    }
    fclose( fp );
    return 0 ;
}
```

输出

```
Enter thefilename: Sample.txt
1: What is this life
2: if full of care
3: We have not time
4: to stand and stare!
```

练习19.2

编写一个程序，把一个文件的内容追加到另一个文件的末尾。

程序

```
/* 把一个文件的内容追加到另一个文件的末尾 */
# include <stdio.h>
# include <stdlib.h>
# include <string.h>
int main( )
{
    FILE *fs, *ft ;
    char source[67], target[67], str[80];
    puts( "Enter source filename: " );
    gets( source );
    puts( "Enter target filename: " );
    gets( target );
    fs = fopen( source, "r" );
    if( fs == NULL )
    {
        puts( "Unable to open source file" ); exit( 0 );
    }
    ft = fopen( target, "a" );
    if( ft == NULL )
    {
        fclose( fs );
        puts( "Unable to open target file" ); exit( 0 );
    }
    while( fgets( str, 79, fs )!= NULL )
        fputs( str, ft );
    printf( "Appending filecompleted!!" );
    fclose( fs );
    fclose( ft );
    return 0 ;
}
```

输出

```
Enter source filename:
Sample.txt
Enter target filename:
NewSample.txt
Appending filecompleted!!
```

习题

1. 回答下列问题。

（1）FILE 结构体是在哪个文件中定义的？

（2）如果一个文件包含了 I am a boy\r\n 这行文本，那么在使用 fgets() 函数把这行文本读取到数组 str[] 中之后，数组 str[] 将包含哪些内容？

（3）下列说法是正确的还是错误的？

① 高层文件 I/O 函数的缺点是程序员必须自己管理文件缓冲区。

② 如果想要打开一个文件进行读取，则这个文件必须已经存在。

③ 如果一个想要打开的用于写入的文件已经存在，那么这个文件的内容将被覆盖。

④ 当以追加模式打开一个文件时，这个文件事先应该已经存在。

（4）在打开一个文件用于读取时，需要执行下列哪些操作？

① 在磁盘中搜索文件是否存在。

② 把文件加载到内存中。

③ 设置一个指针，使其指向文件中的第 1 个字符。

④ 所有上述操作。

（5）在对一个按照文本模式创建的文件进行操作时，是否必须以文本模式打开这个文件？

2. 完成下列任务。

（1）假设一个文件包含了学生记录，每条记录包含了学生的姓名和年龄。编写一个程序，读取这些记录，然后按照姓名排序并显示它们。

（2）编写一个程序，把一个文件的内容复制到另一个文件中。在此过程中，把所有的小写字母转换为大写形式。

（3）编写一个程序，交替地合并两个文件中的文本行，并把结果写入一个新文件。如果其中一个文件的行数少于另一个文件，就将那个较大文件的剩余文本行简单地复制到目标文件中。

（4）编写一个程序，使用下面的方法对文件进行加密和解密。

① 偏移量密码：在这种密码中，需要将源文件中的每个字符加上固定的偏移量并写入目标文件。

例如，如果从源文件中读取的字符是 'A'，就把 'A'+ 128 表示的字符写入目标文件。

② 替换密码：在这种密码中，对于从源文件中读取的每个字符，把预先确定的对应字符写入目标文件。

例如，如果从源文件中读取的字符是 'A'，就把 '!' 写入目标文件。类似地，每个 'B' 都将被替换为 '5'。依此类推。

（5）在文件 CUSTOMER.DAT 中，有 10 条具有如下 customer 结构体的记录。

```
struct customer
{
      int accno ;
      char name[30];
      float balance ;
} ;
```

而在另一个文件 TRANSACTIONS.DAT 中，则有几条具有如下 trans 结构体的记录。

```
struct trans
{
      int accno ;
      char trans_type ;
      float amount ;
} ;
```

元素 trans_type 的值是 D 或 W，表示存款或取款。编写一个程序，对 CUSTOMER.DAT 文件进行更新。如果 trans_type 的值是 D，就更新 CUSTOMER.DAT 中的余额，把对应 accno 的余额加上 amount。类似地，如果 trans_type 的值是 W，就把对应 accno 的余额减去 amount。但是，在减小余额时要保证不透支，即保证账户中至少有 100 元。

（6）假设一个文件中有 10 条具有如下结构体的记录。

```
struct date { int d, m, y ; } ;
struct employee
{
      int empcode[6]; char empname[20];
      struct date join_date ; float salary ;
};
```

编写一个程序，读取这些记录，按照 join_date 对它们进行升序排列并把它们写入一个目标文件。

（7）有一家医院维护了一个献血者文件，其中的每条记录都具有下面的格式。

```
Name：20列                Address：40列
Age：2列                  BloodType：1列（血液类型，取值为1、2、3或4）
```

编写一个程序，读取这个文件，输出年龄小于 25 岁并且血液类型为 2 的献血者名单。

（8）根据某班级的学生姓名名单，编写一个程序，在一个磁盘文件中存储这些姓名。根据某个标准，显示名单中的第 *n* 个姓名，其中 *n* 是从键盘读取的。

（9）假设有一个 Master 文件包含了两个字段，分别是学生的学号和姓名。年末会有一批学生加入这个班级，并有另一批学生离开这个班级。另一个文件 Transaction 包含了学号和一个适当的代码，这个代码表示增加或移除一位学生。

编写一个程序，创建第 3 个文件，其中包含更新后的姓名和学号列表。假设 Master 文件和 Transaction 文件中的记录是按照学号升序排列的，那么第 3 个文件中更新后的记录也应该按照学号升序排列。

（10）根据一个文本文件，编写一个程序，创建另一个文本文件，从中删除第一个文件中的单词“a”、“the”和“an”，并将它们分别用一个空格代替。

课后笔记

1. 文件 I/O 函数。

（1）高层文件 I/O 函数。

① 文本模式：高层的文本模式格式化I/O函数；高层的文本模式未格式化I/O函数。

② 二进制模式。

（2）低层文件I/O函数。

2. 高层的文本模式格式化I/O函数：fprintf()、fscanf()。

3. 高层的文本模式未格式化I/O函数。

（1）char：fgetc()、fputc()。

（2）int、float：无相关函数。

（3）字符串：fgets()、fputs()。

4. I/O操作都是通过使用适当大小的缓冲区完成的。

（1）高层文件I/O函数会自行对缓冲区进行管理。

（2）低层文件I/O函数则必须由程序员手动管理缓冲区。

5. 打开和关闭文件的函数。

（1）高层：fopen()、fclose()。

（2）低层：open()、close()。

6. FILE *fp = fopen("temp.dat", "r");

- FILE：一个声明在stdio.h头文件中的结构体。
- fopen()：创建缓冲区和结构体，并将返回的结构体的地址赋值给fp。

7. ch = fgetc(fp);

- 读取字符，把指针定位到下一个字符。
- 返回所读取字符的ASCII码值。
- 如果已经没有字符可以读取，返回EOF。

8. 逐字符地读取一个文件，直到文件的末尾。

```
while(( ch = fgetc( fp ))!= EOF )
```

9. 逐行读取一个文件，直到文件的末尾。

```
char str[80];
while( fgets( fp, str, 79 )!= NULL )
```

10. EOF和NULL这两个宏都是在stdio.h头文件中定义的。

```
# define EOF -1
#define NULL 0
```

11. fopen()。

- 以文本模式打开文件用于读取："rt"或"r"。
- 以文本模式打开文件用于写入："wt"或"w"。
- 以二进制模式打开文件用于读取："rb"。
- 以二进制模式打开文件用于写入："wb"。

12. 区别。

```
fs = fopen( s,"r" );/* 如果文件不存在，就返回 NULL；
                       如果文件存在，就返回 FILE 结构体的地址 */
ft = fopen( t, "w" );/* 如果文件不存在，就创建新文件；
                        如果文件存在，就覆盖这个文件 */
fclose( fs ); /* 撤销缓冲区。
fclose( ft );/* 把缓冲区写入磁盘并撤销缓冲区 */
```

13. 以文本模式在一个文件中读取或写入记录。

```
struct emp e = { "Ajay", 24, 4500.50 } ;
fprintf( fp, "%s %d %f\n", e.name, e.age, e.sal );
while( fscanf(fp, "%s %d %f\n", e.name, &e.age, &e.sal )!= EOF )
```

14. 以二进制模式在一个文件中读取或写入记录。

```
struct emp e = { "Ajay", 24, 4500.50 } ;
fwrite( &e, sizeof( e ), 1, fp );
while( fread( &e, sizeof( e ), 1, fp )!= = EOF )
```

15. 在文件中移动指针。

```
fseek( fp, 512L, SEEK_SET );/* 把指针从文件的起始位置移动 512 字节 */
```

16. 其他两个宏。

（1）SEEK_END：从文件末尾开始。

（2）SEEK_CUR：从指针的当前位置开始。

17. 为了在一个大小为 512 字节的缓冲区中读取或写入数据，我们需要使用低层文件 I/O 函数。

```
int in, out ; char buffer[512];
out = open("trial.dat", O_WRONLY | O_BINARY | O_CREAT );
in = open("sample.dat", O_RDONLY | O_BINARY );
write( out, buffer, 512 );
n = read( in, buffer, 512 ); /* n：成功读取的字节数 */
```

18. 在执行低层文件 I/O 操作时，我们需要包含 3 个头文件。

```
#include <fcntl.h>
#include <sys\stat.h>
#include <sys\types.h>
```

第20章 关于输入输出的更多知识

“知识越多，我们越快乐”

读者是否曾经疑惑为什么有些程序能够从命令行本身接收输入？它们是怎么做到轻松地对输入输出进行重定向的？只要学习了本章的内容，读者就会发现这些都没什么大不了。

本章内容

在第 18 章和第 19 章中，我们学习了 C 语言是如何进行控制台 I/O 和文件 I/O 操作的。但是，还有一些与输入输出有关的知识我们需要了解。这些知识能够帮助我们更优雅地进行 I/O 操作。

20.1 使用argc和argv

在运行第 19 章的文件复制程序时，我们需要在命令窗口中输入源文件和目标文件的名称。但我们也可以不让程序在命令窗口中提示我们输入，而是像下面这样直接通过命令行提供这两个文件名。

```
filecopy PR1.C PR2.C
```

其中，filecopy 是这个文件复制程序的可执行形式。PR1.C 是源文件名，PR2.C 是目标文件名。如果使用的是命令窗口，命令行就是 C:\>。如果使用的是 Windows，那么命令行可以通过按 Windows 键唤出。如果使用的是 Linux，命令行就是 $ 提示符。

之所以能够进行这样的改进，是因为我们可以把源文件名和目标文件名传递给 main() 函数。下面这个程序说明了这种方法。

```
# include <stdio.h>
# include <stdlib.h>
int main( int argc, char *argv[ ] )
{
    FILE *fs, *ft ;
    char ch ;
    if(argc != 3 )
    {
        puts( "Improper number of arguments\n" ) ;
        exit( 1 ) ;
    }
    fs = fopen(argv[1], "r" ) ;
    if( fs == NULL )
    {
        puts( "Cannot open source file\n" ) ;
        exit( 2 ) ;
    }
    ft = fopen(argv[2], "w" ) ;
    if( ft == NULL )
    {
        puts( "Cannot open target file\n" ) ;
        fclose( fs ) ;
        exit( 3 ) ;
    }
    while( 1 )
    {
        ch = fgetc( fs ) ;
        if( ch == EOF )
            break ;
        else
            fputc( ch, ft ) ;
    }
    fclose( fs ) ;
    fclose( ft ) ;
    return 0 ;
}
```

我们在命令行中传递给 main() 函数的参数被称为命令行参数。main() 函数可以接收两个参数，按照传统它们分别被命名为 argc 和 argv。argv 是字符串指针数组；argc 是整数，表示 argv 指向的字符串的数量。

当这个程序运行时，我们在命令行中提供的字符串将被传递给 main() 函数。更确切地说，命令行中的字符串存储在内存中，第一个字符串的地址存储在 argv[0] 中，第二个字符串的地址存储在 argv[1] 中，接下来依此类推。参数 argc 被设置为命令行提供的字符串的数量。例如，在这个程序中，如果我们在命令行中输入：

```
filecopy PR1.C PR2.C
```

argc 的值将为 3。

（1）argv[0] 包含了字符串 "filecopy" 的基地址。

（2）argv[1] 包含了字符串 "PR1.C" 的基地址。

（3）argv[2] 包含了字符串 "PR2.C" 的基地址。

不管我们什么时候向 main() 函数传递参数，检测传递给 main() 函数的参数数量是否正确都是一个很好的习惯。在上面的程序中，这个任务是通过下面的语句完成的。

```
if( argc != 3 )
{
    puts( "Improper number of arguments\n" ) ;
    exit( 1 ) ;
}
```

这个程序的剩余部分与之前的文件复制程序相同。

最后一点说明：我们在这个程序中使用的 while 循环可以写成一种更紧凑的形式，如下所示。

```
while(( ch = fgetc( fs ) ) != EOF )
    fputc( ch, ft ) ;
```

这就避免了使用无限循环并通过一条 break 语句跳出循环。在这里，可以首先使用 fgetc(fs) 从文件中获取字符并将其赋值给变量 ch，然后对 ch 与 EOF 进行比较。

记住，我们有必要把下面这个表达式放在一对括号中，这样读取的第一个字符就会被赋值给变量 ch，然后才与 EOF 进行比较。

```
ch = fgetc( fs )
```

这个 while 循环还有另外一种写法，如下所示。

```
while( !feof( fs ) )
{
    ch = fgetc( fs ) ;
    fputc( ch, ft ) ;
}
```

这里的 feof() 是一个宏，如果未到达文件末尾，就返回 0。因此，我们可以使用 ! 操作符将其取反为真值。当到达文件末尾时，feof() 就返回一个非零值，通过使用 ! 操作符进行取反，条件的结果将为假，于是 while 循环终止。

注意，下面这 3 种打开文件的方法是相同的，因为它们在本质上都是把一个字符串（指向字符串的指针）的基地址传递给 fopen()。

```
fs = fopen( "PR1.C" , "r" ) ;
fs = fopen( filename, "r" ) ;
fs = fopen( argv[1] , "r" ) ;
```

20.2 在读取/写入时检测错误

当我们对一个文件执行读取 / 写入操作时，并不是每次都能顺利完成。因此，我们必须在程序中检测读取 / 写入操作是否成功。

标准库函数 ferror() 用于报告在一个文件的读取 / 写入过程中可能遇到的任何错误。如果读取 / 写入操作是成功的，它就返回 0，否则返回非零值。下面这个程序展示了 ferror() 函数的用法。

```
# include <stdio.h>
int main( )
{
    FILE *fp ;
    char ch ;
    fp = fopen( "TRIAL", "w" ) ;
    while( !feof( fp ) )
    {
        ch = fgetc( fp ) ;
        if( ferror( ) )
        {
            printf( "Error in reading file\n" ) ;
            break ;
        }
        else
            printf( "%c", ch ) ;
    }
    fclose( fp ) ;
    return 0 ;
}
```

在这个程序中，fgetc() 函数一开始显然是失败的，因为打开的文件是用于写入的，而 fgetc() 函数试图从这个文件中读取内容。当发生错误时，ferror() 函数将返回一个非零值，于是 if 代码块被执行。我们也可以不使用 printf() 输出错误信息，而是使用标准库函数 perror()，后者可以输出编译器指定的错误信息。因此，在上面这个程序中，我们也可以像下面这样使用 ferror() 函数。

```
if( ferror( ) )
{
    perror( "TRIAL" ) ;
    break ;
}
```

现在，当发生错误时，显示的错误信息如下。

```
TRIAL: Permission denied（访问被拒绝）
```

这意味着我们可以把系统错误信息放在我们选择的任何信息之前。在上面的程序中，我们在显示错误信息的地方只显示了文件名。

20.3　标准文件指针

为了对一个文件执行读取 / 写入操作，我们需要使用 fopen() 设置一个文件指针来指向这个文件。大多数操作系统为 3 个标准文件预定义了指针，访问这些标准文件指针并不需要使用 fopen()。表 20.1 显示了这 3 个标准文件指针。

表20.1

标准文件指针	描述
stdin	标准输入设备（键盘）
stdout	标准输出设备（显示器）
stderr	标准错误设备（显示器）

因此，如果我们使用了 ch = fgetc(stdin) 这条语句，那么程序将从键盘而不是文件读取一个字符。在使用这条语句时，我们不需要进行 fopen() 或 fclose() 函数调用。

20.4　I/O重定向

大多数操作系统提供了一个功能强大的特性——重定向，以允许程序对文件进行读取 / 写入，即使程序并没有提供文件的读取 / 写入功能。

正常情况下，C 语言程序从标准输入设备（一般是键盘）接收输入，并把输出发送到标准输出设备（一般是显示器）。换句话说，操作系统预设了输入的来源和输出的去向。重定向则允许我们改变这种情况。

例如：对程序的输出进行重定向，使正常情况下发送到显示器的输出改为发送到磁盘或打印机，而不需要在程序中专门进行设置。相比在程序中编写语句以写入磁盘或打印机，这通常是一种更为方便和灵活的方式。类似地，重定向还可以用来将信息从磁盘文件直接读取到程序中，而不是通过键盘接收输入。

为了使用重定向，我们需要在命令窗口中运行程序，并在适当的位置插入重定向符号。

20.4.1　输出重定向

下面我们讨论如何对一个程序的输出进行重定向：从屏幕重定向到一个文件。观察下面这个程序。

```
/* 文件名：util.c */
# include <stdio.h>
int main( )
{
    char ch ;
    while(( ch = fgetc( stdin ) ) != EOF )
        fputc( ch, stdout ) ;
    return 0 ;
}
```

在编译这个程序后，我们会得到可执行文件 UTIL.EXE。正常情况下，当我们执行这个文件时，fputc() 函数将把我们输入的内容显示到屏幕上，直到我们按 Ctrl + Z 组合键终止程序为止，如下面这次示例运行的结果所示。

```
C>UTIL.EXE
perhaps I had a wicked childhood,
perhaps I had a miserableyouth,
but somewhere in my wicked miserable past,
there must have been a moment of truth ^Z
C>
```

现在，我们通过另一种不同的方式，观察使用重定向调用这个程序时会发生什么。

```
C>UTIL.EXE > POEM.TXT
C>
```

我们把这个程序的输出重定向到了 POEM.TXT 文件。如何证明输出确实被发送到 POEM.TXT 文件呢？只需要使用任何编辑器打开 POEM.TXT 文件就可以了。您会发现通过键盘输入的内容就出现在这个文件中。重定向操作符“>”使目标原定为屏幕的输出被写入这个操作符后面的文件。

注意，被重定向到文件的数据并不一定是由用户通过键盘输入的。程序本身也可以生成这些数据。正常情况下，发送到屏幕的任何输出都可以被重定向到一个磁盘文件。例如，观察下面这个在屏幕上生成 ASCII 码表的程序。

```
/* 文件名：ascii.c*/
# include <stdio.h>
int main( )
{
    int ch ;
    for( ch = 0 ; ch <= 255 ; ch++ )
        printf( "%d %c\n", ch, ch ) ;
    return 0 ;
}
```

在编译完这个程序之后，当我们在命令行使用重定向操作符执行它时，输出将被写入文件。当我们想把输出捕捉到一个文件中而不是显示到屏幕上时，这是一个非常实用的功能。

```
C>ASCII.EXE > TABLE.TXT
```

20.4.2　输入重定向

我们还可以对程序的输入进行重定向，这样程序就可以不从键盘读取字符，而是从一个文件读取字符。下面我们看看如何实现这个目的。

为了对输入进行重定向，我们需要一个包含所要显示内容的文件。假设一个名为 NEWPOEM.TXT 的文件包含下面的文本行。

```
Let's start at the very beginning,
A very good place to start!
```

现在，我们在这个文件的前面使用输入重定向操作符，如下所示。

```
C>UTIL.EXE < NEWPOEM.TXT
Let's start at the very beginning,
A very good place to start!
C>
```

于是这些文本行就会被输出到屏幕上，而不需要我们付出更多努力。

20.4.3 同时重定向

输入和输出的重定向可以同时进行。程序的输入可以通过重定向来自一个文件，同时程序的输出也可以重定向到另一个文件。这样的程序被称为过滤器。下面的命令说明了这个过程。

```
C>UTIL.EXE < NEWPOEM.TXT > POETRY.TXT
```

在这种情况下，程序将从 NEWPOEM.TXT 文件接收重定向后的输入，并且把输出重定向到 POETRY.TXT 文件，而不是发送到屏幕。

在进行这样的双重定向时，注意不要把输入和输出重定向到同一个文件。这是因为输出文件在被写入内容之前就已经被擦除。这样当我们想要从这个文件接收输入时，其实里面的内容已经被擦除。

重定向是一个功能强大的特性，可用于开发检查或修改文件内容的工具程序。另外，有一个操作系统操作符可用于把两个程序直接关联起来，从而使其中一个程序的输出直接作为另一个程序的输入，这样就不涉及文件了。这个功能被称为管道，它是通过使用“|”操作符实现的。本书并不讨论这个话题，但读者如果感兴趣，那么可以在操作系统的帮助文件中阅读相关内容。

习题

回答下列问题。

（1）如何使用下面这个程序实现如下操作？

① 把一个文件的内容复制到另一个文件中。

② 创建一个新文件并向其中添加一些文本。

③ 显示一个现有文件的内容。

```
# include <stdio.h>
int main( )
{
    char ch, str[10] ;
    while( ( ch = fgetc( stdin ) ) != -1 )
            fputc( ch, stdout ) ;
    return 0 ;
}
```

（2）下列说法是否正确？

① 我们可以使用命令行发送参数，即使我们在定义 main() 函数时并没有接收参数。

② 使用标准文件指针时并不需要使用 fopen() 打开文件。

③ argv 数组的第 1 个元素总是可执行文件的名称。

（3）编写一个程序，使用命令行参数在一个文件中搜索一个单词，并用指定的单词替换它。下面是这个程序的用法。

```
C> change <旧单词><新单词><文件名>
```

（4）编写一个程序，它可以在命令行中作为计算器使用。下面是这个程序的用法。

```
C>calc<switch><m><n>
```

其中，m 和 n 是两个整型操作数。switch 可以是任何算术运算符。这个程序的输出应该是算术运算的结果。

课后笔记

1. C> 和 $ 在 Windows 和 Linux 中分别被称为命令行。

2. 命令行参数是指通过命令行提供给 main() 函数的参数。

3. main() 函数收集的命令行参数被保存在 argc 和 argv 中。

（1）argc：参数的数量。

（2）argv：参数的向量（数组）。

除了 argc 和 argv 之外的其他变量名也是允许的。

4. char *argv[] 是一个字符串指针数组。因此，所有的参数都是以字符串的形式接收的，它们的地址被存储在 argv[] 中。

5. 在读取或写入文件的过程中发生的错误，可以使用 ferror() 进行检测并使用 perror() 进行报告。

```
ch = fgetc( fp ) ;
if( ferror( ) )
    perror( "ERROR while reading" ) ;
```

6. 大多数操作系统预设了 3 种标准文件指针。

（1）stdin：标准输入设备（键盘）。

（2）stdout：标准输出设备（显示器）。

（3）stderr：标准错误设备（显示器）。

7. 在使用和撤销标准文件指针时，并不需要使用 fopen() 和 fclose()。

8. 语句 ch = fgetc(stdin) 表示从键盘读取一个字符。

9. 如果程序使用了 stdin，那么通过在命令行中使用 < 可以把输入重定向为从一个文件接收信息。

10. 如果程序使用了 stdout 和 stderr，那么通过在命令行中使用 > 可以把输出和错误信息重定向到一个文件。

11.< 和 > 操作符被称为重定向操作符。

第21章 对位进行操作

"字节是由单独的位组成的"

字符的长度是1字节，字节是C语言程序可以处理的最小实体。但是，有时候我们可能需要访问或操作字节中单独的位。怎么完成这个任务呢？本章将探索这方面的内容。

本章内容

到目前为止，我们在内存中能够处理的最小实体是字节。但是，我们还没有深入字节的内部，观察它是如何由单独的位组成的，以及如何对这些位进行操作。能够在位的层次进行操作对于程序设计来说是非常重要的，尤其当程序必须与硬件进行交互时。在本章中，我们将深入字节的内部，观察它是如何构建的，并了解如何对它进行有效的操作。

21.1 位的编号和转换

位（二进制数字的简称）是信息的最基本单位，它的值可以是 0 或 1。4 位组成一个半字节（nibble），8 位组成一个字节（byte），16 位组成一个字（word），32 位组成一个双字（double word）。位是从 0 开始从右向左编号的，如图 21.1 所示。

C 语言能够理解十进制、八进制和十六进制数字系统，但却不理解二进制数字系统。与此相反，硬件只理解二进制数字系统。因此，在对硬件进行程序设计时，我们常常需要把二进制数转换为十进制数或十六进制数。下面我们观察这种转换是如何进行的。图 21.1 展示了二进制数 10110110 和 00111100 是如何转换为十进制数的。

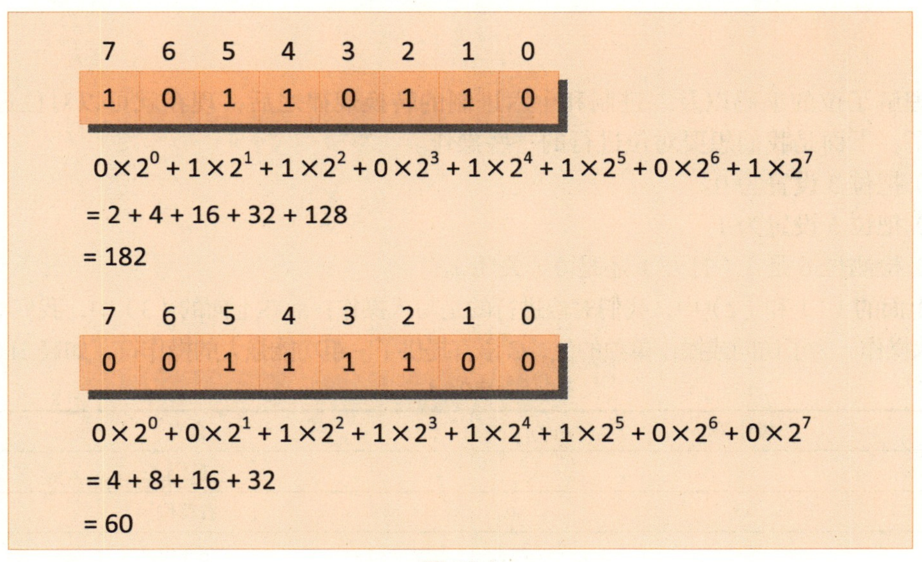

图 21.1

从图 21.1 中可以看出，在从二进制数到十进制数的转换过程中，我们需要记住 2 的乘方是多少。如果是 8 位的二进制数，我们应该没什么问题；但如果是 16 位的二进制数，想要记住 2^{15}、2^{14}、2^{13} 等等是多少，难度不小。把二进制数转换为十六进制数则要容易得多。在十六进制数字系统中，每个数是由数字 0 ～ 9 和字母 A ～ F 组成的。字母 A ～ F 分别表示数字 10 ～ 15。每个十六进制数都可以用 4 位的半字节表示，如图 21.2 所示。

根据图 21.2，我们很容易把二进制数转换为对应的十六进制数。图 21.3 展示了具体的做法。

显然，用十六进制表示二进制数要比用十进制容易得多，因为前者既不涉及乘法，也不涉及加法。二进制数 1100 对应的十六进制数是什么？很简单，我们马上就能得到答案。稍加练习之后，把更长的二进制数转换为十六进制数也是非常简单的。二进制数 1100 0101 0011 1010 转换为十六进制数就是 C53A。

十六进制	二进制	十六进制	二进制	十六进制	二进制	十六进制	二进制
0	0000	4	0100	8	1000	C	1100
1	0001	5	0101	9	1001	D	1101
2	0010	6	0110	A	1010	E	1110
3	0011	7	0111	B	1011	F	1111

图 21.2

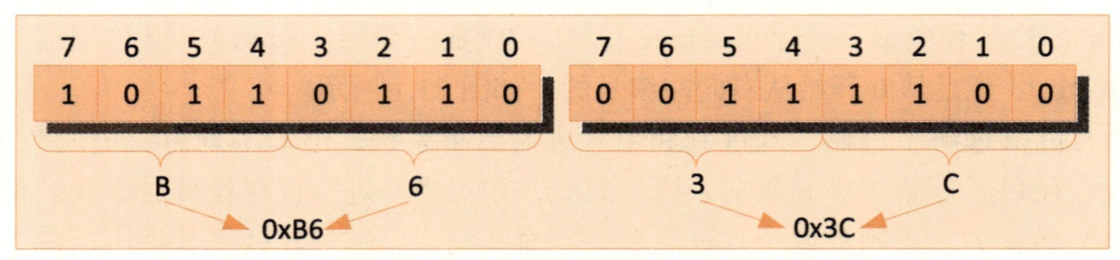

图 21.3

21.2　位操作

在理解了位的编码以及二进制和十六进制的转换规律之后，现在就可以对位进行访问和操作了。下面是我们想要对位进行的一些操作。

（1）把位 3 设置为 0。

（2）把位 5 设置为 1。

（3）检测位 6 是 1（打开）还是 0（关闭）。

在上面的（1）和（2）中，我们对位进行的是写入操作；而在上面的（3）中，我们对位进行的是读取操作。为了访问或操作单独的位，C 语言提供了一组功能强大的操作符，如表 21.1 所示。

表21.1

操作符	含义
~	反码
>>	右移位
<<	左移位
&	位与（AND）
|	位或（OR）
^	位异或（XOR）

这些操作符可以对 `int` 和 `char` 类型的数据进行操作，但不能对 `float` 和 `double` 类型的数据进行操作。在讨论这些操作符之前，我们先介绍一下 `showbits()` 函数，它的作用是显示它所接收的那个值的二进制形式。我们会在多个地方使用这个函数，但是本章直到临近结束时才会对它进行详细的讨论。下面我们逐个介绍位操作符。

21.3　反码操作符

在取一个数的反码时，需要将其中所有的 1 都变成 0，并将所有的 0 都变成 1。例如，01000001（65 的二进制值）的反码是 10111110。反码操作符是用符号 ~（波浪线）表示的。

下面这个程序显示了反码操作符的实际用法。

```
#include <stdio.h>
int main( )
{
    unsigned char ch = 32, dh ;
    dh = ~ch ;
    printf( "~ch = %d\n", dh ) ;
    printf( "~ch = %x\n", dh ) ;
    printf( "~ch = %X\n", dh ) ;
    printf( "~ch = %#X\n", dh ) ;
    return 0 ;
}
```

下面是这个程序的输出。

```
~ch = 223
~ch = df
~ch = DF
~ch = 0xDF
```

ch 包含的值是 32，对应的二进制形式是 00100000。在取这个值的反码时，得到的结果是 11011111，相当于 223。之前我们学过，11011111 的十六进制形式是 DF。如果使用了 %x，那么输出的十六进制数是小写形式；如果使用了 %X，那么输出的十六进制数是大写形式。十六进制数在输出时建议加上前缀 0x。

21.4　右移位和左移位操作符

右移位操作符是用符号 >> 表示的，需要两个操作数。因此，ch>>3 表示把 ch 中所有的位向右移动 3 个位置。类似地，ch>>5 表示把 ch 中所有的位向右移动 5 个位置。如果 ch 的位模式是 11010111，那么 ch>>1 的结果是 01101011，ch>>2 的结果是 00110101。

注意，向右移位时，左侧空出来的位将用 0 填充。

左移位操作符（<<）与右移位操作符（>>）相似，唯一的区别在于位是向左移动的，此时右侧空出来的位将用 0 填充。

下面这个程序展示了 >> 和 << 操作符的用法。

```
# include <stdio.h>
void showbits( unsigned char ) ;
int main( )
{
    unsigned char num = 225, k ;
    printf( "\nDecimal %d is same as binary ", num ) ;
    showbits( num ) ;
    k = num >> 1 ;
    printf( "\n%d right shift 1 gives ", num ) ; showbits( k ) ;
    k = num >> 2 ;
    printf( "\n%d right shift 2 gives ", num ) ; showbits( k ) ;
    k = num << 1 ;
    printf( "\n%d left shift 1 gives ", num ) ; showbits( k ) ;
    k = num << 2 ;
    printf( "\n%d left shift 2 gives ", num ) ; showbits( k ) ;
    return 0 ;
}
void showbits( unsigned char n )
{
```

```
int i ;
unsigned char j, k, andmask ;
for( i = 7 ; i >= 0 ; i-- )
{
    j = i ;
    andmask = 1 << j ;
    k = n &andmask ;
    k == 0 ? printf( "0" ) : printf( "1" ) ;
    }
}
```

这个程序的输出如下。

```
Decimal 225 is same as binary 11100001
225 right shift 1 gives 01110000
225 right shift 2 gives 00111000
225 left shift 1 gives 11000010
225 left shift 2 gives 10000100
```

注意，如果操作数是 2 的倍数，那么向右移动 1 位相当于将其除以 2 并忽略余数。因此：

- 64 >> 1 的结果是 32。
- 64 >> 2 的结果是 16。
- 128 >> 2 的结果是 32。

但是：

- 27 >> 1 的结果是 13。
- 49 >> 1 的结果是 24。

类似地，向左移动 1 位相当于将操作数乘以 2。

21.4.1　警告

在表达式 a>>b 中，如果 b 是一个负数，那么结果将是不可预测的；如果 a 是一个负数，那么它最左边的位（符号位）将是 1。在对 a 进行右移时，也会对符号位进行扩展。例如：如果 a 的值是 -5，那么对应的二进制形式是 11111011。在向右移动 1 位后，最右边的位 1 丢失，其他位依次向右移动 1 个位置，符号位在进行扩展后保留为 1。因此，移位后的结果是 11111101，相当于 -3。下面这个程序可以帮助读者对此有一个清晰的概念。

```
# include <stdio.h>
void showbits( unsigned char ) ;
int main( )
{
    char num = -5, j, k ;
    printf( "\nDecimal %d is same as binary ", num ) ;
    showbits( num ) ;
    for( j = 1 ; j <= 3 ; j++ )
    {
        k = num >> j ;
        printf( "\n%d right shift %d gives ", num, j ) ;
        showbits( k ) ;
    }
    return 0 ;
}
void showbits( unsigned char n )
{
    int i ;
    unsigned char j, k, andmask ;
    for( i = 7 ; i >= 0 ; i-- )
```

```
    {
        j = i ;
        andmask = 1 << j ;
        k = n &andmask ;
        k == 0 ? printf( "0" ) : printf( "1" ) ;
    }
}
```

上面这个程序的输出如下。

```
Decimal -5 is same as binary 11111011
-5 right shift 1 gives 11111101
-5 right shift 2 gives 11111110
-5 right shift 3 gives 11111111
```

21.4.2　<< 操作符的用途

左移位操作符常用于创建某个特定的位需要设置为 1 的数。例如，我们可以使用表达式 `1 <<3` 创建一个第 3 位（从 0 开始计数）需要设置为 1 的数。1 的二进制值是 00000001，左移 3 位之后的结果是 00001000，这样我们就可以创建一个第 3 位为 1 的值。在编写与硬件进行交互的程序以及创建嵌入式系统或 IoT（Internet of Things，物联网）系统时，我们经常需要进行这样的操作。此操作可以通过使用下面这个宏来实现。

```
# define _BV(x) ( 1 << x )
```

`_BV` 宏表示位值，参数 `x` 表示使用了这个宏之后目标数的第几位将被设置为 1。正如我们预料的那样，`_BV(3)` 在处理过程中将被展开为 `1<<3`。

21.5　AND、OR和XOR位操作符

AND、OR 和 XOR 位操作符分别是用 `&`、`|` 和 `^` 表示的。这 3 个位操作符都是对两个相同类型（`char` 或 `int`）的操作数进行操作，第 2 个操作数被称为掩码。这 3 个位操作符会对配对的位进行操作并产生结果位。图 21.4 显示了结果位的产生规则。

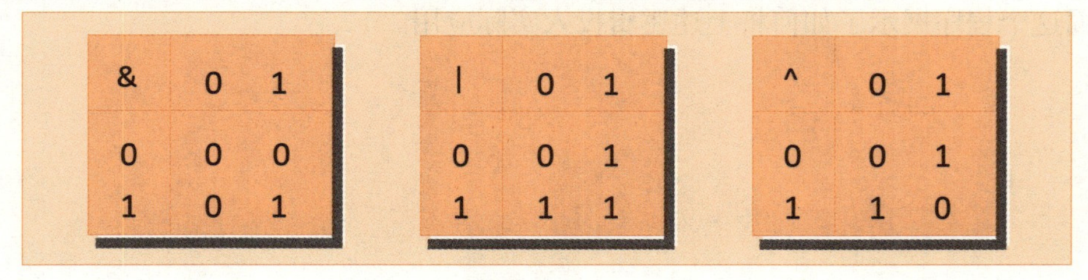

&	0	1
0	0	0
1	0	1

|	0	1
0	0	1
1	1	1

^	0	1
0	0	1
1	1	0

图 21.4

下面这些例子显示了这 3 个位操作符的使用效果。将图 21.4 所示的规则逐一应用于每一对匹配的位即可得到结果。参考真值表，这些结果确实是正确的。

```
 10101101  原值          10101101         10101101
&00100000  AND掩码      |00100000        ^00100000
 ________               ________         ________
 00100000  结果          10101101         10001101
```

因此，这些操作显然是针对单独的位进行的，我们对每一对匹配的位执行的操作之间是完全独立的。

21.5.1　& 操作符的用途

& 操作符适用于以下两种场合。

（1）检查操作数中某个特定的位是打开（ON）还是关闭（OFF）。

（2）关闭某个特定的位。

假设对于位模式 10101101（0xAD），我们想要检查其中的第 5 位是 ON（1）还是 OFF（0）。由于我们想要检查的是第 5 位，因此 AND 操作的第 2 个操作数应该是 00100000。第 2 个操作数被称为 AND 掩码。下面显示了 AND 操作的结果。

```
10101101        原来的位模式
00100000        AND掩码
________
00100000        得到的位模式
```

我们得到的结果是 32（或 0x20），它与第 2 个操作数的值相同。结果之所以是 32（或 0x20），是因为第 1 个操作数的第 5 位（从 0 开始计数）是 ON。如果第 1 个操作数的第 5 位是 OFF，那么我们得到的位模式中的第 5 位将为 0，于是我们得到的完整位模式将是 00000000。

因此，第 2 个操作数取决于第 1 个操作数中需要检查的位。在对两个操作数进行 AND 操作时，结果取决于要检查的位是 ON 还是 OFF。如果这个位是 ON（1），结果就是一个非零值，也就是第 2 个操作数的值；如果这个位是 OFF（0），结果就是 0，就像上面显示的那样。

下面我们把注意力转向 AND 操作符的另一种应用场合。我们可以看到，在位模式 10101101（0xAD）中，第 3 位是 ON。为了关闭这个位，我们需要将原来的位模式与一个第 3 位为 0 的操作数进行 AND 操作。在操作过程中，原来的位模式中的其他位不会受到影响。为此，我们需要与之进行 AND 操作的那个位模式的其他位应该设置为 1。下面显示了这种操作。

```
10101101        原来的位模式
11110111        AND掩码
________
10100101        得到的位模式
```

下面这个程序展示了如何将上述逻辑投入实际应用。

```
# include <stdio.h>
void showbits( unsigned char ) ;
int main( )
{
    unsigned char num = 0xAD, j ;
    printf( "\nValue of num = " ) ;
    showbits( num ) ;
    j = num & 0x20 ;
    if( j == 0 )
        printf( "\nIts fifth bit is off" ) ;
    else
        printf( "\nIts fifth bit is on" ) ;
    j = num & 0x08 ;
    if( j == 0 )
        printf( "\nIts third bit is off" ) ;
    else
    {
        printf( "\nIts third bit is on" ) ;
        num = num & 0xF7 ;
        printf( "\nNewvalue of num = " ) ;
        showbits( num ) ;
```

```
        j = num & 0x08 ;
        if( j == 0 )
            printf( "\nNow its third bit is turned off" ) ;
    }
    return 0 ;
}
void showbits( unsigned char n )
{
    int i ;
    unsigned char j, k, andmask ;
    for( i = 7 ; i >= 0 ; i-- )
    {
        j = i ;
        andmask = 1 << j ;
        k = n &andmask ;
        k == 0 ? printf( "0" ) : printf( "1" ) ;
    }
}
```

下面是这个程序的输出。

```
Value of num = 10101101
Its fifth bit is on
Its third bit is on
New value of num = 10100101
Now its third bit is turned off
```

注意 & 操作符在语句中的用法。

```
j = num & 0x20 ;
j = num & 0x08 ;
num = num & 0xF7 ;
```

初看上去，这些语句并没有明确表示它们执行了什么操作。下面的语句展示了一条使用 _BV 宏的更好思路。

```
# define _BV(x) ( 1 << x )
j = num & _BV( 5 ) ;
j = num & _BV( 3 ) ;
num = num & ~ _BV( 3 ) ;
```

在最后一条语句中，_BV(3) 将产生 00001000，这个数的反码是 11110111。

21.5.2 | 操作符的用途

| 操作符通常用于把操作数的某个特定位设置为 ON。

我们以位模式 11000011 为例。如果想把其中的第 3 位设置为 ON，那么需要使用的 OR 掩码是 00001000。注意，在这个掩码中，只有我们想在结果中设置为 ON 的那个位才需要设置为 1，其他所有位都需要设置为 0。下面显示了 OR 操作的结果。

```
# define _BV(x) ( 1 << x )
unsigned char num = 0xC3 ;
num = num | _BV( 3 ) ;
```

21.5.3 ^ 操作符的用途

^ 操作符用于切换某个位的 ON 或 OFF 状态。对一个数与另一个数进行两次 XOR 操作的结果仍是原来的数。下面这个程序说明了这一点。

```c
# include <stdio.h>
int main( )
{
    unsigned char b = 0x32 ; /* 二进制形式为00110010 */
    b = b ^ 0x0C ;
    printf( "%#02x\n", b ) ; /* 输出0x3E */
    b = b ^ 0x0C ;
    printf( "%#02x\n", b ) ; /* 输出0x32 */
    return 0 ;
}
```

21.6 showbits()函数

在本章中，我们已经多次使用这个函数。现在，我们对位操作已经有了相当程度的了解，因此是时候详细介绍这个函数了。这个函数的代码如下：

```c
void showbits( unsigned char n )
{
    int i ;
    unsigned char k, andmask ;
    for( i = 7 ; i >= 0 ; i-- )
    {
        andmask = 1 << i ;
        k = n &andmask ;
        k == 0 ? printf( "0" ) : printf( "1" ) ;
    }
}
```

这个函数所要完成的任务就是使用AND操作符和变量andmask检查字符n的各个位的状态。如果位的状态是OFF，就输出0，否则输出1。

第1次进入for循环时，变量andmask的值是10000000，这是通过把1左移7个位置得到的结果。如果n的最高位（最左边的位）是0，那么k的值就是0，否则k就是一个非零值。如果k的值是0，那么printf()就输出0，否则输出1。

第2次进入for循环时，i的值减小了1，因此变量andmask的值发生了变化，现在是01000000，检查n的次高位是1还是0，并相应地输出1或0。对于andmask变量的其他所有位，也都执行相同的操作。

21.7 位复合赋值操作符

观察下面的位操作。

```c
unsigned char a = 0xFA, b = 0xA7, c = 0xFF, d = 0xA3, e = 0x43 ;
a = a << 1 ;
b = b >> 2 ;
c = c | 0x2A ;
d = d & 0x4A ;
e = e ^ 0x21 ;
```

这些位操作可以用更紧凑的风格写成更优雅的形式，如下所示。

```c
unsigned char a = 0xFA, b = 0xA7, c = 0xFF, d = 0xA3, e = 0x43 ;
a <<= 1 ;
b >>= 2 ;
```

```
c |= 0x2A ;
d &= 0x4A ;
e ^= 0x21 ;
```

操作符<<=、>>=、|=、&=和^=被称为位复合赋值操作符。注意，不存在~=操作符，因为~是一元操作符，操作数只有一个。

21.8 程序

练习21.1

将颜色有关的信息以位的形式存储到一个unsigned char类型的变量color中。color变量的第0～7位分别表示彩虹的7种颜色，比如第0位表示紫色、第1位表示青色，等等。编写一个程序，要求用户输入一个数，并根据这个数报告彩虹中的颜色。

程序

```
/* 根据用户输入的数字报告彩虹中的颜色 */
# include <stdio.h>
# define _BV(x) ( 1 << x )
void showbits( unsigned char n );
int main( )
{
    unsigned char color, i ;
    int c ;
    char *rbcolors[ ] = { "Violet", "Indigo", "Blue", "Green",
                          "Yellow", "Orange", "Red" } ;
    printf( "\nEnter any number: " ) ;
    scanf( "%d", &c ) ;
    color =( unsigned char ) c ;
    printf( "Colors represented are:\n" ) ;
    for( i = 0 ; i <= 6 ; i++ )
    {
        if(( color & _BV( i ) ) == _BV( i ) )
            printf( "%s\n", rbcolors[ i ] ) ;
    }
    return 0 ;
}
```

输出

```
Enter any number: 3
Colors represented are:
Violet
Indigo
```

练习21.2

图21.5显示了长度为2字节的time变量在用于表示时、分和秒时不同位的分布情况。编写一个函数，接收长度为2字节的时间数据，然后转换为时、分、秒并输出。

15	14	13	12	11	10	9	8	7	6	5	4	3	2	1	0
H	H	H	H	H	M	M	M	M	M	M	S	S	S	S	S

图21.5

程序

```
/* 显示时、分、秒 */
```

```
# include <stdio.h>
void display( unsigned short int time ) ;
int main( )
{
    unsigned short int time ;
    puts( "Enter any number less than 24446: " ) ;
    scanf( "%hu", &time ) ;
    display( time ) ;
    return 0 ;
}
void display( unsigned short int tm )
{
    unsigned short int hours, minutes, seconds, temp ;
    hours = tm >> 11 ;
    temp = tm << 5 ;
    minutes = temp >> 10 ;
    temp = tm << 11 ;
    seconds =( temp >> 11 ) * 2 ;
    printf( "For Time = %hu\n", tm ) ;
    printf( "Hours = %hu\n", hours ) ;
    printf( "Minutes = %hu\n", minutes ) ;
    printf( "Seconds = %hu\n", seconds ) ;
}
```

输出

```
Enter any number less than 24446:
15500
For Time = 15500
Hours = 7
Minutes = 36
Seconds = 24
```

习题

1. 完成下列任务。

（1）在大学生体育竞赛中，像板球、棒球、足球、冰球、草地网球、乒乓球、撞球和国际象棋这样的体育比赛是在两个学院之间进行的。某学院是否赢得某项比赛胜利的信息分别存储在整型变量 game 的第 0 ～ 7 位中。获得 5 项以上比赛胜利的学院将被授予总冠军奖杯。假设表示上述位模式的整数是通过键盘输入的，编写一个程序，判断某学院是否赢得总冠军奖杯，并显示该学院获胜的比赛项目的名称。

（2）假设某种动物为犬类（狗、狼、狐狸等）、猫类（猫、猞猁、豹等）、鲸类（鲸、独角鲸等）、有袋类（考拉、袋熊等）之一。某特定动物是犬类、猫类、鲸类还是有袋类的信息存储在整型变量 type 的第 0 ～ 3 位中。变量 type 的第 4 位（从 0 开始计数）中存储了有关该动物是肉食动物还是植食动物的信息。

对于下面的动物，编写一个程序，判断它是植食动物还是肉食动物。另外，判断它属于犬类、猫类、鲸类还是有袋类。

```
struct animal
{
    char name[30] ; int type ;
}
struct animal a = { "OCELOT", 18 } ;
```

（3）为了节省磁盘空间，我们把与学生有关的信息存储到一个整数中。如果第0位处于打开状态，就表示学生为一年级新生。第1～3位分别表示二年级、三年级和四年级的学生。第4～7位分别表示机械系、化学系、电子系和计算机系的学生。剩余的位则存储了宿舍编号。

下面这个数组存储了4名学生的数据。

```
int data[ ] = { 273, 548, 786, 1096 } ;
```

编写一个程序，使用这些数据输出与学生有关的信息。

（4）下面这个程序的输出是什么？

```
# include <stdio.h>
int main( )
{
    int i = 32, j = 65, k, l, m, n, o, p ;
    k = i | 35 ; l = ~k ; m = i & j ;
    n = j ^ 32 ; o = j << 2 ; p = i >> 5 ;
    printf( "k = %d l = %d m = %d\n", k, l, m ) ;
    printf( "n = %d o = %d p = %d\n", n, o, p ) ;
    return 0 ;
}
```

2. 回答下列问题。

（1）下面这些二进制数对应的十六进制数是什么？

```
01011010                    11000011
1010101001110101            1111000001011010
```

（2）使用位复合赋值操作符重新编写下面这些表达式。

```
a = a | 3
a = a & 0x48
b = b ^ 0x22
c = c << 2
```

（3）假设有一个无符号整数，它最右边那一位的编号是0。编写函数 checkbits(x,p,n)，如果从p开始的n位都处于打开状态，这个函数就返回一个真值（非零值），否则返回假值（0）。例如：对于 checkbits(x,4,3)，如果x的第2位、第3位和第4位都是1，则返回一个真值。

（4）编写一个程序，把一个8位数输到一个变量中，并检查它的第3位、第6位和第7位是否处于打开状态。

（5）编写一个程序，接收一个无符号的16位整数，然后使用位操作符交换它占用的两个字节中的内容。

（6）编写一个程序，把一个8位数输到一个变量中，并对它的高4位与低4位进行交换。

（7）编写一个程序，把一个8位数输到一个变量中，并对它的奇数位设置为1。

（8）编写一个程序，把一个8位数输到一个变量中，并检查它的第3位和第5位是否处于打开状态。如果发现这两个位都处于打开状态，就将它们关闭。

（9）编写一个程序，把一个8位数输到一个变量中，并检查它的第3位和第5位是否处于关闭状态。如果发现这两个位都处于关闭状态，就将它们打开。

（10）使用 _BV 宏重新编写本章的 showbits() 函数。

课后笔记

1. 位（二进制数字的简称）是信息的最基本单位。
2. 位的值可以是 0 或 1。
3. 位的换算。
（1）4 位组成一个半字节。
（2）8 位组成一个字节。
（3）16 位组成一个字。
（4）32 位组成一个双字。
4. 4 种数字系统。
（1）二进制：0 和 1。
（2）八进制：0 ~ 7。
（3）十进制：0 ~ 9。
（4）十六进制：0 ~ 9 和 A ~ F。
5. 台式机 / 笔记本电脑只能理解二进制数字系统。C/C++ 则能够理解八进制、十进制、十六进制数字系统。
6. 我们应始终尝试把二进制数转换为十六进制数而不是十进制数，因为在转换为十六进制数时，半字节可以由对应的十六进制数代替。
7. 位操作。
（1）把一个位设置为 0/1 →写入操作。
（2）检查一个位是 1（打开）还是 0（关闭）→读取操作。
8. 位操作符的用途。
（1）~：把 0 转换为 1，把 1 转换为 0。
（2）<<、>>：向左或向右移动指定的位数。
（3）&：检查一个位处于打开还是关闭状态，可用于关闭某个特定的位。
（4）|：打开某个特定的位。
（5）^：切换某个位的状态。
9. <<=、>>=、&=、|=、^=：位复合赋值操作符。
10. a = a << 5 与 a <<= 5 的效果是相同的。
11. 除了 ~ 之外的所有位操作符都是二元操作符。
12. 记住：
（1）任何值与 0 进行 AND 操作之后都会变成 0。
（2）任何值与 1 进行 OR 操作之后都会变成 1。
（3）1 与 1 进行 XOR 操作之后将会变成 0。
13. 语句 printf("%#x", var) 将输出以 0x 为前缀的十六进制数。
14. _BV(3) 宏准备了一个值为 00001000 的掩码。
15. _BV(4) 宏准备了一个值为 00010000 的掩码。
16. _BV 宏可以定义为 #define _BV(x) 1 << x。

第22章 C语言的其他特性

"成人和小孩的区别就在于特征"

我们并不一定需要它们，但我们不该回避它们。这是因为一旦知道了如何使用它们，我们就朝着优秀 C 程序员的方向前进了一步。本章将为读者指引前进的方向。

本章内容

本章讨论的主题要么太大，要么太过遥远，因此才被放在前面章节的C语言主流课程之外。本章将讨论一些实用的程序设计特性，对于有些程序设计策略，它们可以提供巨大的帮助。这些程序设计特性包括枚举数据类型、typedef关键字、强制类型转换、位段、函数指针、接收可变数量参数的函数和联合体等。下面我们逐个对它们进行讨论。

22.1 枚举数据类型

枚举数据类型允许我们对自己的数据类型进行转换，并对这种数据类型的变量可被赋予的值进行定义。枚举数据类型可以使程序具有更好的可读性，当程序较为复杂或者需要多名程序员参与时，这无疑是一个很大的优点。使用枚举数据类型还有助于减少程序设计错误。

例如，我们可以创建一种名为mar_status（婚姻状况）的数据类型，这种数据类型的变量只有4个可能的取值：single（未婚）、married（已婚）、divorced（离婚）或widowed（丧偶）。

mar_status的枚举声明以及这种类型变量的定义如下。

```
enum mar_status
{
    single, married, divorced, widowed
} ;
enum mar_status person1, person2 ;
```

现在，我们可以为此类变量赋值。

```
person1 = married ;
person2 = divorced ;
```

记住，我们无法使用枚举声明中不存在的值。因此，下面这个表达式将会产生错误。

```
person1 = unknown ;
```

编译器在内部把枚举值看成整数。枚举声明中出现的值列表中的每个值对应一个从0开始的整数。因此，在这个例子中，single存储为0，married存储为1，divorced存储为2，widowed存储为3。

我们也可以像下面这样对枚举值进行初始化，从而重写默认的枚举值。

```
enum mar_status
{
    single = 100, married = 200, divorced = 300, widowed = 400
} ;
```

22.1.1 枚举数据类型的用途

枚举变量通常用于清楚地说明程序所要执行的操作。例如：假设我们需要在一个工资表程序中使用员工部门，那么使用像assembly、manufacturing、accounts这样的值无疑要比使用整型值0、1、2容易理解。观察下面这个程序。

```
# include <stdio.h>
# include <string.h>
int main( )
{
    enum department
```

```
    {
        assembly, manufacturing, accounts, stores
    } ;
    struct employee
    {
        char name[30] ; int age ; enum department dept ;
    } ;
    struct employee e ;
    strcpy(e.name, "Lothar Mattheus") ;
    e.age = 28 ;
    e.dept = manufacturing ;
    printf("Name = %s\n", e.name) ;
    printf("Age = %d\n", e.age) ;
    printf("Department = %d\n", e.dept) ;
    if(e.dept == accounts)
        printf("%s is an accountant\n", e.name) ;
    else
        printf("%s is not an accountant\n", e.name) ;
    return 0 ;
}
```

下面是这个程序的输出。

```
Name = Lothar Mattheus
Age = 28
Department = 1
Lothar Mattheus is not an accountant
```

下面我们对这个程序进行分析。我们首先定义了数据类型 enum department 并指定了 4 个可能的取值——assembly、manufacturing、accounts 和 stores。接下来，我们在结构体 employee 中定义了一个 enum department 类型的变量 dept。employee 结构体中的其他两个变量表示员工的其他信息。

下面这条语句的作用是把 manufacturing 这个值赋给 e.dept 变量。

```
e.dept = manufacturing ;
```

上面的语句显然要比下面这样的语句清晰易懂。

```
e.dept = 1 ;
```

这个程序的剩余部分说明了使用枚举数据类型的一个重要缺点：无法在类似 scanf() 和 printf() 的输入输出函数中直接使用枚举值。

printf() 函数不够智能，无法对此进行转换，Department 将被输出为 1 而不是 manufacturing。当然，我们也可以编写一个函数，利用 switch 语句输出正确的枚举值，但这样做又会降低程序的清晰度。

即使存在以上限制，枚举数据类型也仍然在许多场合非常有用。

22.1.2 枚举真有必要吗

难道我们就不能使用下面这样的宏实现同等的便利性和可读性吗？

```
# define ASSEMBLY 0
# define MANUFACTURING 1
# define ACCOUNTS 2
# define STORES 3
```

确实可以，但宏存在一个严重的限制——宏具有全局作用域，而枚举的作用域既可以是全局的（枚举声明在所有函数的外部），也可以是局部的（枚举声明在函数的内部）。

22.2 使用typedef对数据类型进行重命名

在有些场合，有一种技巧可以帮助我们更清楚地说明C语言程序的源代码。这个技巧就是利用typedef声明对一种现有的变量类型进行重定义。

例如：观察下面的语句，unsigned long int类型被赋予新的名称UTI。

```
typedef unsigned long int UTI ;
```

现在，我们可以把unsigned long int类型的变量写成

```
UTI var1, var2 ;
```

而不是

```
unsigned long int var1, var2 ;
```

由此可以看出，typedef提供了一种出色的快捷写法。通常，我们使用大写字母来表示当前处理的是重命名后的数据类型。

尽管在这个例子中，这种技巧带来的可读性优点并不明显，但是当一种特定的数据类型非常长且笨拙时（常见于结构体的声明中），使用typedef可以显著地提高可读性。例如：观察下面的结构体声明语句。

```
struct employee
{
    char name[30] ; int age ; float bs ;
} ;
struct employee e ;
```

在使用下面这样的typedef声明进行重命名之后，这个结构体就会变得很容易使用。

```
struct employee
{
    char name[30] ; int age ; float bs ;
} ;
typedef struct employee EMP ;
EMP e1, e2 ;
```

综上，通过缩短数据类型的长度并简化复杂性，typedef可以更清晰地显示源代码，从而帮助我们在阅读程序的时候节省时间和精力。

上面的typedef声明也可以写成如下形式。

```
typedef struct employee
{
    char name[30] ; int age ; float bs ;
} EMP ;
EMP e1, e2 ;
```

typedef还可以像下面这样用于对指针数据类型进行重命名。

```
struct employee
{
    char name[30] ; int age ; float bs ;
```

```
}
typedef struct employee * PEMP ;
PEMP p ;
p -> age = 32 ;
```

22.3　强制类型转换

有时候，我们需要强制编译器把一个表达式的值明确地转换为一种特定的数据类型。下面这个例子清楚地说明了这一点。

```
# include <stdio.h>
int main( )
{
    float a, b ;
    int x = 6, y = 4 ;
    a = x / y ;
    printf("Value of a = %f\n", a) ;
    b = ( float ) x / y ;
    printf("Value of b = %f\n", b) ;
    return 0 ;
}
```

下面是这个程序的输出。

```
Value of a = 1.000000
Value of b = 1.500000
```

结果是 1.000000 而不是 1.5。因为 6 和 4 都是整数，所以 6 / 4 的结果是整数 1。这个整数 1 在存储时会被转换为 1.000000。但是，如果我们不想截掉余数，该怎么办呢？一种解决方案是把 x 或 y 声明为 float 类型。

假设程序因为其他需求不允许我们这样做。在这种情况下，我们该怎么办呢？答案是进行强制类型转换。具体的做法是在表达式的前面加上一对括号，括号里面是目标数据类型的名称。

在这个程序中，我们使用了下面的写法。

```
b = ( float ) x / y ;
```

表达式 (float) 会使变量 x 先从 int 类型转换为 float 类型，之后才用于除法运算。

22.4　位段

假设我们想要存储下列与员工有关的数据。每位员工可以：

（1）为男性或女性；

（2）为未婚、已婚、离婚或丧偶；

（3）具有 8 种不同的爱好之一；

（4）从公司针对员工个人爱好制订的 15 种不同方案中选择一种方案。

这意味着我们需要 1 个位来存储性别，2 个位来存储婚姻状况，3 个位来存储爱好，4 个位来存储方案（其中有一个值表示对所有方案都不感兴趣）。因此，我们总共需要 10 个位来存储这些数据。但是，在 10 个位已经足够的情况下，为什么还要浪费多个整数呢？在这种情况下，我们可以使用位段在一个整数中存储多个值。下面这个程序展示了如何使用位段。

```
# include <stdio.h>
# define MALE 0 ;
# define FEMALE 1 ;
# define SINGLE 0 ;
# define MARRIED 1 ;
# define DIVORCED 2 ;
# define WIDOWED 3 ;
int main( )
{
    struct employee
    {
        unsigned gender : 1 ; unsigned mar_status : 2 ;
        unsigned hobby : 3 ; unsigned scheme : 4 ;
    } ;
    struct employee e ;
    e.gender = MALE ;
    e.mar_status = DIVORCED ;
    e.hobby = 5 ;
    e.scheme = 9 ;
    printf("Gender = %d\n", e.gender) ;
    printf("Marital status = %d\n", e.mar_status) ;
    printf("Bytes occupied by e = %d\n", sizeof(e)) ;
    return 0 ;
}
```

下面是这个程序的输出。

```
Gender = 0
Marital status = 2
Bytes occupied by e = 2
```

注意 employee 结构体的声明。声明中的冒号（:）用于告诉编译器这是一个位段，冒号后面的数字表示需要为这个位段分配多少位。一旦创建一个位段之后，就可以像引用其他任何结构体元素一样引用这个位段。

22.5　函数指针

和变量一样，函数也存储在内存中，因此它们也有地址。如果我们把一个函数的地址存储在一个变量中，那么这个变量就是函数指针。函数指针提供了调用函数的另一种方式。下面我们观察函数指针具体是怎么工作的。

```
# include <stdio.h>
void display( ) ;
int main( )
{
    void(*ptr)( ) ;
    ptr = display ;        /* 赋值为函数的地址 */
    printf("Address of function display is %u\n", ptr) ;
    (*ptr)( ) ;            /* 调用display()函数 */
    display( ) ;           /* 调用函数的常见方式 */
    return 0 ;
}
void display( )
{
    printf("Long live excellence!!\n") ;
}
```

下面是这个程序的输出。

```
Address of function display is 4198924
Long live excellence!!
Long live excellence!!
```

注意，为了获取一个函数的地址，我们需要做的就是提供这个函数的名称。这与通过提供数组名就能获取数组的基地址是相似的。

我们已经把 display() 函数的地址赋值给了 ptr。ptr 是一个函数指针，它指向的函数不接收任何参数并且不返回任何值。为了使用 ptr 调用 display() 函数，我们只需要使用下面的语句即可。

```
(*ptr)( ) ; /* 也可简单地写成ptr( ) ; */
```

函数指针具有两个常用的用途。

（1）用于实现回调机制，这在 Windows 程序设计中极为常见。

（2）用于函数的动态绑定，常见于 C++ 程序设计中的运行时。

这两个话题超出了本书的讨论范围。如果读者对它们感兴趣，可以参阅 Yashavant Kanetkar 的著作 *Let Us C++* 和 *Test Your C++ Skills*。

22.6 返回指针的函数

函数也可以返回指针，但需要我们在函数声明和函数定义中明确地加以指定。下面这个程序说明了这种用法。

```
int *fun( ) ;
int main( )
{
    int *p ;
    p = fun( ) ;
    return 0 ;
}
int *fun( )
{
    static int i = 20 ;
    return(&i) ;
}
```

这个程序只是说明了函数如何返回一个整型指针，除此之外再无任何其他用途。在处理字符串时，我们可以利用这个概念。例如，一个函数可以把一个字符串复制到另一个字符串，并返回指向目标字符串的指针。我们将这个函数的定义作为练习留给读者。

22.7 接收可变数量参数的函数

像 printf() 这样的函数在不同的调用中可以接收不同数量的参数。我们应该如何定义这样的函数呢？我们可以通过使用 3 个宏——va_start、va_arg 和 va_list 来实现这个目的。这 3 个宏是在 stdarg.h 头文件中定义的。

当一个函数在接收完固定数量的参数后又接收可变数量的参数时，就可以使用这 3 个宏提供的机制访问这些参数。固定数量的参数是按常规方式访问的，而可变数量的参数是使用这 3 个宏访问的。其中，va_start 宏用于把一个指针初始化为指向参数数量可变的参数列表的起始位置，而 va_arg 宏用于使指针指向下一个参数。

下面我们在一个实际的程序中讨论这些概念。假设我们想要定义一个函数 findmax()，它能够从一组值中找到最大值，而不管传递给它的值有多少个。

```
# include <stdio.h>
# include <stdarg.h>
int findmax(int, ...) ;
int main( )
{
    int max ;
    max = findmax(5, 23, 15, 1, 92, 50) ;
    printf("maximum = %d\n", max) ;
    max = findmax(3, 100, 300, 29) ;
    printf("maximum = %d\n", max) ;
    return 0 ;
}
int findmax(int tot_num, ...)
{
    int max, count, num ;
    va_list ptr ;
    va_start(ptr, tot_num) ;
    max = va_arg(ptr, int) ;
    for(count = 1 ; count < tot_num ; count++)
    {
        num = va_arg(ptr, int) ;
        if(num > max)
            max = num ;
    }
    return(max) ;
}
```

注意 findmax() 函数的声明方式，省略号表示第 1 个参数后面的参数数量是可变的。

我们调用了两次 findmax() 函数，第 1 次是为了在 5 个值中找到最大值，第 2 次是为了在 3 个值中找到最大值。注意，对于每一次调用，第 1 个参数表示的都是后面的参数数量。传递给 findmax() 函数的第 1 个参数的值被保存在变量 tot_num 中。findmax() 函数首先声明了一个 va_list 类型的指针 ptr。仔细观察程序中接下来的那条语句。

```
va_start(ptr, tot_num) ;
```

这条语句使 ptr 指向参数列表中的第 1 个可变参数。对于 findmax() 函数的第 1 次调用，ptr 将指向 23。max = va_arg(ptr,int) 语句的作用是把 ptr 指向的整数赋值给 max。因此，23 将被赋值给 max，并且 ptr 接下来指向下一个可变参数，也就是指向 15。这个程序的剩余部分相当简单。我们不断地挑出参数列表中的值，并将它们与 max 的最新值做比较，直到参数列表中的所有参数都扫描完毕。最后将 max 的最终值返回给 main() 函数。

22.8 联合体

联合体是衍生数据类型，它允许我们把内存中的同一块空间看成一些不同的变量。下面我们通过一个简单的程序来说明这个概念。

```
/*演示联合体的用法 */
# include <stdio.h>
int main( )
{
    union u
    {
        short int i ; char ch[2] ;
    } ;
    union u key ;
    key.i = 512 ;
    printf("key.i = %d\n", key.i) ;
    printf("key.ch[0] = %d\n", key.ch[0]) ;
    printf("key.ch[1] = %d\n", key.ch[1]) ;
    return 0 ;
}
```

下面是这个程序的输出。

```
key.i = 512
key.ch[0] = 0
key.ch[1] = 2
```

在这个程序中，我们首先声明了一种数据类型 union u。接下来，我们定义了一个这种类型的变量 key。最后，我们输出了这个联合体中的元素。

与结构体成员相似，联合体成员也是使用点（.）操作符访问的。要想理解这个程序的输出，我们首先需要理解联合体 key 在内存中是如何存储的，如图 22.1 所示。

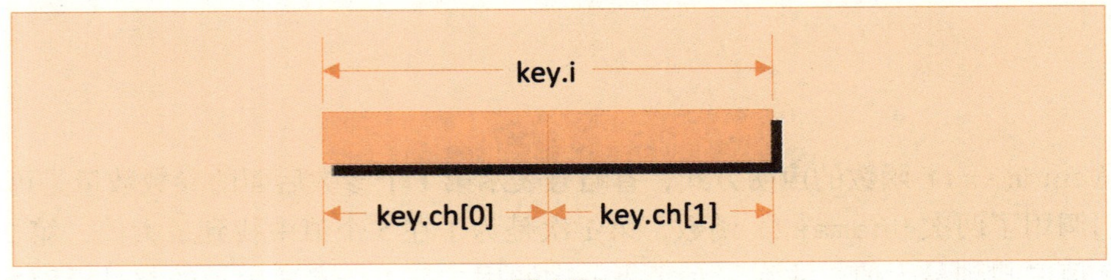

图 22.1

我们可以看到，key 在内存中占据 2 字节。对于 key.i 使用的 2 字节内存，key.ch[0] 和 key.ch[1] 也在使用。这样做的目的是什么？答案就是，我们现在既可以使用 key.i 访问这 2 字节内存，也可以使用 key.ch[0] 和 key.ch[1] 单独地访问这 2 字节内存。

现在，我们分析这个程序的输出。512 的二进制形式是 00000010 00000000。因此，联合体元素 key.ch[0] 和 key.ch[1] 的输出应该分别是 2 和 0。但是，实际的输出正好相反。为什么？因为在采用小端（little-endian）模式的 CPU（如 Intel CPU）中，当一个 2 字节的数存储在内存中时，低位的字节是在高位的字节之前存储的。这意味着 512 实际上是以 00000000 00000010 的形式存储在内存中的，转换为十进制数的结果是 0 和 2。但在采用大端模式的 CPU 中，则不会发生这种字节反转现象。

最后一点说明：我们不能同时向不同的联合体成员赋予不同的值。也就是说，如果我们把一个值赋给 key.i，那么这个值也会被自动赋给 key.ch[0] 和 key.ch[1]。同样，如果我们把一个值赋给 key.ch[0] 或 key.ch[1]，那么这个值也会被自动赋给 key.i。

需要再次强调的是，联合体提供了一种方法，使得我们能够以不同的方式观察同一段数据。例如，假设我们像下面这样声明了一个联合体。

```
union b
{
    double d ; float f[2] ; short int i[4] ; char ch[8] ;
} ;
union b data ;
```

我们可以通过哪些不同的方式访问 data 呢？有时候是以一组完整的 8 字节（data.d），有时候是以 2 组的 4 字节（data.f[0] 和 data.f[1]），有时候是以 4 组的 2 字节（data.i[0]，data.i[1]，data.i[2] 和 data.i[3]），有时候是以 8 个单独的字节（data.ch[0]，data.ch[1]，…，data.ch[7]）。

另外，注意可能存在这样一种联合体，这种联合体的每个元素都具有不同的长度。在这种情况下，联合体的长度等于联合体中最大元素的长度。

联合体的用途

假设我们想要存储与一家机构的员工有关的信息，需要存储的信息如下。

```
Name, Grade, Age
If Grade = HSK（高度熟练）: hobby（爱好）,credit card no.（信用卡号）
If Grade = SSK（半熟练）: Vehicle no.（车牌号）,Distance from Co.（到公司的距离）
```

由于这些信息各不相同，因此我们可以使用一个结构体来收集它们，如下所示。

```
struct employee
{
    char n[20] ; char grade[4] ; int age ; char hobby[10] ;
    int crcardno ; char vehno[10] ; int dist ;
} ;
struct employee e ;
```

尽管站在程序设计的角度，这个结构体的声明是正确的，但它存在一个缺点。对于任何员工，取决于个人等级，存储的信息被分成两组，但这两组信息不会同时存储。这样我们创建的每个结构体变量就存在浪费现象，因为每个结构体变量除了 name、grade 和 age 之外都具有全部 4 个字段。

我们可以像下面这样通过为这两组信息创建一个联合体来解决这个问题。

```
struct info1
{
    char hobby[10] ; int crcardno ;
} ;
struct info2
{
    char vehno[10] ; int dist ;
} ;
union info
{
    struct info1 a ; struct info2 b ;
} ;
    struct employee
{
    char n[20] ; char grade[4] ; int age ; union info f ;
} ;
struct employee e ;
```

22.9　volatile限定符

当我们在一个函数中定义变量时，编译器可能会对使用这个变量的代码进行优化。也就是说，编译器可能会按照运行效率最高的方式编译代码。为了实现优化，编译器会使用CPU寄存器而不是堆栈来存储变量的值。

但是，如果我们把变量声明为volatile，就相当于告诉编译器不应该对包含这个变量的代码进行优化。在这种情况下，不管我们什么时候使用这个变量，这个变量的值都将从内存加载到寄存器，然后才进行操作，操作的结果则被回写到编译器为这个变量分配的内存位置。

我们可以像下面这样声明一个volatile变量。

```
volatile float temperature ;
```

当一个变量已经不受程序的控制并且很可能因为程序外部的因素发生更改时，我们就可能需要防止编译器对使用这个变量的代码进行优化。

22.10　程序

练习22.1

定义3个函数fun1()、fun2()和fun3()，它们的作用都是输出一条信息并返回一个提示函数名的float值。在main()函数中创建一个函数指针数组来存储这3个函数，然后通过这个数组中的函数指针调用这3个函数，并输出这3个函数的返回值。

程序

```
/* 使用函数指针数组调用函数 */
# include <stdio.h>
float fun1(int, int) ;
float fun2(int, int) ;
float fun3(int, int) ;
float fun1(int i, int j)
{
    printf("In fun1\n") ; return 1.0f ;
}
float fun2(int i, int j)
{
    printf("In fun2\n") ; return 2.0f ;
}
float fun3(int i, int j)
{
    printf("In fun3\n") ; return 3.0f ;
}
int main( )
{
    float(*ptr[3])(int, int) ;
    float f ; int i ;
    ptr[0] = fun1 ; ptr[1] = fun2 ; ptr[2] = fun3 ;
    for(i = 0 ; i < 3 ; i++)
    {
```

```
        f =(*ptr[i])(100, i) ;
        printf("%f\n", f) ;
    }
    return 0 ;
}
```

输出

```
In fun1
1.000000
In fun2
2.000000
In fun3
3.000000
```

练习 22.2

定义一个函数，计算传递给它的参数的平均值。注意，在不同的调用中，这个函数可能接收不同数量的参数。

程序

```
# include <stdio.h>
# include <stdarg.h>
int findavg(int, ...) ;
int main( )
{
    int avg ;
    avg = findavg(5, 23, 15, 1, 92, 50) ;
    printf("avg = %d\n", avg) ;
    avg = findavg(3, 100, 30, 29) ;
    printf("avg = %d\n", avg) ;
    return 0 ;
}
int findavg(int tot_num, ...)
{
    int avg, i, num, sum ;
    va_listptr ;
    va_start(ptr, tot_num) ;
    sum = 0 ;
    for(i = 1 ; i <= tot_num ; i++)
    {
        num = va_arg(ptr, int) ;
        sum = sum + num ;
    }
    return(sum / tot_num) ;
}
```

输出

```
avg = 36
avg = 53
```

习题

1. 下列程序的输出是什么？

（1）
```
# include <stdio.h>
int main( )
```

```
{
    enum status { pass, fail, atkt } ;
    enum status stud1, stud2, stud3 ;
    stud1 = pass ;
    stud2 = fail ;
    stud3 = atkt ;
    printf("%d %d %d\n", stud1, stud2, stud3) ;
    return 0 ;
}
```

（2）
```
# include <stdio.h>
int main( )
{
    printf("%f\n",(float)((int) 3.5 / 2)) ;
    printf("%d\n",(int)(((float) 3 / 2) * 3)) ;
    return 0 ;
}
```

2. 指出下列程序中可能存在的错误。

（1）
```
# include <stdio.h>
int main( )
{
    typedef struct patient
    {
        char name[20] ; int age ;
        int systolic_bp ; int diastolic_bp ;
    } ptt ;
    ptt p1 = { "anil", 23, 110, 220 } ;
    printf("%s %d\n", p1.name, p1.age) ;
    printf("%d %d\n", p1.systolic_bp, p1.diastolic_bp) ;
    return 0 ;
}
```

（2）
```
# include <stdio.h>
void show( ) ;
int main( )
{
    void(*s)( ) ;
    s = show ;
    (*s)( ) ;
    s( ) ;
    return 0 ;
}
void show( )
{
    printf("don't show off. It won't pay in the long run\n") ;
}
```

（3）
```
# include <stdio.h>
void show(int, float) ;
int main( )
{
    void(*s)(int, float) ;
    s = show ;
    (*s)(10, 3.14) ;
    return 0 ;
}
```

```
void show(int i, float f)
{
    printf("%d %f\n", i, f) ;
}
```

3. 完成下列任务。

（1）编写一个程序，在一个结构体中存储与日期有关的信息。这个结构体包含3个成员：day、month和year。如果使用位段，那么表示日期的数字应该用day字段的前5位来存储，表示月份的数字应该用month字段的前4位来存储，表示年份的数字应该用year字段的前12位来存储。使用这个程序读取10位员工的入职日期，并按照年份升序显示他们的入职日期。

编写一个程序，读取并存储与保单持有人有关的信息，其中包含的细节包括性别、保单持有人未成年或已成年、保单名称和保单持续时间等。请利用位段存储这些信息。

课后笔记

1. 我们在编写程序时可以不使用像联合体、枚举这样的C语言特性，但是这种做法并不推荐。

2. 我们常常需要处理有序的数据列表。例如，像红、绿、蓝这样的颜色，像未婚、已婚、离婚这样的婚姻状况，等等。相比使用整数表示这些数据，使用枚举是一种更好的方法。

3. 枚举的用法。

```
enum color { red, green, blue } ;
enum color windowcolor, buttoncolor ;
windowcolor = green ; buttoncolor = blue ;
printf("%d %d", windowcolor , buttoncolor) ;
```

4. typedef声明可用于对一种现有数据类型的名称进行重新定义，例如：

```
typedef unsigned long int ULI ;
ULI var1, var2 ;
```

5. 通常，我们使用大写字母表示所处理的是一种重命名的数据类型。

6. 强制类型转换可用于把一个表达式的值强制转换为某种特定的数据类型。

7. 我们可以使用位段在单个字节中存储多个信息项。

```
struct employee
{
    unsigned gender : 1 ; unsigned mar_status : 2 ;
} ;
```

冒号（:）后面的数字表示我们想要为这个位段分配的位数。

8. void *p()是p()函数的原型声明，这个函数不接收任何参数并且返回一个void *类型的值。

9. void(*p)()声明的函数指针p指向一个函数，这个函数不接收任何参数并且不返回任何值。

10. float *(*p)(int, float)声明的函数指针p也指向一个函数，这个函数接收两个参数（分别是 int 类型和 float 类型）并返回一个 float * 类型的值。

11. 函数指针的用法。

```
void(*p)( ) ;
p = display ; /* 在p中存储display( )函数的地址 */
(*p)( ) ;      /* 调用display( )函数的第1种方法 */
p( ) ;         /* 调用display( )函数的第2种方法 */
```

12. 我们可以在编写函数时使用 va_list、va_start、va_arg 宏，从而使函数能够接收可变数量的参数。

13. 结构体的长度是其中所有元素的长度之和。结构体元素可以使用点（.）操作符来访问。

14. 联合体变量的长度是联合体中最大元素的长度。联合体元素也可以使用点（.）操作符来访问。

15. 联合体的用途：允许我们以多种方式访问同一内存地址。

16. 联合体的用法。

```
union a
{
  int i ; char ch[4] ;
} ;
union a z ;
z.i = 512 ;
printf("%d %d %d %d %d", z.i, z.ch[0], z.ch[1] , z.ch[2], z.ch[3]) ;
```

17. 如果一个数是 ABCD，那么这个数在采用小端模式的 CPU 中是按 DCBA 存储的。

18. 小端模式：首先存储低位字节。大端模式：首先存储高位字节。

第23章 常见的C语言面试问题

“知道自己有几斤几两是件好事”

当我们参加软件公司的程序员职位的面试时，我们在本书中学到的所有知识都将受到检验。我们可能知道问题的答案，但表述方式的不同可能会对面试结果产生重要的影响。本章将探讨一些常见的 C 语言面试问题的“预期”回答方式。

在面试过程中，我们将被考察 3 方面的技能：知识的掌握程度、问题解决能力和交流技巧。读者可能会认为在面试过程中，面试结果很大程度取决于面试者的个性、回答问题的机智程度以及面试者的行为举止等。但事实真相可能与读者想象的大相径庭。笔者估计，这些最多占 10% 的比例。知识的掌握程度和问题解决能力才是面试成功与否的关键。如果面试者在这两方面无可挑剔，那么唯一可能妨碍面试者通过面试的就只剩下交流技巧。根据以上思路，本章总结出下面这些在面试过程中读者有可能经常被问到的问题。

问题1

什么是程序设计范式？

答案

程序设计范式是指对程序进行组织的原则。目前有两种主要的程序设计范式：结构化程序设计和面向对象程序设计。C 语言使用了结构化程序设计范式，而 C++、C#、VB.NET 和 Java 使用了面向对象程序设计。面向对象程序设计提供了大量的优点。但是，即使在程序中采用了面向对象程序设计这一组织原则，我们也仍然需要熟练掌握 C 语言的重要元素和基本程序设计技巧。

问题2

Windows、Linux、UNIX 这样的操作系统都是用 C 语言编写的，这种说法正确吗？

答案

Windows、Linux、UNIX 等常见操作系统的主要部分是用 C 语言编写的。这是因为就算处在如今这个时代，就性能（执行速度）而言没有其他语言能够胜过 C 语言。另外，操作系统 API 提供的函数可以很方便地由其他任何语言调用。

如果有人想对操作系统进行扩展以适用于新设备，那就必须为操作系统编写设备驱动程序，而设备驱动程序都是用 C 语言编写的。

问题3

变量的作用域是什么意思？变量的作用域都有哪些？

答案

变量的作用域表示变量的声明能够发挥作用的区域。变量的作用域共有 4 种：文件、函数、代码块和原型。

问题4

下面哪条语句是声明？哪条语句是定义？

```
extern int i ;
int j ;
```

答案

第 1 条语句是声明，第 2 条语句是定义。

问题5

声明和定义的区别是什么？

答案

声明和定义存在两个区别。

在变量的定义中，编译器会为变量分配内存空间并提供某个初始值；但在变量的声明中，我们仅仅指定了变量的类型。因此，定义是创建变量并为其分配内存空间的地方；而声明是表明变量性质的地方，编译器不会为其分配内存空间。

另外，重复定义是错误的，但重复声明却是可以的。

问题6

一个全局变量可能有多个声明，但只能有一个定义，这种说法正确吗？

答案

正确。

问题7

一个函数可以有多个声明，但只能有一个定义，这种说法正确吗？

答案

正确。

问题8

当我们声明一个函数的原型时，是不是也就定义或声明了这个函数？

答案

我们只是声明了这个函数。只有当我们声明这个函数并且指定属于它的语句时，才算定义了这个函数。

问题9

有些图书建议在下列定义的前面加上 static，这么做正确吗？

```
int a[] = { 2, 3, 4, 12, 32 } ;
struct emp e = { "sandy", 23 } ;
```

答案

ANSI C 标准发布之前的编译器有这样的需求。遵循 ANSI C 标准的编译器则没有这样的需求。

问题10

假设要在几个源文件之间共享变量或函数，如何使它们的所有定义和声明保持一致？

答案

最好的安排是把每个定义放在一个相关的“.c”文件中。然后在一个头文件中编写一个外部声明，并使用 #include 指令在需要的时候引入声明。包含定义的“.c”文件也需要包含这个头文件，这样编译器就能检查定义与声明是否匹配。

问题11

全局变量对于所有的函数都是可用的。是否存在这样一种机制，它能使全局变量对某些函数可用，但对其他函数不可用？

答案

不存在。实现这个目的的唯一方法是在 main() 函数中局部定义这个变量而不是在全局作用域中定义这个变量，然后将其传递给需要它的函数即可。

问题12

C 语言都有哪些不同的链接类型？

答案

C 语言共有 3 种不同的链接类型：外部链接、内部链接和无链接。外部链接表示全局、非静态的变量和函数。内部链接表示静态变量以及具有文件作用域的函数。无链接表示局部变量。

问题13

size_t 是什么？

答案

size_t 是 sizeof 操作符的返回结果的类型。size_t 用于表示对象的长度或者对象中字符的数量。例如：size_t 可以是我们传递给 malloc() 函数的类型，表示需要分配多少字节；size_t 也可以是 strlen() 函数的返回类型，表示字符串中字符的数量。

每个编译器都选择了一种类似 unsigned int 或 unsigned long（或其他类型）的类型作为自己的 size_t，具体取决于哪种更合理。另外，每个编译器都会在一些头文件（如 stdio.h、stdlib.h）中公布自己选择的 size_t 是什么。在大多数编译器中，size_t 的定义如下。

```
typedef unsigned int size_t ;
```

这意味着在这个特定的编译器中，size_t 是 unsigned int。其他编译器则可能做了其他选择。

重要的是，我们并不需要关心 size_t 在特定的编译器中是什么样。我们只需要知道 size_t 是表示对象长度和字符数量的正确类型即可。

问题14

switch 语句和 if-else 系列语句相比，谁的效率更高？

答案

就效率而言，两者的区别很小。如果 switch 语句中各个 case 的分布比较稀疏，那么编译器在内部可能会使用等价的 if-else 系列语句，而不是使用紧凑的跳转表。但是，只要有可能，就应该使用 switch 语句。因为这显然是一种更清晰的程序设计方式，并且效率至少不会比 if-else 系列语句低。

问题15

能不能使用 switch 语句根据字符串做出决策？

答案

不行。switch 语句中的 case 必须是整型常量或整型常量表达式。

问题16

在 C 语言中，关系操作符、算术操作符、逻辑操作符和赋值操作符的求值顺序是什么？

答案

从前到后依次是算术操作符、关系操作符、逻辑操作符和赋值操作符。

问题17

为什么 C 语言标准会认为下面这个表达式是未定义的？

```
j = i++ * i++ ;
```

但却认为下面这个表达式是完全合法的？

```
j = i++ && i++ ;
```

答案

根据 C 语言标准，一个对象存储的值在两个序列点之间只能被修改一次（被表达式的求值结果所修改）。下面是一些很可能出现序列点的地方。

- 在整个表达式结束处（要求这个表达式不是一个更大表达式的子表达式）。
- 在 &&、|| 和 ?: 操作符处。
- 在函数调用处（在所有的参数都求值之后，正好在函数实际调用之前）。

在上面的第 1 个表达式中，由于 i 在两个序列点之间被修改了两次，因此这个表达式被认为是未定义的。第 2 个表达式之所以合法，是因为在 && 操作符处只有 1 个序列点，而

i 在这个序列点之前和之后都只被修改了 1 次。

问题18

如果a[i] = i++是未定义的，那么根据相同的理由，i = i + 1也应该是未定义的。但事实并非如此，为什么？

答案

根据 C 语言标准，如果一个对象在一个表达式内部被修改，那么在同一个表达式中对这个对象的所有访问都必须计算存储在这个对象中的值。表达式a[i] = i++是不允许的，因为对 i 的其中一次访问（对 a[i] 的访问）对最终存储在 i 中的值并没有执行任何操作。在这种情况下，编译器不知道这次访问应该在 i 增值之前还是之后发生。由于缺乏良好的方式对这种行为进行定义，因此 C 语言标准认为表达式 a[i] = i++ 是未定义的。与此不同的是，表达式i = i + 1却是允许的，因为它对i进行了访问并且能够确定 i 的最终值。

问题19

像 *p++ = c 这样的表达式是不是编译器不允许？

答案

不是。尽管 p 的值在这里被访问了两次，但目的却是修改两个不同的对象——p 和 *p。

问题20

为什么要使用函数？

答案

理由有两个。

（1）使用函数可以避免重复编写相同的代码。假设程序中有一段代码用于计算一个三角形的面积。如果在程序的后面需要计算另一个不同三角形的面积，那么我们肯定不希望重复编写相同的代码。我们更希望跳转到专门用来计算三角形面积的“一段代码”，这段代码就是函数。

（2）函数可以使程序的编写变得简单，并且我们很容易追踪程序正在执行什么操作。如果一个程序所要执行的操作可以划分为不同的活动，并且每个活动都可以放在一个不同的函数中，那么由于每个函数的编写和检查相对更为独立，因此把代码划分为模块化的函数可以使程序更容易设计和理解。

请不要把程序的整个逻辑都放在一个函数中，因为这是一种非常不好的程序设计习惯。我们应该把程序划分为更小的单元并为每个单元编写一个函数。即使某个函数只被调用一次，也不要心存犹豫。重要的是，程序中的不同函数执行的是逻辑上独立的任务。

问题21

库函数是以什么形式提供的？

答案

库函数绝不会以源代码的形式提供，它们总是以编译后的目标代码的形式提供。

问题22

在下面的声明中，变量 b 的类型是什么？

```
#define FLOATPTR float *
FLOATPTR a, b ;
```

答案

变量 b 的类型是 float 而不是指向 float 类型数据的指针，因为上面的第 2 条语句在展开宏之后会变成如下形式。

```
float *a, b ;
```

问题23

头文件的扩展名是否一定为 .h ？

答案

不一定。但头文件通常使用 .h 扩展名来表示它们是一种与 .c 程序文件有所不同的文件。

问题24

头文件通常包含什么内容？

答案

头文件通常包含像 #define 这样的预处理指令，结构体、联合体和枚举的声明以及 typedef 声明、全局变量声明和外部变量声明。头文件中不应该包含实际代码（如函数体）或全局变量的定义（如变量的定义或者实例的初始化）。#include 指令应该用于引入头文件而不是其他的“.c”程序文件。

问题25

一个头文件如果被包含两次，会不会产生错误？

答案

会。除非这个头文件采取了措施来保证它如果已经被包含，就不会被再次包含。

问题26

头文件如何保证自身不会被多次包含？

答案

所有的声明都必须使用下面这样的写法。假设头文件的名称是 funcs.h。

```
/* funcs.h */
#ifndef _FUNCS
#define _FUNCS
/* 所有的声明都出现在这里 */
#endif
```

即便我们像下面这样两次包含这个头文件，这个头文件实际上也只会被包含一次。

```
#include "funcs.h"
#include "funcs.h"
int main( )
{
    /* 一些代码 */
    return 0 ;
}
```

问题27

当我们使用 #include 指令时，编译器会在哪里搜索头文件？

答案

如果 #include 指令使用了 <> 语法，那么程序将在预定义的包含路径中搜索文件（对预定义的包含路径进行更改也是可以的）。如果 #include 指令使用了 " " 语法，那么除了预定义的包含路径之外，程序还会在当前目录（通常是我们调用编译器时所在的那个目录）中搜索文件。

问题28

请把下面这两条语句组合为一条语句。

```
char *p ;
p =(char *) malloc(100) ;
```

答案

```
char *p =(char *) malloc(100) ;
```

注意，如果程序是使用 GCC 编译器创建的，那就完全不需要进行强制类型转换。

问题29

表达式 *ptr++ 和 ++*ptr 相同吗?

答案

不同。表达式 *ptr++ 是将指针的值加 1，而不是将指针指向的值加 1；但表达式 ++*ptr 是将指针指向的值加 1。

问题30

写出一个表达式，使其作用与表达式 ++*ptr 相同。

答案

```
( *ptr)++
```

问题31

为了指定数组元素 a[i][j][k][l]，我们可以使用什么样的指针表达式?

答案

```
*( *( *( *( a+i)+j)+k)+l)
```

问题32

指针适用于什么场合?

答案

指针适用于许多场合，例如:

- 访问数组或字符串中的元素。
- 向函数传递像数组、字符串和结构体这样的大型对象。
- 动态内存分配。
- 按引用调用。
- 实现链表、树、图等许多其他数据结构。

问题33

如何声明一个函数指针数组，使其包含的 3 个函数指针分别指向一个接收两个 int 值并返回一个 float 值的函数?

答案

```
float(*arr[3])(int, int) ;
```

问题34

NULL 指针与未初始化的指针相同吗?

答案

不相同。

问题35

NULL 宏是在哪个头文件中定义的?

答案

stdio.h 和 stddef.h。

问题36

下面这两条语句是否存在区别?

```
char *p = 0 ;
char *t = NULL ;
```

答案

没有区别。NULL 在 stdio.h 头文件中被定义为 0。因此，p 和 t 都是空指针。

问题37

什么是空指针?

答案

对于每一种指针（如 char 指针），C 语言定义了一个特殊的指针值，以保证不会指向这种类型的任何对象或函数。我们通常使用整数 0 作为空指针常量来表示空指针。

问题38

空指针、NULL 宏、NULL 字符和空字符串之间有什么区别?

答案

空指针是不指向任何东西的指针。

NULL 宏用于表示源代码中的空指针。NULL 宏具有与之关联的值 0。

虽然 NULL 字符的所有位都是 0，但 NULL 字符与空指针不存在任何关系。

空字符串是字符串 "" 的别名。

问题39

下面这两条语句是否存在区别?

```
char *ch = "Nagpur" ;
char ch[] = "Nagpur" ;
```

答案

存在区别。在第 1 条语句中，字符指针 ch 存储了字符串 "Nagpur" 的地址，但字符指针 ch 也可以指向其他字符串（甚至可以不指向任何东西）。第 2 条语句表示为 7 个字符分配内存空间，并且分配的内存位置的名称是 ch，因此这条语句指定了数组 ch 的长度以及该数组中各个字符的初始值。

问题40

编译器在什么时候会把 char a[] 和 char *a 看成一样的？

答案

当把它们作为所定义函数的形式参数使用时。

问题41

下面这两个声明存在什么区别？

```
char *p = "Samuel" ;
char a[] = "Samuel" ;
```

答案

a 是一个足以容纳这条信息以及之后的 '\0' 终止符的数组。这个数组中的单个字符可以被修改，但这个数组的地址不能被修改。

p 是一个指针，它被初始化为指向一个字符串常量。指针 p 可以被修改，从而指向其他字符串；但如果试图修改 p 指向的字符串，那么导致的结果将是未定义的。

问题42

在处理字符串时，是否一定要按照逐字符的方式进行处理？是否存在一种方法能够把字符串作为一个整体进行处理？

答案

字符串只能按照逐字符的方式进行处理。

问题43

结构体、联合体和枚举之间有什么相似之处？

答案

它们都允许我们定义一种新的数据类型。

问题44

结构体是否可以包含指向自身的指针？

答案

当然可以。这种结构体被称为自引用的结构体。

问题45

编译器是如何实现结构体的传递和返回的？

答案

当把结构体作为参数传递给函数时，整个结构体都将被压入堆栈中。对于较大的结构体，这会产生比较大的额外开销。这个开销可以通过传递指向结构体的指针而不是结构体本身来避免。为了返回结构体，编译器会生成一个隐藏的参数并传递给函数。编译器还会在这个参数指向的内存位置复制需要返回的结构体。

问题46

结构体和联合体存在什么区别？

答案

联合体在本质上也是一种结构体，但是联合体的所有成员在存储时是相互重叠的。在任意时刻，联合体中都只有一个成员可以使用。

问题47

枚举和 #define 预处理指令存在什么区别？

答案

两者的区别很小，仅有的区别如下：#define 预处理指令具有全局效果（在整个文件中都有效）；而枚举如果有需要的话，可以产生仅限于代码块的局部效果。另外，枚举的成员会被自动赋予数值，而 #define 预处理指令则必须明确地对此进行定义。枚举的缺点在于没有办法控制枚举变量的长度。

问题48

是否存在一种便利的方式允许我们以符号的形式输出枚举值？

答案

不存在。但我们可以编写一个函数（对应于枚举），然后把一个枚举常量映射到一个字符串，这样就可以使用 switch 语句或者通过对数组进行遍历来输出枚举值了（以符号的形式）。

问题49

在结构体的声明中，位段的用途是什么？

答案

位段用于节省那些具有一些二进制标志或其他较小成员的结构体的存储空间。注意，用于指定位段位数的冒号记法仅在结构体（和联合体）中是合法的，我们不能使用这种方式指定任意变量的长度。

问题50

能否创建位段数组？

答案

不能。

问题51

能否在 scanf() 的格式字符串中指定变量的字段宽度？

答案

不能。在 scanf() 的格式字符串中，符号 % 后面的 * 表示取消赋值。也就是说，当前的输入字段虽被扫描但不会被存储。

问题52

对于 fgets() 和 gets()，哪一个使用时更为安全？

答案

fgets() 更安全。因为与 fgets() 不同，gets() 不知道用于存储输入字符串的缓冲区的长度，因此总是存在溢出缓冲区的可能性。

问题53

将二进制数 1011011111000101 转换为哪种数字系统最为方便？

答案

十六进制数字系统，因为每 4 位二进制数表示 1 位十六进制数。

问题54

哪个位操作符适用于检查某个特定的位是打开还是关闭？

答案

& 操作符。

问题55

哪个位操作符适用于关闭一个数中某个特定的位？

答案

& 操作符。

问题56

哪个位操作符适用于打开一个数中某个特定的位？

答案

| 操作符。

问题57

在下面这段代码中，compare 的类型是什么？

```
typedef int(*ptrtofun)(char *, char *) ;
ptrtofuncompare ;
```

答案

compare 是一个函数指针，它指向的函数将接收两个字符指针并返回一个整数。

问题58

为什么要在程序中使用 typedef？

答案

在程序中使用 typedef 的理由主要有 3 个。

- 可以使复杂声明的编写变得容易很多，这有助于消除程序中复杂的语法。
- 可以帮助实现程序的可移植性。也就是说，如果使用 typedef 表示依赖于计算机的数据类型，那么当我们把程序移植到新的计算机平台时，就只有 typedef 声明需要修改。
- 可以使程序具有更好的可读性。例如，双链表的节点使用 ptrtolist 来表示要远远好于使用指向复杂结构的指针来表示。

问题59

下面这个原型是什么意思？

```
void strcpy(char *target, const char *source)
```

答案

这表示我们可以修改指针 source 和 target，但是 source 指向的对象不能修改。

问题60

下面这个原型是什么意思？

```
const char *change(char *, int)
```

答案

这表示 change() 函数将接收一个 char 指针和一个 int 值，并返回一个指向常量字符的指针。

问题61

“常量正确性”是什么意思？

答案

一个程序如果永远都不会修改一个常量对象的值，这个程序就做到了“常量正确性”。

问题62

下面这两个声明的区别是什么？

```
const char *s ;
char const *s ;
```

答案

两者不存在区别。

问题63

对于 free() 函数，我们仅向它传递指向需要释放的内存块的指针。free() 函数是如何知道自己应该释放多少字节内存的？

答案

在 malloc() 函数的大多数实现中，编译器为其分配的字节数被存储在与分配的代码块存储位置相邻的地方。因此，free() 函数很简单地就能知道自己需要释放多少字节的内存。

问题64

假设我们需要使用 realloc() 函数对一个长度为 20 的整型数组进行扩展，目的是使其成为一个长度为 40 的整型数组，编译器是在这个数组的原地增加空间还是在另一个不同的内存位置为这个更大的数组分配空间？

答案

两种情况都有可能。如果第 1 种策略失败，就采用第 2 种策略。如果第 1 种策略成功，那就返回一个与传递给它的指针相同的指针，否则返回一个不同的指针，这个指针指向新分配的空间。

问题65

在对内存进行重新分配时，如果还存在其他指针也指向同一块内存，那么我们必须重新调整其他指针吗？还是说它们会自动重新调整？

答案

如果 realloc() 函数在原地对已分配的内存进行了扩展，那就不需要对其他指针进行调整了。但是，如果编译器在其他地方分配了一块新的区域，那么我们就必须对其他指针进行调整。

问题66

malloc() 和 calloc() 函数的区别是什么？

答案

与 malloc() 不同，calloc() 需要两个参数——想要分配的元素数量以及每个元素的长度。例如：

```
p =(int *)calloc(10, sizeof(int)) ;
```

编译器将为一个包含 10 个元素的整型数组分配空间。另外，calloc() 会把每个元素的值设置为 0。因此，上面的 calloc() 调用与下面这两条语句等价。

```
p =(int *) malloc(10 * sizeof(int)) ;
memset(p, 0, 10 * sizeof(int)) ;
```

问题67

为了释放 calloc() 分配的内存，我们应该使用哪个函数？

答案

与 malloc() 相同，也是使用 free() 函数。

问题68

单次使用 malloc() 最多可以分配多少内存？

答案

单次使用 malloc() 可以分配的内存大小取决于主机系统，也就是物理内存的大小以及操作系统的实现。

从理论上说，malloc() 可以分配的最大字节数应该是 size_t 可以容纳的最大值，具体取决于编译器，对于 Turbo C/C++ 编译器来说是 64KB。

问题69

动态内存分配和静态内存分配有什么区别？

答案

在静态内存分配中，编译器在编译时会进行一些安排，以方便运行时的内存分配，实际的分配是在运行时完成的。在动态内存分配中，编译器在编译时不会进行这样的安排，但内存分配也是在运行时完成的。

问题70

为了使用像 malloc() 和 calloc() 这样的函数进行动态内存分配，程序中应该包含哪个头文件？

答案

stdlib.h。

问题71

当通过动态的方式分配内存时，有没有方法在运行时释放内存？

答案

有。我们可以使用 free() 函数释放内存。

问题72

有没有必要对 malloc() 返回的地址进行类型转换？

答案

如果使用的是 Turbo C/C++ 编译器或 Visual Studio 编译器，则有必要进行强制类型转换。如果使用的是 GCC，则不需要对返回的地址进行强制类型转换。注意，ANSI C 标准在 void 指针（malloc() 的返回值）和其他类型指针之间定义了一种隐式类型转换。

问题73

讲一下自己曾经用过的接收可变数量参数的函数及其原型。

答案

```
int printf(const char *format, ...) ;
```

问题74

%f 是如何作用于 printf() 中的 float 和 double 类型的参数的？

答案

在可变长度的参数列表（简称可变参数列表）中，char 类型和 short int 类型被提升为 int 类型，float 类型则被提升为 double 类型。

问题75

能不能在运行时把一个可变参数列表传递给一个函数？

答案

不能。每个实参列表在编译时都需要完全明晰，因此在这个意义上，实参列表并不是真正的可变参数列表。

问题76

被调用函数如何确定传递给它的参数数量？

答案

无法确定。任何接收可变数量参数的函数都必须能够从参数本身确定参数的数量。例如，printf() 函数是通过观察格式指示符（% 等）来达到这个目的的。这也是当格式指示符与参数列表不匹配时，这类函数会不知所措的原因。

如果传递的参数都是相同的类型，那么我们可以在可变参数列表的最后传递一个哨兵值（如 -1、0 或 NULL 指针）。另外，我们也可以把可变参数的数量作为参数传递给函数。

问题 77

I/O 函数的原型和宏是在哪个头文件中定义的？

答案

stdio.h。

问题78

stdin、stdout 和 stderr 是什么？

答案

它们分别是标准输入流、标准输出流和标准错误流。

附录A 编译和运行

“工具为我们提供了便利”

从理论上说，我们并不需要 IDE 来创建、编译、汇编和调试 C 语言程序。这种说法有点类似于我们不需要坐飞机就能穿越印度一样，用一辆牛车也可以达到这个目的。但是，对于 C 语言程序来说，我们需要现代化的解决方案。IDE 就是现代化的解决方案。

为了更好地理解 C 语言并在使用时充满信心，我们需要输入本书中的程序并指示计算机运行它们。为了输入程序，我们需要一种被称为编辑器的工具。程序在输入之后，还需要转换为机器语言代码（由 0 和 1 表示），这样计算机才能运行它们。为了实现这种转换，我们需要一种被称为编译器的工具。编译器厂商为此提供了集成开发环境（Integrated Development Environment，IDE），其中就包含编辑器和编译器。

A.1 IDE

我们可以使用的 IDE 有好几种，每种 IDE 都针对不同的处理器和操作系统组合。下面介绍一些流行的 IDE。

A.1.1 Windows 下的 Turbo C/C++

如果读者想要使用 Turbo C/C++，那么可以从 Developer Insider 社区下载安装文件。

在 Windows 7、Windows 8、Windows 8.1 和 Windows 10（32 位或 64 位）中，以全屏模式或窗口模式安装和使用 Turbo C/C++ 的方法非常简单。

A.1.2 Windows 下的 NetBeans

NetBeans 并不是编译器，而仅仅是一种 IDE。NetBeans 的 Windows 版本可以从 Apache NetBeans 官网下载。

为了在 Windows 下使用 NetBeans 开发 C 语言程序，我们需要安装 Cygwin。Cygwin 附带了 GCC 编译器。Cygwin 的安装文件可以从 Cygwin 官网下载。

Apache NetBeans 官网上的 Download 栏目和 wikiHow 网站上的文章 “How to Run C/C++ Program in NetBeans on Windows” 提供了优秀的教程，它们可以帮助我们克服在安装 Cygwin 和 NetBeans 的过程中面临的困难。

A.1.3 Linux 下的 NetBeans

如果读者想在 Linux 下使用 NetBeans，那么由于在大多数 Linux 系统（如 Ubuntu）中并不需要 Cygwin（这些 Linux 系统已经预安装了 GCC 编译器），因此我们只需要下载和安装适用于 Linux 环境的 NetBeans 即可。

A.1.4 Windows 下的 Visual Studio Community

如果想要使用 Visual Studio Community，那么可以从 Visual Studio 官网下载安装文件。

读者可以自由地选择上面提到的 IDE 来编译本书中的程序。笔者倾向于使用 NetBeans + Cygwin 组合或 Visual Studio Community。所有的 IDE 都很容易使用，并且都是免费的。

A.2 编译和运行步骤

上面提到的每一种 IDE 的编译和运行过程都稍有不同。因此，下面介绍其中每一种 IDE 的编译和运行步骤。

A.2.1 使用 Turbo C++ 编译和运行程序的步骤

为了使用 Turbo C++ 编译和运行程序，我们需要执行下列步骤。

（1）从 Start（开始）菜单中选择 All Programs（所有程序）| Turbo C++ 以启动 Turbo C++。

（2）在弹出的对话框中单击 “Start Turbo C++（启动 Turbo C++）”。

（3）从菜单栏中选择 File | New（文件 | 新建）。

（4）输入程序。

（5）按 F2 功能键，使用一个适当的名称（如 Program1.c）保存程序。

（6）按 Ctrl + F9 快捷键编译和运行程序。

（7）按 Alt + F5 快捷键观察程序的输出。

A.2.2 使用 NetBeans 编译和运行程序的步骤

为了使用 NetBeans 编译和运行程序，我们需要执行下列步骤。

（1）从 Start（开始）菜单中选择 All Programs（所有程序）| NetBeans 以启动 NetBeans。

（2）从菜单栏中选择 File | New Project（文件 | 新建项目），在弹出的对话框中把 Project Category（项目分类）选择为 C/C++，把 Project Type（项目类型）选择为 C/C++ Application（C/C++ 应用程序），单击 Next（下一步）按钮。

（3）在 Project Name（项目名称）文本框中输入适当的项目名称（如 Program 1），单击 Finish（完成）按钮。

（4）输入程序。

（5）按 Ctrl + S 快捷键保存程序。

（6）按 F6 功能键编译和运行程序。

A.2.3 使用 Visual Studio Community 编译和运行程序的步骤

为了使用 Visual Studio Community 编译和运行程序，我们需要执行下列步骤。

（1）从 Start（开始）菜单中选择 All Programs（所有程序）| Microsoft Visual C++ Community 以启动 Visual Studio Community。

（2）从菜单栏中选择 File | New Project（文件 | 新建项目），在弹出的对话框中选择 Project Type（项目类型）为 Visual C++ | Win32 Console Application（控制台应用程序），在 Name（名称）文本框中输入适当的文件名称（如 Program1），单击 OK（确定）按钮和 Finish（完成）按钮。

（3）输入程序。

（4）按 Ctrl+S 快捷键保存程序。

（5）按 Ctrl + F5 快捷键编译和运行程序。

当我们使用 Visual Studio Community 创建一个 Win32 控制台应用程序时，应用程序向导在默认情况下会插入下列代码。

```
#include "stdafx.h"
int _tmain ( int argc, _TCHAR* argv[ ] )
{
    return 0 ;
}
```

我们可以删除这些代码，并在原地输入自己的程序。如果现在使用 Ctrl+F5 快捷键编译和运行程序，我们将得到下面的错误提示。

```
Fatal error C1010:
unexpected end of file while looking for precompiled header.
```

产生错误的原因是不是我们在自己的源代码中忘了添加 `#include "stdafx.h"` 这条

指令？

在程序的顶部添加 `#include "stdafx.h"` 这条指令后，程序就可以成功地编译和运行了。但是，添加这个头文件会使程序以 Visual Studio 为中心，导致无法用其他编译器编译。这不是件好事，因为程序不再具有可移植性。

为了消除这种错误，我们需要在 Visual Studio 中进行一项设置，这项设置可通过执行下列步骤来完成。

（1）进入“Solution Explorer（解决方案资源管理器）”。

（2）右击项目名称，从弹出的菜单中选择“Properties（属性）”，这时会出现一个名为“Property Pages（属性页）”的对话框。

（3）在这个对话框的左窗格中，先选择“Configuration Properties（配置属性）”，再选择“C/C++”。

（4）选择“Precompiled Headers（预编译的头文件）”。

（5）在这个对话框的右窗格中，单击“Create/Use Precompiled Header（创建 / 使用预编译的头文件）”选项，此时这个选项的值中会出现一个三角形。

（6）单击这个三角形，将会出现一个下拉列表。

（7）从这个下拉列表中选择“Not using Precompiled Header（不使用预编译的头文件）”。

（8）单击“OK（确定）”按钮，使以上设置生效。

默认情况下，Visual Studio 认为我们的程序是 C++ 程序而不是 C 程序。因此，我们还需要通过进行另一项设置来告诉它我们的程序是 C 程序而不是 C++ 程序，这项设置可通过执行下列步骤来完成。

（1）进入“Solution Explorer（解决方案资源管理器）”。

（2）右击项目名称，从弹出的菜单中选择“Properties(属性)”，打开“Property Pages(属性页)”对话框。

（3）在这个对话框的左窗格中，先选择“Configuration Properties（配置属性）”，再选择“C/C++”。

（4）选择“Advanced（高级）”。

（5）把“Compile As（编译为）”选项修改为“Compile as C code (/TC) [编译为 C 代码（/TC）]”。

进行完以上设置之后，我们就可以按 Ctrl+F5 快捷键编译和运行这个程序了。这一次不会再出现错误，程序能够成功地编译和运行。

A.2.4　使用 Linux 命令行编译和运行程序的步骤

C 程序甚至可以通过命令行编译和运行，也就是不使用任何 IDE。许多程序员倾向于采用这种模式。在这种模式下，我们需要使用编辑器输入程序，然后使用编译器对程序进行编译。例如：如果想在 Linux 命令行窗口中编译和运行程序，那么可以使用像 vi 或 Vim 这样的编辑器以及像 GCC 这样的编译器。在这种情况下，我们需要执行下列步骤以编译和运行自己的程序。

（1）输入程序并使用一个适当的文件名（如 hello.c）保存程序。

（2）在命令行窗口中使用 `cd` 命令切换到包含 hello.c 文件的目录。

（3）像下面这样使用GCC编译器编译这个程序。

```
$ gcc hello.c
```

（4）在成功编译这个程序之后，GCC会生成a.out文件，这个文件包含了程序的机器语言代码，可以直接执行。

（5）使用下面的命令运行程序。

```
$ ./a.out
```

附录B 优先级表格

"优先级高的优先对待"

C 语言一共有 40 多个操作符，有些操作符的优先级高于其他操作符。表 B.1 显示了这些操作符的优先级（越靠前的操作符优先级越高）。

表B.1

<table>
<tr><th>描述</th><th>操作符</th><th>结合性</th></tr>
<tr><td>函数表达式</td><td>( )</td><td>从左向右</td></tr>
<tr><td>数组表达式</td><td>[ ]</td><td>从左向右</td></tr>
<tr><td>结构体操作符</td><td>-></td><td>从左向右</td></tr>
<tr><td>结构体操作符</td><td>.</td><td>从左向右</td></tr>
<tr><td>一元的负号</td><td>-</td><td>从右向左</td></tr>
<tr><td>增值/减值</td><td>++ --</td><td>从右向左</td></tr>
<tr><td>反码</td><td>~</td><td>从右向左</td></tr>
<tr><td>取反</td><td>!</td><td>从右向左</td></tr>
<tr><td>取址</td><td>&</td><td>从右向左</td></tr>
<tr><td>取值</td><td>*</td><td>从右向左</td></tr>
<tr><td>类型转换</td><td>(类型)</td><td>从右向左</td></tr>
<tr><td>以字节为单位的长度</td><td>sizeof</td><td>从右向左</td></tr>
<tr><td>乘法</td><td>*</td><td>从左向右</td></tr>
<tr><td>除法</td><td>/</td><td>从左向右</td></tr>
<tr><td>取模</td><td>%</td><td>从左向右</td></tr>
<tr><td>加法</td><td>+</td><td>从左向右</td></tr>
<tr><td>减法</td><td>-</td><td>从左向右</td></tr>
<tr><td>左移位</td><td><<</td><td>从左向右</td></tr>
<tr><td>右移位</td><td>>></td><td>从左向右</td></tr>
<tr><td>小于</td><td><</td><td>从左向右</td></tr>
<tr><td>小于或等于</td><td><=</td><td>从左向右</td></tr>
<tr><td>大于</td><td>></td><td>从左向右</td></tr>
<tr><td>大于或等于</td><td>>=</td><td>从左向右</td></tr>
<tr><td>等于</td><td>==</td><td>从左向右</td></tr>
<tr><td>不等于</td><td>!=</td><td>从左向右</td></tr>
<tr><td>位与</td><td>&</td><td>从左向右</td></tr>
<tr><td>位的异或</td><td>^</td><td>从左向右</td></tr>
<tr><td>位或</td><td>|</td><td>从左向右</td></tr>
<tr><td>逻辑与</td><td>&&</td><td>从左向右</td></tr>
<tr><td>逻辑或</td><td>||</td><td>从左向右</td></tr>
<tr><td>条件操作符</td><td>? :</td><td>从右向左</td></tr>
<tr><td rowspan="5">赋值操作符</td><td>=</td><td>从右向左</td></tr>
<tr><td>*= /= %=</td><td>从右向左</td></tr>
<tr><td>+= -= &=</td><td>从右向左</td></tr>
<tr><td>^= |=</td><td>从右向左</td></tr>
<tr><td><<= >>=</td><td>从右向左</td></tr>
<tr><td>逗号</td><td>,</td><td>从右向左</td></tr>
</table>

附录C 追踪缺陷

"涉水通过危险的水域"

C 语言程序员分为两种。一种程序员在创建程序时勇于面对问题，另一种程序员则不敢面对问题。第 2 种程序员很难完成任何程序。本附录是为第 1 种程序员准备的，强调了每个 C 语言程序员常犯的一些错误。

程序的"调试"时间是"编写"时间的 20 倍这样的恐怖故事并不鲜见。很多时候，程序需要不断地修改，因为里面的缺陷很难被找出来。那么，我们应该怎么追踪它们呢？不存在万无一失的方法。但笔者觉得如果能列出一些常见的程序设计错误，那么无疑对读者有很大的帮助。

缺陷1

省略了 scanf() 中使用的变量前面的 & 符号。例如：

```
int choice ;
scanf( "%d", choice ) ;
scanf( " %d ", &choice ) ;
```

在这里，变量 choice 的前面少了 & 符号。与 scanf() 有关的另一个常见问题是格式字符串的前面或后面存在空格，如上面的第 2 条 scanf() 语句所示。注意，这并不是错误，但是如果没有透彻理解 scanf()，这种写法会带来麻烦。为了安全起见，最好去掉这里的空格。

缺陷2

在应该使用 == 操作符的地方使用了 = 操作符。例如，下面这个 while 循环将成为无限循环，因为每次迭代时并不是对 i 的值与 10 进行比较，而是把 10 赋值给 i。因为 10 是非零值，所以这个条件始终为真，从而导致无限循环。

```
int i = 10 ;
while( i = 10 )
{
    printf( "got to get out" ) ;
    i++ ;
}
```

缺陷3

用分号结束了循环。观察下面这个程序。

```
int j = 1 ;
while( j <= 100 ) ;
{
    printf( "\nCompguard" ) ;
    j++ ;
}
```

这将意外地形成无限循环，罪魁祸首就是 while 后面的分号。编译器会把这个分号看成一条空语句，如下所示。

```
while( j <= 100 )
    ;
```

这是一个无限循环，由于 j 的值永远不会增加，因此这条空语句会无限地执行下去。

缺陷4

switch 语句中的 case 在结束时缺少了 break 语句。记住，如果一个 case 的后面没有 break 语句，那么程序的控制就会转移到下一个 case。

```
int ch = 1 ;
switch( ch )
{
    case 1 :
        printf( "\nGoodbye" );
    case 2 :
        printf( "\nLieutenant" );
}
```

在这里，由于case 1中printf()的后面没有break语句，因此程序的控制会进入case 2并执行第2条printf()语句。有时候这是一种隐藏的福利，尤其在我们需要同一组语句对于多个case都执行的情况下。

缺陷5

switch语句中出现了continue。这是一种常见的错误，我们可能觉得既然关键字break能同时用于循环和switch语句，那么关键字continue也应该能同时用于它们。记住，continue只能用于循环，不能用于switch语句。

缺陷6

实际参数和形式参数在数量、类型和次序上不匹配。观察下面这个调用。

```
yr = romanise( year, 1000, 'm' ) ;
```

传递给romanise()的3个实际参数的类型依次是int、int和char。当romanise()把这些实际参数接收到形式参数时，它们必须具有相同的顺序。如果存在不匹配，就可能导致奇怪的结果。

缺陷7

对于返回非整型值的函数，忘了指定返回类型。如果进行了下面这个函数调用：

```
area = area_circle( 1.5 ) ;
```

那么当我们后面在程序中定义area_circle()函数时，就必须让这个函数返回一个浮点类型的值。注意，除非另有指定，否则编译器默认函数会返回一个int类型的值。

缺陷8

宏定义的最后出现一个分号。观察下面这个宏。

```
# define UPPER 25 ;
```

如果在一个表达式中使用这个宏，就会产生语法错误，例如：

```
if( counter == UPPER )
```

这是因为在预处理过程中，上面的if语句会被转换成下面的形式。

```
if( counter == 25 ; )
```

缺陷9

宏展开的两边缺少括号。观察下面这个宏。

```
# define SQR(x) x * x
```

假设我们像下面这样使用这个宏。

```
int a ;
a = 25 / SQR( 5 ) ;
```

我们希望a的值是1，但实际上却是25。这是因为在预处理过程中，上面的第2条语句会被转换成下面的形式。

```
a = 25 / 5 * 5 ;
```

缺陷10

在宏模板和宏展开之间留下了一个空格。例如：

```
# define ABS (a)( a = 0 ? a : -a )
```

在这里，ABS 和 (a) 之间的空格会使预处理器相信 ABS 应该展开为 (a)，这显然不是我们期望的结果。

缺陷11

在宏中使用了具有副作用的表达式。观察下面这个宏。

```
# define SUM( a )( a + a )
int w, b = 5 ;
w = SUM( b++ ) ;
```

在预处理过程中，这个宏会被展开成下面的形式。

```
w =( b++ ) +( b++ ) ;
```

因此，b 将被增值两次，这显然不是我们期望的结果。

缺陷12

混淆了字符常量和字符串。观察下面的语句。

```
ch = 'z' ; dh = "z" ;
```

字符 'z' 被赋值给 ch，一个指向字符串 "z" 的指针则被赋值给 dh。注意，ch 和 dh 的声明应该如下。

```
char ch ; char *dh ;
```

缺陷13

忘了数组的边界。观察下面的代码。

```
int num[ 50 ], i ;
for( i = 1 ; i <= 50 ; i++ )
    num[ i ] = i * i ;
```

在这里，数组 num 中并不存在 num[50] 这个元素，因为数组元素的下标是从 0 而不是 1 开始的。这里虽然超出数组的边界，但编译器并不会发出警告。如果不注意的话，在极端情况下，上面的代码甚至可能导致计算机崩溃。

缺陷14

忘了在字符数组中保留一个额外的位置来容纳字符串的终止符。记住，每个字符串都是以 '\0' 结尾的，因此字符数组的大小应足以容纳正常的字符再加上这个 '\0'。例如：如果需要在字符数组 word[] 中存储字符串 "Jamboree"，那么这个字符数组的长度应该是 9。

缺陷15

混淆了不同操作符的优先级。

```
char ch ;
FILE *fp ;
fp = fopen( "text.c", "r" ) ;
while( ch = getc( fp ) != EOF )
    putch( ch ) ;
fclose( fp ) ;
```

在这里，getc() 返回的值将首先与 EOF 进行比较，因为 != 的优先级高于 =。因此，赋给 ch 的值将是表示测试结果的布尔值。如果 getc() 返回的值不等于 EOF，ch 的值将是 1，否则是 0。

上面这个 while 循环的正确形式应该如下所示。

```
while(( ch = getc( fp ) ) != EOF )
    putch( ch ) ;
```

缺陷16

在表示结构体元素时混淆了 -> 和 . 操作符。“.”操作符的左边应该是一个结构体变量，而 -> 操作符的左边应该是一个指向结构体的指针。下面的例子说明了这一点。

```
struct emp { char name[ 35 ] ; int age ; } ;
struct emp e = { "Dubhashi", 40 } ;
struct emp *p ;
printf( "\n%d", e.age ) ;
p = &e ;
printf( "\n%d",p->age ) ;
```

缺陷17

超出整数和字符的取值范围。观察下面的代码。

```
char ch ;
for( ch = 0 ; ch <= 255 ; ch++ )
    printf( "\n%c %d", ch, ch ) ;
```

这是一个无限循环。ch 被声明为 char 类型，因而取值范围是 -128 ～ +127。当 ch 试图变成 128（通过 ch++）时，由于超出取值范围，实际赋给 ch 的值是 -128。由于循环条件总能得到满足，因此控制会一直停留在循环中。

附录D ASCII表

“ASCII 表对所有程序员来说都是必备知识”

ASCII（American Standard Code for Information Interchange，美国信息交换标准代码）是由美国国家标准学会（American National Standard Institute，ANSI）制定的一种编码规范。这种编码规范使用指定的 7 个或 8 个二进制位进行编码，最多可以表示 256 个字符（包括字母、数字、标点符号、控制字符及其他符号）。

台式机和笔记本电脑使用了256个不同的字符。它们可以按表D.1显示的那样进行分组。

表D.1

字符类型	字符数量（共256个）
大写字母	26
小写字母	26
数字	10
特殊符号	32
控制字符	34
图形字符	128

表D.2详细列出了这256个字符。图D.1显示了用于绘制单直线框和双直线框的图形字符。

表D.2

值	字符	值	字符	值	字符	值	字符	值	字符	值	字符
0		22	▬	44	,	66	B	88	X	110	n
1	☺	23	↕	45	-	67	C	89	Y	111	o
2	☻	24	↑	46	.	68	D	90	Z	112	p
3	♥	25	↓	47	/	69	E	91	[	113	q
4	♦	26	→	48	0	70	F	92	\	114	r
5	♣	27	←	49	1	71	G	93	]	115	s
6	♠	28	⌐	50	2	72	H	94	^	116	t
7	•	29	↔	51	3	73	I	95	_	117	u
8	◘	30	▲	52	4	74	J	96	`	118	v
9	○	31	▼	53	5	75	K	97	a	119	w
10	◙	32		54	6	76	L	98	b	120	x
11	♂	33	!	55	7	77	M	99	c	121	y
12	♀	34	"	56	8	78	N	100	d	122	z
13	♪	35	#	57	9	79	O	101	e	123	{
14	♫	36	$	58	:	80	P	102	f	124		
15	☼	37	%	59	;	81	Q	103	g	125	}
16	►	38	&	60	<	82	R	104	h	126	~
17	◄	39	'	61	=	83	S	105	i	127	^{M}H
18	↕	40	(	62	>	84	T	106	j	128	Ç
19	‼	41	)	63	?	85	U	107	k	129	ü
20	¶	42	*	64	@	86	V	108	l	130	é
21	§	43	+	65	A	87	W	109	m	131	â

续表

值	字符	值	字符	值	字符	值	字符	值	字符	值	字符
132	ä	154	Ü	176	░	198	╞	220	▄	242	≥
133	à	155	¢	177	▒	199	╟	221	▌	243	≤
134	å	156	£	178	▓	200	╚	222	▐	244	⌠
135	ç	157	¥	179	│	201	╔	223	▀	245	⌡
136	ê	158	Pts	180	┤	202	╩	224	α	246	÷
137	ë	159	ƒ	181	╡	203	╦	225	β	247	≈
138	è	160	á	182	╢	204	╠	226	Γ	248	°
139	ï	161	í	183	╖	205	═	227	π	249	•
140	î	162	ó	184	╕	206	╬	228	Σ	250	·
141	ì	163	ú	185	╣	207	╧	229	σ	251	√
142	Ä	164	ñ	186	║	208	╨	230	µ	252	η
143	Å	165	Ñ	187	╗	209	╤	231	τ	253	²
144	É	166	ª	188	╝	210	╥	232	Φ	254	■
145	æ	167	º	189	╜	211	╙	233	θ	255	
146	Æ	168	¿	190	╛	212	╘	234	Ω		
147	ô	169	⌐	191	┐	213	╒	235	δ		
148	ö	170	¬	192	└	214	╓	236	∞		
149	ò	171	½	193	┴	215	╫	237	ø		
150	û	172	¼	194	┬	216	╪	238	ϵ		
151	ù	173	¡	195	├	217	┘	239	∩		
152	ÿ	174	«	196	─	218	┌	240	≡		
153	Ö	175	»	197	┼	219	█	241	±		

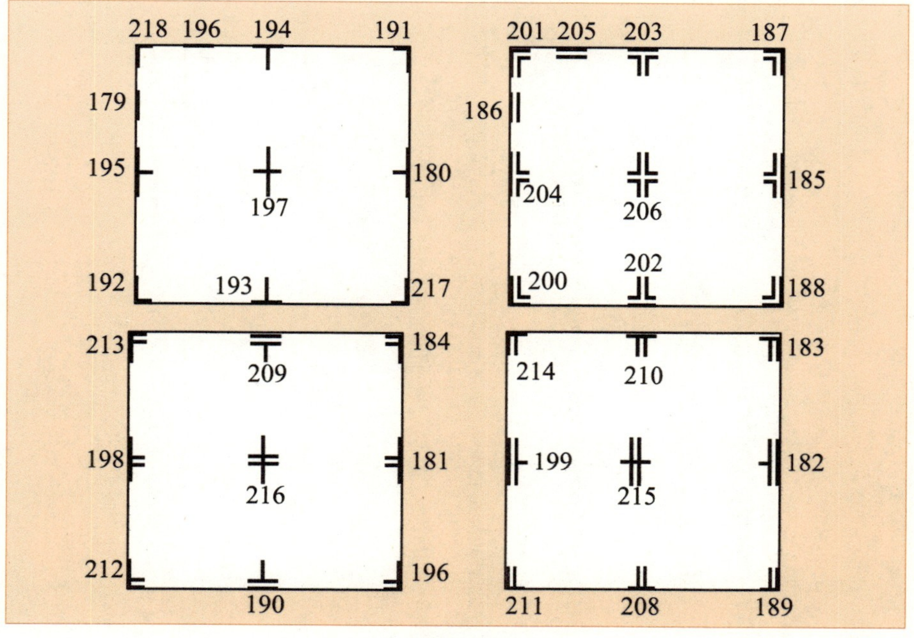

图 D.1

附录E 阶段测验

Let Us C

“在充满信心的时候接受测验”

在还没有准备妥当时，就不应该接受测验；但是，当我们已经准备妥当并且充满信心时，就不应该放弃测验的机会。本附录将帮助读者在准备妥当并且充满信心时检验自己的知识掌握程度。

E.1 阶段测验I（第1～7章）

时间：90 分钟　满分：40

1. 填空题。（共 5 分，每空 1 分）

（1）表达式 i++ 与 ____________ 相同。

（2）无法使用 switch - case 检查 ________ 类型的值。

（3）C 语言程序中的每条指令都必须以 ______ 结尾。

（4）int 类型数据的长度是 ________ 字节。

（5）在 ______________ 循环中编写的语句至少会被执行一次，即使条件一开始就为假。

2. 是非题。（共 5 分，每题 1 分）

（1）for (; ;) 是一条合法的语句。

（2）if - else if - else语句中的else子句在所有的if都不满足时才会被执行。

（3）^ 操作符用于在 C 语言中执行指数运算。

（4）在 C 语言中，= 操作符的左边只允许出现一个变量。

（5）条件操作符无法嵌套。

3. 下列程序的输出是什么？（共 5 分，每题 1 分）

（1）
```
# include <stdio.h>
int main( )
{
    int x = 5, y, z ;
    y = x++ ;
    z = x-- ;
    printf( "%d %d %d", x, y, z ) ;
    return 0 ;
}
```

（2）
```
# include <stdio.h>
int main( )
{
    int i = 65 ;
    char ch = i ;
    printf( "%d %c", ch, i ) ;
    return 0 ;
}
```

（3）
```
# include <stdio.h>
int main( )
{
    int i, j ;
    for( i = 1 ; i <= 2 ; i++ )
    {
        for( j = 1 ; j <= 2 ; j++ )
        {
            if( i == j )
                break ;
            printf( "%d %d", i, j ) ;
        }
    }
    return 0 ;
}
```

(4)
```
# include <stdio.h>
int main( )
{
    int x = 3, i = 1 ;
    while( i <=2 )
    {
        printf( "%d ", x *= x + 4 ) ;
        i++ ;
        }
        return 0 ;
}
```

(5)
```
# include <stdio.h>
int main( )
{
    int a, b = 5 ;
    a = !b ;
    b = !a ;
    printf( "%d %d", a, b ) ;
    return 0 ;
}
```

4. 指出下列程序中可能存在的错误。(共5分，每题1分)

(1)
```
# include <stdio.h>
int main( )
{
   int i = 10, j = 20 ;
   if( i = 5) && if( j = 10 )
       printf( "Have a nice day" ) ;
   return 0 ;
}
```

(2)
```
# include <stdio.h>
int main( )
{
  int x = 10 ;
  if( x >= 2 ) then
     printf( "\n%d", x ) ;
  return 0 ;
}
```

(3)
```
# include <stdio.h>
int main( )
{
   int x = 0, y = 5, z = 10, a ;
   a = x > 1 ? y > 1 : z > 1 ? 100 : 200 : 300 ;
   printf( "%d" , a ) ;
   return 0 ;
}
```

(4)
```
# include <stdio.h>
int main( )
{
    int x = 0, y = 5, z ;
    float a = 1.5, b = 2.2, c ;
    z = x || b ;
```

```
        c = a && b ;
        printf( "%d %f", z, c ) ;
        return 0 ;
    }
```

（5）
```
# include <stdio.h>
int main( )
{
    int a = 10, b = 5, c ;
    c += a *= b ;
    printf( "%d %d %d" , a, b, c ) ;
}
```

5. 完成下列任务。（共 20 分，每题 5 分）

（1）编写一个程序，计算下面这个式子。

$1! \times 2! + 2! \times 3! + 3! \times 4! + 4! \times 5! + \cdots + 9! \times 10!$

（2）编写一个程序，从键盘接收用户输入的数字，直到用户结束输入，最后显示用户输入的正数、负数和零的数量。

（3）编写一个程序，确定用户通过键盘输入的一组数字的范围。这里的范围是指用户输入的数字列表中最大数与最小数之差。

（4）假设我们通过键盘输入了 3 个整数，编写一个程序，判断它们是否为一组勾股数。

E.2 阶段测验II（第8～12章）

时间：90 分钟　满分：40

1. 填空题。（共 5 分，每空 1 分）

（1）_______ 函数用于清空屏幕。

（2）_______ 是变量，用于包含其他变量的地址。

（3）_______ 被称为取址操作符。

（4）用于为复杂表述形式提供简便名称的预处理指令被称为 __________。

（5）对于传引用调用，应该向被调用函数传递变量的 _________。

2. 是非题。（共 5 分，每题 1 分）

（1）一个函数一次可以返回多个值。

（2）每当一个函数被调用时，就会创建一组全新的变量。

（3）所有类型的指针的长度都是 4 字节。

（4）任何函数都可以设计为递归函数。

（5）程序的正确创建顺序是预处理→编译→汇编→链接。

3. 回答下列问题。（共 10 分，每题 2 分）

（1）函数的地址为什么存储在堆栈中？

（2）如何判定一个变量应该按值传递还是按引用传递？

（3）指针的长度并不取决于存储在指针中的地址是什么，请说明理由。

（4）结构体中是否有可能存在空洞？它们为什么会存在？如何避免空洞？

（5）递归调用总是应该受一条 `if` 语句控制。为什么？请通过一个例子进行解释。

4. 完成下列任务。(共 20 分，每题 5 分)

(1) 定义一个函数，接收 4 个整数并返回这 4 个整数的和、乘积和平均值。

(2) 编写一个递归函数，当在 main() 函数中调用它时，输出它所接收的参数的质因子。

(3) 编写 4 个宏，分别计算圆的面积、圆的周长、圆锥的体积和球的体积。

(4) 编写一个程序，输出所有字符、整数和实数类型的长度。

E.3 阶段测验III（第13～17章）

时间：90 分钟 满分：40

1. 填空题。(共 5 分，每空 1 分)

(1) 通过指定数组的名称可以得到数组的 ________。

(2) C 语言允许超出数组的 ________ 界和 ________ 界。

(3) 数组的长度是数组中所有元素的长度 ________。

(4) 数组中的元素总是从 _____ 开始编号。

(5) 结构体通常是一些 _______ 元素的集合。

2. 是非题。(共 5 分，每题 1 分)

(1) 如果数组较大，那么其中的元素可能会存储在不相邻的内存位置。

(2) 所有的字符串都是以 '\0' 结尾的。

(3) 使用 #pragma pack 可以控制结构体在内存中的布局。

(4) 二维数组中的元素在内存中是以行和列的形式存储的。

(5) 三维数组是一维数组的集合。

3. 回答下列问题。(共 10 分，每题 2 分)

(1) 如果超出数组的边界，则很可能发生什么事情？

(2) 我们通常什么时候倾向于使用结构体而不是数组来存储相似的元素？请通过一个例子进行解释。

(3) 字符串指针数组存在什么限制？如何克服这些限制？

(4) 在二维数组 a[4][4] 中，为什么 a 和 *a 的值都是这个二维数组的基地址？

(5) 如何以 scanf() 和 gets() 为输入接收多单词字符串？

4. 完成下列任务。(共 20 分，每题 5 分)

(1) 编写一个函数，接收一个一维数组及其长度和一个整数为参数，并返回这个整数在这个一维数组中出现的次数。

(2) 创建一个指针数组，其中包含 10 座城市的名称。编写一个程序，按照字母顺序的反序对这些城市进行排序，并输出这个反序列表。

(3) 声明一个名为 student 的结构体，其中的字段包括 name（姓名）、age（年龄）和 addr（地址）。创建并初始化 3 个结构体变量，然后定义一个函数，并把这 3 个结构体变量传递给它。要求这个函数能把姓名转换为大写形式并输出最终的结构体变量。

(4) 编写一个程序，检查并报告一个 5 × 5 的数组中第 i 行的元素之和是否等于第 i 列的元素之和。

E.4 阶段测验IV（第18～22章）

时间：90 分钟　满分：40

1. 填空题。（共 5 分，每空 1 分）

（1）0xAABB|0xBBAA 的结果是 ______________。

（2）枚举值是作为 __________ 存储的。

（3）可以使用 __________ 关键字为现有的一种数据类型提供新的名称。

（4）__________ 操作符可用于清除一个字符最右边的 3 个位。

（5）__________ 操作符可用于反转字节中的位。

2. 是非题。（共 5 分，每题 1 分）

（1）为了检查某字节中一个特定的位处于打开状态还是关闭状态，需要使用非常有用的位操作符 |。

（2）可以创建成员为结构体的联合体。

（3）可以使用函数指针实现回调机制。

（4）在对表达式 a^5 进行求值时，a 的值会被修改。

（5）位操作符可以对 float 和 double 类型的值进行操作。

3. 回答下列问题。（共 10 分，每题 2 分）

（1）位操作符 <<、>>、& 和 | 各有什么用途？

（2）定义 BV 宏。下列涉及 BV 宏的表达式由预处理器展开后的结果是什么？

```
int a = BV( 5 ) ;
int b = ~ BV( 5 ) ;
```

（3）下面这个声明的含义是什么？

```
long ( *p[3] )( int, float ) ;
```

（4）使用适当形式的 printf() 函数，按照下面的格式输出日用品的名称及价格。

```
Tomato Sauce : Rs. 225.50
Liril Soap : Rs. 55.45
Pen Refill : Rs. 8.95
```

（5）联合体适用于什么场合？联合体变量的长度是怎么计算的？如何访问联合体变量中的元素？

4. 完成下列任务。（共 20 分，每题 5 分）

（1）编写一个程序，使用位操作符实现两个整数的乘法运算。

（2）编写一个程序，对一个给定的文本文件中的单词进行计数。

（3）编写一个程序，通过命令行接收一组数并输出它们的平均值。

（4）编写一个程序，通过逐字符进行比较，检查两个文件的内容是否一致。

E.5 课程测验I（所有章节）[1]

时间：150 分钟 满分：70

1. 填空题。（共 5 分，每空 1 分）

（1）调用自身的函数被称为 ________ 函数。

（2）预处理指令总是以 ________ 开头。

（3）在指针记法中，表达式 `a[i][j]` 表示 ________。

（4）字符串总是以 ________ 字符结尾。

（5）用于实现 `case` 控制指令的关键字包括 ________、________ 和 ________。

2. 对下面的左右两列进行配对。（共 5 分，每行 0.5 分）

（a）向左移位	① `? :`
（b）把一个位转换为 0	② `++j`
（c）复合赋值操作符	③ `%`
（d）打开一个位	④ `^`
（e）强制类型转换操作符	⑤ `==`
（f）切换位的状态	⑥ `&`
（g）前增值操作	⑦ `*=`
（h）比较操作符	⑧ `|`
（i）求模操作符	⑨ `<<`
（j）条件操作符	⑩ `a=(int)b`

3. 回答下列问题。（共 30 分，每题 3 分）

（1）为一个 3 × 5 × 4 的三维数组分配空间，并把这个数组中的每个元素初始化为 10。如果可用空间不足，就报告错误。

（2）创建一个字符串指针数组以存储 5 个人的姓名，这个数组存在什么限制？

（3）创建一种数据结构以存储下面这些数据。

- 水果的名称。
- 水果的颜色。
- 水果的直径。
- 水果的价格。
- 水果的重量。

（4）如果需要调用一个函数，那么有没有必要声明这个函数的原型？为什么？

（5）针对 `FILE *fp` 指向的文件编写函数调用，实现下列操作。

- 把指针定位到从文件开始位置算起的第 5 个位置。
- 把指针定位到从当前位置算起的第 20 个位置。
- 把指针定位到文件结束位置之前的第 15 个位置。

（6）假设存在一个用户定义的头文件 `myfunctions.h`。

- 编写一条语句，在程序中包含这个头文件。

---

[1] E.5 节和 E.6 节的课程测验为保留练习，本书的配套习题集中不再提供答案。

- 我们应该在 myfunctions.h 头文件中采取什么措施以防止其被包含两次？

（7）在命令行参数中，argc 和 argv 表示什么？

（8）如何把 unsigned long int 重定义为 ULI？如何把 int ** 重定义为 DOUBLEPTR？ typedef 语句的作用域是什么？

（9）下面这段代码是否存在错误？如果有错误，请指出错在哪里。

```
int a ;
float b ;
char ch ;
scanf( "%d %f %c", a, b, ch ) ;
printf( "%d %f %c", &a, &b, &ch ) ;
```

（10）下面这段代码的输出是什么？

```
int a = 10 , b = 20 , c= 0 ;
if( a && b || c )
    printf("Hello" ) ;
else
    printf( "Hi" ) ;

if( !a && !b )
    printf( "Good Morning!!" ) ;
else
    printf( "Good Evening" ) ;
```

4. 完成下列任务。（共 30 分，每题 6 分）

（1）定义一个名为 isalnum 的函数，这个函数应该接收一个字符串并检查其中的所有字符是否都是字母或数字。如果是，就应该返回一个真值，否则返回一个假值。为下列字符串调用这个函数。

```
"ABCD1234"
"Nagpur - 440010"
```

（2）定义一个枚举来表示红色、绿色、黄色、洋红色和棕色。创建两个这种枚举类型的变量 Apple 和 Banana，分别把红色和黄色赋值给它们。输出这些颜色值，并说明它们产生的输出是什么？

（3）定义一个名为 showbits 的函数，作用是显示它所接收的一个 unsigned char 值的所有位。为两个值 45 和 30 调用 showbits() 函数，并说明这个函数为这两个值生成的输出是什么？

（4）编写一个程序，生成并输出 1、2、3 和 4 的所有不同组合。

（5）定义一个迭代函数和一个递归函数，输出斐波那契数列的前 10 项。哪个函数的运行速度更快？为什么？

E.6　课程测验II（所有章节）

时间：150 分钟　满分：70

1. 是非题。（共 5 分，每题 1 分）

（1）任何函数都可以设计成递归函数。

（2）通过进行宏展开，我们可以把一个复杂的公式替换为一个便利的模板。

（3）在表达式 `*(*(a+i)+j)` 中，变量 a 必须是一个二维数组。

（4）字符数组并不一定以 `'\0'` 结尾，但字符串必须如此。

（5）在 `b = ( int * ) a` 这个表达式中，`( int * )` 表示需要进行强制类型转换操作。

2. 对下面的左右两列进行配对。（共 5 分，每行 0.5 分）

（a）向右移位　　①`j ++`

（b）求商　　②`? :`

（c）求余数　　③`*`

（d）检查位是 1 还是 0　　④`&`

（e）后增值操作　　⑤`->`

（f）条件操作符　　⑥`sizeof`

（g）取值操作符　　⑦`/`

（h）取址操作符　　⑧`&`

（i）成员访问　　⑨`%`

（j）一元操作符　　⑩`>>`

3. 回答下列问题。（共 30 分，每题 3 分）

（1）创建一种数据结构，对下面的数据进行排序。

```
文档名：Leaflet / Flier / Broucher
颜色编号：1 / 2 / 4 / 5
大小：Small / Medium / Big
纸张类型：Maplitho / Bond / Artcard
复制数量
输出数量：Positive / Negative
```

（2）假设要对月份的名称进行排序，使用字符串数组和字符串指针数组中的哪个更合适？为什么？

（3）观察下面这个结构体。

```
struct Flower
{
    char name[20] ;
    int color ;
    int no_of_petals ;
} ;
struct Flower f[3] ;
```

编写语句，把值接收到数组 `f[]` 中并在屏幕上输出它们。

（4）假设有两个 3 × 3 的矩阵 ***A*** 和 ***B***。定义一个函数，检查矩阵 ***A*** 是否为矩阵 ***B*** 的转置矩阵。

（5）函数声明和函数定义有什么区别？函数重复定义和函数重复声明中的哪个是错误的？为什么？

（6）编写代码，实现下面的操作。

- 以二进制读取模式打开文件 `records.dat`。
- 从文件的开始位置算起跳过 200 字节。
- 把接下来的 20 字节读取到数组 `arr[]` 中。

（7）在使用命令行参数时，是否一定要使用变量 argc 和 argv？编写语句，输出可执行文件以及传递给函数的第 1 个和第 2 个参数的名称。

（8）当一种类型通过 typedef 声明有了一个新的名称之后，我们还能不能使用以前的类型名？使用宏是不是也可以实现 typedef 声明的效果？如果可以，为什么？

（9）下面的两个声明有什么区别？

```
int * p[4] ;
int ( *q )[4] ;
```

（10）从如下 3 个方面说明结构体和联合体的区别。

- 内存位置的共享。
- 长度。
- 元素的访问。

4. 完成下列任务。（共 30 分，每题 6 分）

（1）观察下面的语句。

```
int a = 20 ;
int *p ;
p = &a ;
```

编写语句，只使用 p 完成下列任务。

- 把 a 的值设置为 45。
- 把 a 的值乘以 40 并把结果存储在 a 中。
- 输出 a 的当前值。

另外，编写语句以完成下列操作。

- 把 p 的值加 1。
- 在 p 完成增值之后，如果 a 的内存位置是 4004，那么 p 的值应该是多少？

请问，p 的增值会导致内存泄漏吗？

（2）定义一个名为 isalpha 的函数，这个函数应该接收一个字符串并检查其中的所有字符是否都是字母。如果是，就应该返回一个真值，否则返回一个假值。对下列字符串调用这个函数。

```
"NambyPamby"
"Mumbai - 400010"
```

（3）定义一个枚举来表示一个人的婚姻状况：未婚、已婚、离婚。创建两个这种枚举类型的变量 he 和 she，分别把 single 和 married 两个枚举值赋给它们。输出这两个枚举值，并说明它们产生的输出是什么？

（4）定义函数 countzeros() 和 countones()，作用分别是对接收的一个 unsigned char 值中的 0 和 1 进行计数。为两个值 101 和 111 调用这两个函数，说明这两个函数返回的值。

（5）编写一个程序，用一条语句找出 3 个给定数中最大的那个数。使用这条语句的优缺点分别是什么？